经济伦理学
——超现代视角

Economic Ethnics:
A Beyond-modernism Perspective

谭伟东 ◎ 著

北京大学出版社

图书在版编目(CIP)数据

经济伦理学:超现代视角/谭伟东著. —北京:北京大学出版社,2009.3
ISBN 978-7-301-14990-4

Ⅰ.经… Ⅱ.谭… Ⅲ.经济学:伦理学 Ⅳ.B82-053

中国版本图书馆 CIP 数据核字(2009)第 030037 号

书　　　名：经济伦理学——超现代视角
著作责任者：谭伟东　著
策划编辑：朱启兵
责任编辑：朱启兵
标准书号：ISBN 978-7-301-14990-4/F·2134
出版发行：北京大学出版社
地　　　址：北京市海淀区成府路 205 号　100871
网　　　址：http://www.pup.cn
电　　　话：邮购部 62752015　发行部 62750672　编辑部 62752926
　　　　　　出版部 62754962
电子邮箱：em@pup.pku.edu.cn
印　刷　者：北京汇林印务有限公司
经　销　者：新华书店
　　　　　　650 毫米×980 毫米　16 开本　16 印张　223 千字
　　　　　　2009 年 3 月第 1 版　2009 年 3 月第 1 次印刷
印　　　数：0001—4000 册
定　　　价：32.00 元

未经许可,不得以任何方式复制或抄袭本书之部分或全部内容。
版权所有,侵权必究
举报电话：010-62752024　电子邮箱：fd@pup.pku.edu.cn

序　言

　　二十余年前在北大经济学系学习的谭伟东同学现在完成《经济伦理学——超现代视角》一书,特来求序。此作是在作者发表《超现代经济学》(清华大学出版社出版)之后的又一力作。作为学生的老系主任、老院长,和其去美国留学的推荐人,作为其《经济信息学导论》一书序言之作者,我对谭伟东的孜孜以求,以及其相当的拓荒与创新水平及能力,有着深刻的印象,尤其想到《经济伦理学——超现代视角》在学科形成和学理构造上之学术价值和实践价值,就更是要欣然命笔,再度为后学作序。

　　超现代区别于后现代。其不是要一反启蒙主义或工具理性传统,通过所谓解构现代化,特别是工业革命和工业社会的种种弊端,尤其是通过解构或批判现代化造成的精神家园的荒芜,走向更加虚无主义的后工业社会或虚拟经济社会。超现代化是要在近代西方现代化的科学与物质革命的基础上,再度重构人类宇宙观、自然观、生态观、自由观等,借以重构人类社会的核心价值体系。这将不但会重估市场经济,而且会重估甚至挑战现代价值,使得东西方智慧能在高度发达和相互平等的基础上,形成和谐、完美和科学的融合。这是未来社会设计、建构所必须的。也是未来国际社会体系,包括国际分工与国际贸易,国际金融与国际保险,国际往来与国际文化建设的系统建设所必须的。这方面的理论探求要求宏大叙事的大历史与大时代视野,要求广博的学识和广泛的社会阅历,要求理论勇气、创新精神和科学品格。本书作者无疑通过这部开创性的著述,充分体现了这些要求。

　　经济学永远不能止步于主流经济学的所谓宏观、微观与计量等纯经济学科研究上。经济学奠基人亚当·斯密是先发表《道德情操论》,再推出《国富论》的。马克思是先完成《1844年经济学哲学手稿》和其他哲学专著,才最终完成《资本论》的。马歇尔和凯恩斯涉猎也应当广泛。至于那种把经济学视为所谓价值无涉的学科的观点,就更是幼稚可笑的。经济学同伦理学有着千丝万缕的联系。这部《经济伦理学——超现代视角》在此领域进行了卓有成效的深度探索,其创新点很多,其中下述方面是值得称道和具有佳慧后学之价值的。

第一,该作首次提出并论述了道德失败,并把道德失败同市场失败、政府失败放在一起研究。这就大大拓展了经济学和伦理学的理论视野,并通过一个经济学家的视角,把三大失败提高到一个交叉学科研究和把握对象的位置,从而不但可以在更高的交互作用态势中研究复杂大系统问题,而且也会为经济学和伦理学的进一步分科研究提供启示和新的研究线索。

第二,该作在古今中外学者主要相关研究成果的基础上,形成了独具匠心的公正论。作者发展了斯密在其《道德情操论》中以公正作为社会基石的思想,并比照了斯密的市场之无形的手的说法,提出和论证了公正构成了社会经济之更为基础和无形的广义价值之手,其在产权制度、市场经济和计划性经济社会中都发挥着基础网络作用。

第三,该作深入探讨了幸福论。无论是从经济学效用理论的"形而上"的本体论意义上看,还是从伦理学的行为价值目标和行为规范角度看,深度幸福论研究都具有奠基性作用。"陶醉"和"忘我"境界的追求与进入,无疑对传统的劳动负效用和闲暇正效用学说提出了严肃的挑战。创造性劳动、深度游戏和特异的体验都具有消费甚至享受的巨大效用。从而幸福论也重新界定了经济行为目的和价值规范。

第四,手段善恶、伦理悖论与调和、道德实现机制这几处章节都闪现了作者的创新火花和理论功底,同时相当引人入胜又富有启发。例如美德和良知就被拓展为社会经济的有效的价值实现机制。这让我们想起美国经济学家加尔布雷思"方便的社会美德"的说法。又如,伦理悖论让读者意识到道德体系内部的矛盾问题。这又不禁使得我们想起了康德的"二律背反"。

第五,宏观与微观经济伦理体系无疑是个大胆的结构创新。这样一种次级学科体系的构建,完全有可能重新改写经济伦理学体系。

中华民族的伟大复兴不但仰赖于我们经济奇迹本身的可持续性，更仰赖于我们精神家园的丰裕和繁盛。就是西方世界，面对现代化的种种弊端，尤其是在当今金融海啸下暴露出来的华尔街的贪婪所造成的经济悲剧，也使得中国模式和东方智慧显示出其世界价值。我们国家，甚至整个世界都需要也更加期待着更多的这类真正的学术精品同我们的经济繁华和全球的经济发展相匹配。

胡代光

于北京大学经济学院

2009-02-25

目录

第一章 市场失败、政府失败与道德失败 / 1

一、市场失败与伦理缺失 / 1

二、政府失败与伦理缺失 / 4

三、道德失败之理论把握 / 6

四、三大失败与治理理论 / 8

五、道德失败的实质与困境突破 / 10

第二章 舒适空间伦理 / 13

一、孔子的舒适空间意识 / 13

二、舒适空间的经济学界定 / 15

三、舒适空间的伦理学界定 / 17

四、舒适空间的伦理学基础 / 22

五、伦理意识革命与舒适空间逆转 / 24

六、伦理演进与三大舒适空间转化 / 27

七、伦理革命、舒适空间逆转和文明更替 / 29

八、伦理革命、舒适空间逆转和大国兴衰 / 32

第三章 手段善恶、目的善恶和终极善恶伦理系统 / 35

一、至善、至美、至真与伦理绝对主义 / 36

二、逐善、趋美、向真的相对主义 / 38

三、终极善恶之相对性 / 39

四、终极善恶悖论困境摆脱 / 41

五、目的善恶的本质价值规定与终极善恶 / 47

六、手段善恶之伦理辩证 / 51

第四章 伦理悖论与调和(协调) / 53

一、主体悖论之源:人性矛盾 / 53

二、多重世界相对悖论:客体悖论(本体悖论) / 63

三、伦理之主、客体间的悖论 / 68

四、悖论调和与协调 / 71

第五章 伦理与道德实现机制 / 74

一、伦理与道德实现机制分述 / 74

二、伦理百衲布与伦理格利佛效应 / 83

三、自律机制与强制机制 / 87

四、道德实现机制目的性与手段性并存 / 89

五、道德法庭、道义舆论与惩罚 / 89

第六章 幸福(与痛苦)论 / 91

一、幸福相对论对幸福的界定及其内涵 / 91

二、十大类对比转变幸福界定 / 93

三、思恋之幸福与痛苦的启迪 / 100

四、感受类型的幸福 / 103

五、痛苦不幸的伦理与非伦理性质 / 108

六、良知驱动伦理动力与幸福获得 / 109

七、孔子、苏格拉底成圣至善与幸福 / 110

八、柏拉图的第一次背离与亚里士多德的第二次背离 / 111

第七章　公正论 / 114

一、比市场无形之手更重要的公正无形之手 / 116

二、两种无形之手的比较、作用范围与伦理界面 / 118

三、公正分类及其在公正结构中的地位 / 121

四、公正基本原则及其派生原则 / 126

五、公正体系：意识、取向与手段（机制） / 129

六、从邪恶与不义反观公正 / 132

七、公正类型及其各自与相互界定 / 135

八、公正价值的历史演进 / 138

九、利己主义与利他主义公正观之比较 / 142

十、公正境界与作用空间 / 144

十一、公正：社会良知与公德界照之基石 / 146

第八章　微观伦理基础 / 148

一、情操与个性 / 148

二、品德与修养 / 150

三、美德与境界 / 153

四、微观伦理的基本理论 / 155

五、社会角色伦理 / 163

六、个体行为伦理 / 174

第九章　中观伦理基础 / 184

一、组织、法人、行当（含产业）伦理概说 / 184

二、管理伦理 / 185

三、商业伦理 / 197

四、商业欺诈与齐平化伦理评估 / 208

五、教育伦理 / 209

六、科技伦理 / 211

七、社区伦理 / 213

第十章　宏观伦理基础 / 215

一、制度伦理 / 216

二、秩序伦理 / 225

三、政策伦理 / 229

四、统治伦理 / 229

五、增长之价值判断与规范 / 237

六、分配伦理 / 240

第一章

市场失败、政府失败与道德失败

现代化(或西方哲学、史学界习惯用的"现代性")造成了世界范围内的文明震荡和文明转型与升级。工业化、城市化、商业化、科技化等,发展到今日的全球化和虚拟化,一方面创造出前所未有的物质富裕和相对的区域繁荣,另一方面把中心与边缘化发展到极端,带来了人类文明史上少有的富有与贫困的两级化运动;一方面造成了政府高效和统治清明,另一方面带来了广泛性的商业与政治腐败和效率失衡;一方面使得整个西方世界彻底从"神权至上"下解放出来,另一方面导致了世俗化大潮下的精神家园的荒疏和凋敝。

一、市场失败与伦理缺失

经济学在市场失败与政府失败的互动中试图把握整个社会经济流转的动能和动力结构,试图在市场与政府(或从另一角度称之为公民社会与民族国家)这种二元体系的互补与相互校正的动态演进中,建构西方经济学体系与结构以及社会经济学体系与结构。但从根本上说,它却未能发现更为根本的困境在于道德失败。

现代理性派经济学家一方面承认西蒙的有限理性理论,另一方面从根本上接纳哈耶克的制度理性学说,同时通过逆向选择、道德风险和一系列特殊博弈与均衡修正模型,试图为均衡理论体系进行修补,并完成其进一步建构。而事实上,现代经济学却在核心价值取向上以经济人的所谓绝对或完备理性,作为它的基石和现代经济运动动力之基础。这就使得经济学无法廓清市场失败之深层遮蔽。换言之,依照海德格尔学的一要除弊,二要使真理的光明照耀进来这两大真理要素来衡量,西方经济学体系中真理性的两大要素均不复存在。因此,现代经济学便只能在错解、误导的泥淖中挣扎。

笔者所创立的超现代经济学业已在真理两要件的超越现代框架系统下,试图完成新经济学的构建。在本书中,我将从市场失败出发,跨出经济学,重新评估并构建起超现代经济伦理学。这将不但是对亚当·斯密《道德情操论》误读、误解的重新规正,对马克思主义伦理体系的创新与发展,而且将是对古今中外伦理理论、学说、思想的继承、批判与超越的一种尝试。言及继承,较易理解,不必多叙;谈到批判,则要慎重;提及超越,则更应小心。但读者应同笔者一样明鉴,超越是吾辈之责任与义务,更是吾辈之根本出路。之所以这样说的根本原因在于,倘依旧沿着现代化路径高歌猛进,则全球化的结果非但会招致困境丛生,带来危机四伏,而且有毁灭地球之人类家园,从而毁掉人类与文明本身之可能。道德重构与重建是我们唯一的生路,而这种重建之重任又绝非是当代西方的后现代化的那种不着边际以及土地伦理的那种虚无浪漫可以担当起来的。东方智慧是我们的法宝,西方文明的现代遗产是我们的借鉴。

经典的市场失败表现为现代西方经济学总结的公共产品、垄断和外在性三大领域,因所谓的产品消费与生产特性、成本与规模基础上的市场权力和产权及其交易成本的复杂性等,造成了所谓自由竞争市场模式在上述三大领域中的失效。而这里更深层的问题却在于:第一,自由经济机制中的行为主体的完全理性本身是否存在,并且更为重要的是,完全理性的完全自私性之伦理基础域界或经济人公正性区间究竟应该界定在哪里;第二,自由竞争模式下社会最优境界的效益甚至效率合理性是否能够确证;第三,有无其他更为要害的市场失败存在,若存在的话,其当如何应对。

关于市场圣地说教或一般性的商业伦理,本书将在专门章节中展开,这里只对相关理论前提进行廓清和规正。最为实质性的问题在于:首先,经济学或特定文明与历史中的商业活动如同任何社会科学理论和一切人类活动一样,永远不可能在道德真空、道德虚无和道德缺位下存在,这是不以人的意识为转移的。其次,市场交换是在形式等价交换公正伦理秩序下的制度与运作伦理支持下的现代经济活动。但奴隶社会、封建社会、资本主义社会、社会主义社会等社会形态,或强势经济、交换经济与赠予共享经济,对这种交换的交易伦理规范、架构、适用范围之界定与认可是各不相同的。再次,在机会公正、就业公正、分配公正、财富继承公正和交易合宜(公平价格、对称信息、非欺诈、质量品牌保证等)下,市场行为不再涉及美德、慈善或其他伦理问题。换言之,市场只能提供慈善捐赠活动平台,但无权评判和要求行为主体除交换本身以外的任何慈善活动。经济行为当事人依照现存的市场与潜在的供给者进行讨价还价,选择最廉价的购买等市场行为,不被界定为吝啬。也就是说,交易博弈只要是在市场游戏规则之下,只会被认定为效率与价值发现及创新活动,不会被界定为不道德的,甚至丢面子的事情。但同时必须指出,交易公正行为本身,并不必然导致经济行为主体在道德保证与伦理的社会认同方面受到欣赏。例如,腰缠万贯的富豪在高级餐馆里挥金如土,花天酒地,其交易本身是"公正"的,当事人的他并未获得支付价值以外的任何享受,也不曾占有他人的便宜,反倒通过其消费(至少在表面上看),促进了社会消费,提供了一部分就业之可能。但这种奢华排场却腐化了社会,激起了社会陈规陋习,并在客观上造成了宏观资源上的浪费。任何在适度合宜的消费以外的花费,无论享用者是否支付,其在国家、社会乃至全球人类价值规范中,都是对资源配置与使用上的伦理犯规乃至"犯罪"。

这就引出了笔者在《超现代经济学》一书中首次提出并详尽展开的第四种市场失败,即过度消费所造成的负效应:(1)自身损害(形体、器官、身体损害甚至导致死亡,如酒精中毒等现象);(2)其他消费依赖与校正的消费怪圈。这是"美国病"中的肥胖、体型校正、现代疾病、医疗保健困境等社会经济问题的基本成因。中国的大吃大喝,尤其是吸烟、过量饮酒,也是类似的问题。

表面上看,逆向选择、道德风险是由于观念不对称带来的所谓市场失败。但从根本上说,两者均是由更深层的道德缺失造成的。由于在完全竞争市场理论模型中,经济学完全排除了"道德人"这种人类经济行为之伦理基础,结果,市场交易活动只能在所谓完全自私自利的"理性人"之间进行。这样一来,公平价格就由古罗马的那种基于公正与消除贪婪基础上的价格规定,变成了由市场供求之自由波动来决定或形成。从而只要不是可重复的大量交易,以及存在着特定时空下的极端供求失衡,就自然而然存在着非稳定合适的成交价格出现的可能。结果,经济交易与流转便会向强势方、优势方倾斜。

上述第四种市场失败,显然是由于经济个体在宏观资源与环境伦理与意识上的根本缺失,导致了消费者对自身财产与产权的滥用,从而既造成了对自身的伤害和财富的不必要微观使用,又导致了宏观资源浪费,甚至引发国民经济基础性问题,如社会与人口素质问题。

关于逆向选择、道德风险及更多相类似的市场失败,例如更具危险性和缺乏公正性的两极分化,以及由此带来的危险及周期波动显示出来的产能与产出过剩的宏观浪费的这种市场失败之本,其根源无疑来自于道德缺失。

市场失败不但需要政府与国家干预加以校正,更需要道德介入与道德把关。现代化在普遍世俗化的同时,抛弃了精神家园守护神或心灵园丁的角色。这是现代西方文明物质主义运动对人类数千年宝贵的精神遗产的最大罪过。人类必须在面对全球性灾难与毁灭的可能性面前,重估、重构精神家园,重新确立和发展出一套有意的心灵圣境,以便从个体到群体,从国家到国际社会,形成人类公德、社会公德、国家公德与人民公德,从而超越民族国家主权、个人消费主权与简单人权的理念,创建出完备的超现代文明之公德与公理。

二、政府失败与伦理缺失

按照西方政治思想哲学家的基本见解,自亚当·斯密以来,公民社会和国家政府被分成两个领域,在由国民转变为公民的同时,公民社会基本上被界定为由无形的手来自行调节,进行所谓自由放任式的财富生产、流通、交换与分配。在这样的公民社会里,厂商与个人是以自由投资主体和劳动及其消费主体的身份,自行完成经济选择,国家政府也不再是君主、王公的私产,国家同样遵循公民社会里的分工专业化原则,在其适宜的国防、教育、公益事业方面担当核心角色,并同时充当守夜人角色。美国当代政治思想史著名学者约翰·克里夫兰强调指出,同绝大多数人认定亚当·斯密持有完全自由放任之思想传统正相反,斯密事实上所推崇的专业化、正规化军队竟然是腓特列大帝时代的普鲁士军队。

无论如何,若按照斯密的二元结构的社会—国家系统,似乎基本上没有产生所谓政府失败的可能。因为政府失败原本指的是由于政府干扰所造成的经济效率损失和对资源配置的扭曲。这种配置失效与扭曲,可归结为下述几种情形:第一,由于政府实行保护价格、支持价格、补贴价格,或实行价格管制,从而导致垄断,如由公共事业中的垄断等所造成的市场竞争缺失或效率损失;第二,由于其他政府管制,如环境与生活质量控制、劳动安全保障等所造成的资源配置扭曲;第三,由于政府税收和其他转移支付所造成的福利社会与福利国家的效率损失;第四,由于政府产业政策等造成的产业成长与分布的资源配置不当与效率损失。

政府的非市场行为走向极端,就出现了官僚主义者,两者均会造成政府失败。前者由于软预算约束和非利润中心原则引起动力不足和创新不利;后者由于官僚主义的政客行径、政治算计和自私懒惰,同样造成动力不足与创新不利,从而带来资源配置失当与失效。例如,由政府行为主导的美国城市复兴工程或城市中心商务区复兴工程就基本上是失败的。美国公共房屋建设与出租浪费极大。更为重要的是,福利国家在医疗保健、政府开支甚至未婚妈妈等社会问题上造成更大问题和更为惊人的浪费,以至于问题严重到可能引起美国破产。

由此可见,所谓政府失败,从根本上说,并非属于认知误区或所谓"交学费"问题,或者体制灵活性、系统操作性问题。因为只要利益、立场与行为驱动合宜,市场竞争方式完全可能被引进任何作业空间。因此,上述问题在本质上是道德伦理缺失。究其原因在于:第一,在美国社会早期的由托克维尔笔下所描写的民主社会发展时期,既没有完美的市场体系,也不存在完整的联邦与州政府系统,但自治与民主的各级政府运作高效而廉洁;第二,亚当·斯密在市场体系中不但完全认可了资本家的"经济人"之自利性,而且认定其有益于社会福利,其未能注意到"经济人"理性必定彻底泛化,渗透到一切领域,从而在整个体系中从根本上逐步否定其道德人伦理意识和规范,并迟早挑战其道德情操系统支持的正义伦理。那么完全的道德引导或向上的道德情操与建设就能保证不存在政府失败吗?答案是否定的。

三、道德失败之理论把握

古今中外皆曾出现过对道德虚伪之批判,但尚未有道德失败之归结与考察。所谓道德失败,就是指因由道德调控失衡而带来的经济社会无序、失衡与失效所带来的社会失衡。这样一来,道德失败就并非仅仅适用于对现代社会经济进行评估。

从核心层面上看,上述的市场失败与政府失败之本,均是道德失败。但更为重要的是,作为同市场调节、政府调节相对应的道德无形之网,本身同样也会带来失败。例如,在黑暗的、漫长的中世纪,道德调节成为基本与首要调节。这种调节带来了偏隘、过激的禁欲主义,抑制了社会发展,阻碍了人之正常生活和追求。道德失败同样存在于远古或中古时期。继史书上所称的三皇五帝道德黄金时代之后,便是世袭、专制的奴隶制社会,德序礼俗让位于强势专权,兴衰暴政周期性出现,最终进入了礼崩乐坏的春秋战国时代。后世一方面看到了诸子百家的智慧灵光时代的恢弘;另一方面看到了各小国君王争权夺利,野心勃勃,黎民百姓在战火和灰烬中偷生的悲惨。

道德失败的更显著的情形,表现在道德周期或轮回,即在历朝各代兴衰起伏中,道德兴衰起伏的前导、同步或滞后表现。马克思以历史唯物主义思维奠定了现代社会科学的基本走向。这一伟大、光辉的原理与思想将继续引导着后续学说。马克思既不诉诸于社会正义与公德,也不凭借德序纲常,而是把社会运动的基本动力放在社会经济、政治、阶级力量与矛盾运动之上。我们对此不表示任何怀疑,而是要在此基础上,在对现代文明并回溯到古代文明的社会存在基础之上,科学解构伦理意识及其周期变动,并研究和发现伦理与精神文明的反作用之水平与程度。

道德失败中的这种从善如登、从恶如崩,由俭到奢易、由奢到俭难的不对称运动,充分显示出了筑坝难而毁坝易的社会物理过程。由此,可否引向另一极端,即人类只能在无休止的自省、战战兢兢以及永恒的欲念压抑中"了却残生"?而任何的解放与进步,任何的幸福追求,终将导致鬼魅缠身与放荡不羁?对此问题的答案是否定的。禁欲主义历史上没有给人类带来繁荣与幸福,现代和未来也不会。

道德失败在现代交换经济中的最尖锐、突出的表现,就在于所谓商业无道德理念可言或商业运作中的普遍伦理沉默。前者是一种学理朝代进而形成普遍性的社会意识或公共伦理重叠。后者是现实市场与企业运作中的道德沦丧。在人类历史上,这就首次在社会活动领域或相当大的一个网络系统中出现了广泛的道德真空。人们不但在交易平等、自觉自愿与形式等价面前不再追问甚至过问简单的商业活动启动与最终归属的伦理价值,而且在物质主义、金钱崇拜、享乐主义诱导下,在广泛的商业炒作与宣传洗脑之下,以市场或交易甚至地下交易为行为基准,以金钱补偿替代一切良心顾虑和补偿,并在所谓的人性、人之本能和自然性以及人性解放与自由旗帜下,把人类传统上的恶当做善事,当做能耐,当做英雄壮举,当做开先河的创新来追逐,使得地下活动、黑社会的东西公开化、市场化。

道德失败的社会恶果是严酷的、可怕的。道德失败在合宜的人伦情感经济与社会系统之外,形成了另一个阴暗的辅助系统。这就是一个以性产业、婚外恋、二奶、通奸等为主要特征的非正式社会体系。这个体系的大小与存在,将如同黑洞一般,不但将大量社会能量与财富吞噬进去,而且是以一种违规、违法、违纪,甚至丧心病狂、无德无义的方式进行其往来与财富瓜分及享用。这将不但直接扭曲社会分配,造成腐败丛生,放大贪得无厌,而且会连带产生一系列的恶性犯罪。因为,非正常财富所得要求铤而走险,铤而走险又会欲盖弥彰,甚至就会出现杀人灭口,销赃灭迹!

黑道猖獗必定冲击正式系统与正常秩序,而更为重要的是造成全社会的信用丧失,使得伪装与谎言泛滥成灾。

道德失败同时又会直接导致正式组织系统内道德水准下降。诚实、公信、忠诚、正直、勇敢、善良等美德会被虚伪、狭隘、背叛、圆滑(甚至奸猾、刁钻)、恶毒等恶劣品质取代,造成从终极目标到实现手段上的种种伪善与荒谬。其结果必定是,一方面,由于未被真理、正义与规律所支配,本来能够生成的效益受损失;另一方面,社会幸福指数大大降低,尔虞我诈、钩心斗角的结果必定使社会人际关系异常复杂,使得人人心力憔悴。

四、三大失败与治理理论

市场失败并不来自于一般性的市场机制本身,而是来自于资本产权结构与资本主义意识形态和伦理系统下的特定市场网络。这才是当代的市场失败的根源所在。政府失败也不来自于政府之一般功能性失败,而是基于单一自由竞争市场模型理论基础上的政府干预。正是这种特殊干预造成了干预与规制对经济社会的扭曲。道德失败也不来自于一般道德规导失败,而是同样由于资本产权主导和资本主义意识形态和伦理系统下的道德定位,并由此造成了道德沉默、道德挤出或道德退出。

当然,同时亦须明确,物极必反,三大失败也均是由于各自的运作向其对立面的转化和固有的内在对立因素作用而导致的。换言之,各自对应的失败的出现,原本就包含在其出现和启动时的内在运动之中,这是哲学层次的辨证认知。

最后,三大失败还由于演进本身的和认识论上的误区,即实践操作和理论认识过程的不完善、阶级性误区和其原本意义上的相互校正等所带来的界定等问题,而出现实践上的不灵与失败。例如,计划经济的斯大林模式对市场经济的排斥、高度集中的中央计划体制和重工业化之路、中国民主革命和社会主义初期的高度的新伦理主导等,尽管它们的确都取得了巨大的成就,但同时也都埋下了后来运作不灵乃至失效的种子。

对三大失败的治理,产生了大致三种国际流行范式:第一种为当代欧美发达国家的理论与实践范式。这就是从新自由主义到新保守主义的所谓保守的简单社会同情思路与治理。其在本质上是一种强化大资本集团利益，强化市场操纵，强化对外控制与扩张，缩小和限制本国福利供给的所谓第三条道路。这种模式同极右派的20/80原则似有区分，但在核心价值理念上是基本一致的：对外以民主、人权为主要招牌；对内以市场隐含的、变形的"基督教"（宗教）价值为核心规范。这种范式又同学术界、思想界的后现代主义形成交叉与互动。斯特劳斯的政治哲学就成了其主要接口。

第二种范式是对近现代乃至当代欧美范式的直接或间接的拷贝。这种范式又包括两大类：第一类是前苏联、东欧社会主义一夜间完全倒向西方的模式，其核心是产权伦理、市场伦理和程序化民主伦理的混合。此种模式带来了国际格局的巨大的甚至是灾难性的变化，即导致国际力量对比的彻底失衡。现如今此模式下正出现重组、重建迹象。俄罗斯的再崛起是具有重大国际意义的事件。中俄战略合作与铺垫值得高度重视，尤其是它们可能的高级文明与伦理原则的创新，包括国内与国际新范式的逐步生成，将会改变世界未来的格局与走势。第二类是原有的移植型资本主义制度伦理国家，如印度、巴西、墨西哥等。而由于拉美陷阱的困境，在拉美国家不但反美、厌美情绪存在，而且社会选择与伦理范式也在相应发生变化。

第三种范式是对现代化合理吸收又准备跨越发展甚至最终超越的中国范式。此种范式无论在经济业绩和社会伦理上都在发生巨大变化，其中官方与民间并不完全一致。民间意识萌动也形成两种倾向（一种是历史上的贵族化的富贵传统的现代翻版，另一种是东方伦理的现代再造）。但官方的价值观甚至意识形态体系及其战略规范正越来越明确、强化，民间两种倾向对中央规范价值的认可与追随在加强，以人为本、科学发展观、和谐社会、共同富裕、中华崛起、和平发展、文武之道、大国风范等意识规范，正在逐步形成具有实际规导意义的主旋律。

中国范式不但是迄今为止最有效益、最为成功的可持续性发展模式，也是最有希望的国际范式，从中可以找到治理出路的要害：借用中国智慧，核心思想就是综合治理思想。其中包括：第一，通观全局，治本兼标，标本兼治；第二，摒弃分域分治，形成交互渗透，你中有我，我中有你，互动互治；第三，法治、法序、人伦合流共治，利益、礼道共同作用，不偏不倚，综合混成，共同作用。

五、道德失败的实质与困境突破

道德失败为上述市场失败、政府失败之根基，道德失败之实质在于双重基准下的例外论或伦理治外法权。其表现为商业例外、权力或政治例外和制度例外。商业例外是现代化后道德失败的最普遍现象和误区。如前所述，其为一种"市场圣地"理论，即商业或市场领域与规程属于伦理道德之治外法权，享受例外待遇，不受伦理道德约束，通行的是利润中心原则和形式等价交换法则。良心、美德、仁慈、高尚均不应发挥规导作用，发生良心冲突与行为失当时，道德不再成为规范准则，利益驱动和市场价值追求成了行为驱动与规范的主旨。商业变成了公开、赤裸裸的竞争与完全的金钱至上游戏；商业与经济圈子里，黄金成了上帝，金钱成了耶稣，占有与获取成了圣母。商业例外冲击的绝非仅仅是经济运作领域，其同样渗透到一切其他领域。物质主义在效率或成本原则下，把一切道义、神圣、伟大变成一文不值的东西。

早在商业例外之前，历史上早已存在着权力或政治例外论这种社会倾向与范式。其对应着强势经济和交换经济，同样为近代资本主义兴起时所需要的民族国家统一，即君权统一近代国家所强化。马基雅维里的权术思想较为集中地体现了这种思想伦理。霍布斯、卢梭、洛克的社会契约论，尽管在主权、民意上显示了权力的终极决定在于人民授权和剥夺，但主权本身及其隐含的权力运行规则均具有特殊含义，我们不能直接认定这些思想家直接导致了这种权力例外伦理。但其主权论是不彻底的，是神秘与神圣的。权力例外的结果为政治腐败和政治交易肮脏埋下了祸根。因此，道德失败所显示的权力例外，不是现代现象，也非近代现象，而是古往今来始终都存在的社会现象，毋宁说其在古代社会时期更为明显。

道德失败还表现为制度例外。所谓制度例外，就是集体意识与制度性规范及其操作过程中的非人性、过度胁迫性甚至压迫性。极权、威权、专制等都是以制度建构形式完成了对社会的心理、精神乃至意识的统治。制度作为人群与社会集合规范系统，与构造性范式一样，都需要伦理支持。多数人原则应该实行，也必须实行。但与此同时，还必须保护少数人的正当权益，更不能对少数人实行超过行为规范要求以外的过度的损害。社会主义的人道主义、人文理念、社会伦理是通行的。"文革"期间的极"左"、过烈的社会行动，均违反了这样的伦理规程。权力例外的更为重要的一方面是对当权者权力运用与行使的伦理要求。这是从根本源头上清除腐败，它具有同制度源头掌控同样重要的关键作用。

　　基于对上述的这些例外的清理与评判，现在可以对现代流行的各种补偿法则进行逐一清理了。现代社会基本伦理补偿原则是：第一，丛林（竞争）法则下的慈善补救；第二，丛林（竞争）法则下的社会转移支付补救；第三，丛林（竞争）法则下的天国来世补救；第四，丛林（竞争）法则下的天伦享乐补救；第五，丛林（竞争）法则下的社会友情补救。

　　所有上述社会伦理补救或商业经济以外的社会关怀，均是社会伦理道义的正当的有意表现，但它们却无法解决道德失败。究其原因，不仅仅在于它的事后补偿、补偿力度问题和由治外法权所造成的伦理损害和风气败坏，更重要的是现代社会主领域，即商业社会领域的伦理缺失，直接导致了信仰真空与信仰危机。对社会大厦的稳固而言，这是一种釜底抽薪的方式，其可能使人类社会失去精神主旨与原动力，从心灵与精神追求层面退回到野蛮时期；而且，从社会管理成本来说，社会一旦失去了伦理正义支柱，其治理成本将是不可控的。

　　慈善补救的最大伦理悖论在于赎罪理论。在西方，原罪与救赎是人与神的关系之原本基石。人由于背叛了上帝所给的选择，偷吃了智慧禁果而有了自由选择能力与羞耻心，结果犯下了在《圣经》上所说的原罪。原罪的代价即为死，并且在再生的全过程，伴随着自由选择能力而来的是人以辛苦劳作来换取其所得。人死后是重新回归天堂，还是下地狱，则取决于人之向善（主要是归顺与敬畏上帝），关键是接受上帝的"旨意"。人获得上帝原谅的根本代价是上帝之子耶稣的生命与鲜血。这样，人类借助于耶稣而获得救赎。西方基督教伦理下的社会规范,出现了正义与罪恶的换算与赦免。西方现代文明下的慈善就会出现这种社会伪装,就如同一个背主的恶棍一生行恶,远离神律和上帝的正义引导,临终前只要公开声明归顺上帝,接受上帝,忏悔祷告,就可以获得上帝的原谅,成为上帝的羔羊。同样,一个经济恶霸只要临终前或在离开生意场后在慈善上大把投入,就可以摇身一变,成为慈善家,成为道德圣人。洛克菲勒本人的例证并不完全如此。其在年轻时,即使财富不多也乐善好施,但其在竞争场下的种种恶劣表现和退休后的慈善家的光辉形象,却的确印证了上述的原罪－救赎路径。这种生活或商业－其他伦理两分法带来了诸多弊端,极易造成道德伪君子与伪善道义,使得罪恶累累的富豪,又用金钱买来了"英名",从而再度欺骗社会。而且,一些社会蛀虫又会通过慈善免税和社会好名声之购买,来获得特殊的宣传效应。

社会转移支付补救,较之上述的慈善补救更有益于社会公正意识的形成与确立。社会转移支付补救的弱点在于:第一,政府行为容易导致低效与事不关己;第二,社会福利不但使受益人不会产生"感恩图报"心理,而且可能形成唾手可得、坐享其成的懒汉心理。

天国来世补救基本上是一种宗教与迷信的自我麻木。其完全是一种虚无的精神寄托。虽然没有真实效应,但起码可以减轻实际不幸之痛苦,当然也可以同时降低社会冲突。

天伦享乐补救不具有直接的社会正义,而是竞争战场上苦斗后的家庭避风港。天伦之乐尽管无法更正和补救社会不义,例如分配不公、机会不均等,但依旧可以由于家庭互助与爱恋,大大提高消费与其他效应,给人以人伦、社会慰藉。社会友情补救同天伦享乐补救相类似。

补救比没有要好,但补救远非最优状态,最根本的突破路径在于社会核心价值轴心逆转。只有高级的赠与共享经济与社会形态,才能真正克服与纠正道德失败。在这种文明与社会形态到来之前,只要在资本主导的私有产权结构下,道德失败等三大失败就是不可能从根本上消除的。在社会主义阶段,则只能尽力扩大社会公有产权与价值领域,以减轻其不利影响。

第二章

舒适空间伦理

人既不生活在母体的胎盘之中,也不生活在直接的法治、制度、人伦规范和社会操守中。人不可能对所有的制度界定、伦理纲常不断地保持清醒的记忆与认知。人甚至从来就不曾对好与坏、美与丑、善与恶作系统性的整理与归纳,进而又作宇宙观、世界观、价值观的深层思索。人实际上在多数情况下是在自己界定和形成的一个理念舒适空间里,完成各种决策和行为规导,并直接从事各种行为作业的。换言之,伦理准则只有转换成人之具体的舒适空间伦理规范,才能被自觉或下意识地加以应用。

一、孔子的舒适空间意识

孔老夫子说他自己三十而立,四十而不惑,五十而知天命,六十而耳顺,七十而从心所欲不逾矩。从表面上看来,直到最后,即接近孔老夫子的生命大限,其才形成了舒适空间意识,即达到所谓的随心所欲,又不犯规越礼,但事实上,孔老夫子所述的其整个人生过程却表达了一个动态舒适空间的形成与演变过程:三十而立,绝非仅只是常识中的成家立业,而是依照社会规范和自我解读及其追求,大致确立了自身的存在空间,这就既包括实际的家庭、事业之立,又包括人伦操守、学业、道德之立;再过十年后的不惑,则是使思想与行为准则进入一个新的境界,轻易不再因受内外诱惑而出现动摇、模糊,相反却是内在行为与伦理非常准确而又坚定;再过十年后的五十之生命历程,则由坚定有余、灵活不足,发展到知天命的境地,能在宇宙天际伦理上把握自身的命运,正所谓谋事在人,成事在天,即把不惑进一步推进到天道、天理之高度,不但可以不为常人常论之惑所困顿与烦恼,而且晓得天高地厚,明解人力可为,尽心竭力又"听天由命",从而达到天地人伦之通合;到了六十之际,则不但各种学说、伦理明鉴清楚,而且对人声嘈杂,甚至逆言狂论亦能平心静气,不动肝火,通过过滤、慎思、吸收与清除,以达到全面完备的境地;最后进入人生高境,达到一投足、一举手均得心应手,随心所欲,从而进入上善若水之境界,一切尽在不觉的把玩与掌控之中。

在《超现代经济学》一书中,舒适空间代表着一种经济预期和收益核算心理/生理极大化确定的感受与超感受空间,其决定了行为驱动、索价-给价要求空间和均衡成交的基本界定。在这里,舒适空间需要进行伦理学意义上的界定,即从善恶道德意义上进行重新把握。

舒适空间是人生的一种社会心理胎盘,如同母体子宫中的温暖小世界一样,提供给生命体以保护、给养、舒适感、必要隔绝和存在屏障,从另外的角度看,也就是一种生命体存在的直接的、令人愉快的环境存在与环境支撑。

舒适空间首先是一种对危险与恐惧的界定。舒适空间的外在界限是生命个体对外在恐惧、胆怯等事宜的空间界定,例如恐高、恐黑、怕死人、怕被孤立、怕失败、怕丢面子、怕不被爱恋等的心理活动空间方面的不愉快甚至被拒绝的空间界定。这引来了相应的自恋症、自闭症、自虐病、受虐狂等心理和精神不适,严重者导致精神分裂,甚至引发精神病。

民众心理之伦理意义上的行为甚至思想恐惧防线,并非是人生来就具有的,也并非是亘古不变的。例如民怕官,怕见官,怕告官,极端的如"伴君如伴虎"并非古来如此,永不变化。在古代帝王时期,一言不慎,在帝国宫中与朝廷大堂上就会招来杀身之祸,而如今即使有上下级情绪的对立与冲突,至多是丢官去职,更换职业或职位。因此,这种恐惧便不会如此强烈。

舒适空间之第一道消极被动防线的对立面,便是另一条积极防线,即喜悦、兴奋甚至忘我,陶醉在事业之界定和追求的选择空间。这种舒适空间常常会产生因人们积极投入、忘我开发和全神贯注而形成或发现的兴趣乃至职业领域与方向。由于存在极高的心理与精神回报和身心愉悦协调的组合投入,这些领域的开辟与投入会成为人们就业、事业的重要场所。其间的投入产出效益能够得到成倍地放大。倘若社会引导得好,就会对公益与服务事业带来巨大好处。然而这种积极投入空间有着一些基本的伦理界定。例如,对那些性娱乐、情游戏、人间诡计,或对那些上瘾性事宜的迷恋与沉醉,都是社会所厌恶与反对的。这类舒适空间的内在性与外在性的强化均是社会伦理所应当清除的。戒毒中心的建立、红灯区的管制、社会舆论与法治规范的存在等对此均会起到一定的惩处与警戒作用,但这一切还远远不够,更为根本的是道德戒律与精神追求。

除了上述两极的积极投入与消极防范之外,舒适空间还形成了一种应对日常举措、适度的行为过滤和活动偏好的形成与稳定的处理系统。在这个意义上说,舒适空间造成了一些人善于交际,喜欢互动,而另一些人则讨厌应酬,更愿独善其身,保持自己心灵的宁静。

舒适空间意识同上述三种相对应的形式直接介入和影响人们的行为操守和社会行为判断。无论是涉及积极投入的个人兴奋性、愉快性舒适空间出现时,还是在重大避险免灾事宜应对危机处理时,舒适空间意识都是一种主动、充分的意识精神介入与调动,其在关键时刻,常常通过激情、生命意志来加以体现和展示。它是一种超越普通理性,尤其是一般逻辑理性的伦理与精神核算。当涉及生死攸关的战略境遇时,其会带来不顾一切、不计成本的推进,这便会出现理性意识和超越理性意识的集合;而当面对人生事业与家庭的常规约束与平衡协调时,舒适空间时常会表现为一种潜意识与下意识活动:似乎未经当事人大脑思索,仿佛下意识的决策结果直接就变成行为选择。

二、舒适空间的经济学界定

经济学上的舒适空间显然是一种历史的、发展着的动态之心理与精神界定。比如,古时期耕读社会文明时代,农业耕作技巧和读书、礼仪、神职知识与技能,以及武功和歌舞、弹奏等生存甚至娱乐并取得报酬等的技艺,统统构成经济社会角色分工的主要舒适空间参照技能。而到了工业社会,尤其是在普及或大众教育出现以后,特别是等到高度发达的高等教育普及到一定程度后,专业化知识和专家学者型技能与技艺,便成了人力技能与技巧以及谋生的基本舒适空间。消费者主权之下的消费者舒适空间在传统的公平价格、货真价实的购买文化基础之上,又对消费者市场网络系统、不间断供给、供货花色品种的充足性等方面提出要求,而且进而要求更全面、充分的信息发布,借以对产品的成分、营养性、保健性,甚至热量等提供了参考信息。消费舒适空间因此发生重大改变。消费者不再单纯满足于简单的交易的直观与现场感受,而是要求更多的理性知识与相关信息服务。

舒适空间无疑直接引起了经济活动主体预期和索价一给价空间的形成与运作。当发达国家的劳动力与技工的劳动、生产、生活舒适空间已经形成后,就会根本无法再回头来忍受发展中国家的低水准的生活状态。这就是文明成本中的生活成本、创新成本、生产成本因舒适空间节节上升所带来的发达病而出现的大幅变化。舒适空间的这种预期与价格值域空间,一方面是一种心理、精神和伦理诸方面的演进结果,另一方面也是实际生活成本飞涨的客观体现。例如,现代发达国家的工资预期、子女高等教育成本飞涨、养老退休积累、安全健康保险等就成了除住房、汽车、日常生活开销之外的很大部分,旅游度假和社交往来则是另外的预期要求。

社会经济起飞与萎缩、大国崛起与衰败,从根本上讲,就是这种舒适空间同国际基本竞争参照轴之比较而呈现出的动态变化的结果:如果人们的舒适空间在根本索价比值上大大低于国际参照轴,而意愿付出远高于国际参照轴之标准劳动生产力,则社会呈现崛起与腾飞状态,否则,社会便会进入衰败与萎缩状态。

不但从产出、社会劳动生产力比较角度看,人们的舒适空间同国际基本竞争参照轴之比较的动态变动会对国际格局与财富的国际分配带来重大影响,以至于决定着大国的兴衰起伏;而且从人们欲望和社会消费与享受倾向上看,也同样会出现革命性作用。当人们,尤其是所谓的主流或上流社会的人们,奢华无度、空虚无聊,整日沉浸在花天酒地、荒淫糜烂的情趣之中，其结果就不但会刀枪入库、马放南山，意志消沉、精神萎靡，并进而引致整个社会的纸醉金迷、声色犬马，而且会使荒淫无道成"正道"，歪理学说成"真经"，从而造成全社会的黑白颠倒、善恶倒置、恶行猖獗、正义难伸。

从经济与管理学上看，这是一种统治与管理舒适空间的重新界定。一般说来，统治集团和社会管理阶层构成了社会经济运作的决策与协调部门。权力与上层腐败是社会腐化堕落的高发与频发地带。当统治舒适空间由励精图治、卧薪尝胆向着享乐无边，上筑天上花园（如尼布甲尼撒时代的巴比伦），下建地下陵墓，地面上形成所谓人间天堂这种反方向转变时，则无论社会劳动生产力何等发达，都无法满足这种统治奢华的穷奢极欲。这种统治恶性舒适空间或逆向舒适空间的转换是历史上社会崩溃与解体的根本原因。

现代社会里，对统治尤其是国家层面上的统治之贪得无厌，给予了相当严格的限制。来自各种统治力量之平衡与社会监督的压力，极大地缓解了这种过度统治的舒适空间之产生。而与此同时，资本贪婪、产权贪婪成了社会衰败新的主要原因：商业利诱无处不在，商业活动向一切腐化、败落领域涌动，资本拜物教以超过上帝的威力在征服世界，统治世界。

三、舒适空间的伦理学界定

舒适空间并不是一种实证研究对象，也绝非是一种直接的社会物理现象。作为一种心理、精神活动空间，其深深地受到德性化伦理规范的直接约束。

舒适空间首先是风险安全空间的界定，其间关于自然、生理、生物等方面的恐惧当然不是或不全是伦理问题，例如对黑暗的恐惧、对死亡的恐慌等均非如此。人类历史早期对雷电风雨、对自然灾害等的恐惧只是无知、迷信的结果。至于人们对社会体系及其相关联的作用体，无论是行为人还是其他社会集团对可能造成危害乃至陷入陷阱与遭到祸害的恐惧，则是社会公德意识与社会化伦理现实的直接体现。这些直接与间接的伦理界定,直接导致了对社会角色分工的社会安排。像巫师、巫婆等就在相当长的时间里,同医生、牧师、分析师等相混淆,成为社会经济活动的主要构成。到了唯一神、统一神形成后,神律与《圣经》或教义,神职人员、教堂与教会,更在规导人心恐惧和财富分配流转之间发生关联作用。

风险安全空间界定在性爱与情恋方面,直接引致出消极防范和积极投入两种风险安全的舒适空间界定。关于消极防范,历史上各个不同的文明及其文明发展周期上对诸如偷情、通奸、非婚性行为、强奸、轮奸、乱伦等都有各不相同的界定。其中一些相当淫乱,而另一些则相对"正派";有时会相对"开放",有时则相对保守。对婚后丧夫,不同的文明也有不同的要求:印度一直实行所谓火刑"殉夫",中国却始终推崇所谓贞节烈女。总体呈现出男性私有社会的传承,将女性自身及其相随的美丽视为私产,可以随主人所欲像对其自有资产那样"处置"。这当然是对女性身心的残害。虽然对偷欢偷情中的男性惩罚得要轻一些,但其若是男性下等人所为,那则另当别论。这又体现了阶级意识、阶级伦理与阶级压迫。性游戏与玩弄女性,对好逑的君子而言,对上流社会的风流女性来说,成了风流倜傥的可炫耀的人生佳话;对平头百姓而言,则成了贱夫贱女的下作与荒唐。因此,社会对其的惩处是严厉的,恐怖性的当众受辱,如裸体示众还仅仅只是声誉、名望上的惩罚,而乱棍打死、乱石砸死、沉河溺毙、卖入青楼妓院等却是对人之生命、生活方式的剥夺与彻底的改变。面对如此高昂的生命与生活代价,人们的舒适空间会形成强制性与严格的防范管束。在此领域,往往是家法、族规同社会律令形成模糊的分治与界定,它们又与伦理规常一起共同发挥着震慑与警戒作用。

与这种消极防范相对应的是积极投入的舒适心理与精神空间。例如中国千余年的"父母之命、媒妁之言",一直在操纵着中国寻常百姓之婚配嫁娶。门当户对、指腹为婚造成了多少男女的悲欢离合。新中国之恋爱自由、婚姻自由、妇女能顶半边天、男女平等等,革除了旧时代、旧社会的恶习与伦理束缚,给了青年人恋爱、成婚以广阔自由的活动空间。他们可以自由交往、自主选择。在学习、事业、生活的现实品尝与感受中,青年男女形成好感、共坠爱河。恋爱青年本身而非其他社会人士,成为情爱生活中的主动行为主体。

在风险防范空间以外，就是追求与事业的舒适空间。这种顶天立地，并且立身、立言、立德、立功，从而成就事业、追求成功与卓越是个体向上发奋的动力源泉与行为机制规导，其同样会形成消极防范与积极投入两个方向的规范与把握。任何社会都仅仅给了那些超级天才加以展开与挥洒的足够广阔的空间或天地。这是由"道成肉身"、英雄崇拜、打天下坐江山、能人资源围绕配置等社会认知与群体行为模式所决定和带来的。例如，拿破仑、毛泽东、中国历史上的三皇五帝、李白、杜甫、福特公司早期的那位天才德国设计师等就都获得了此等广阔的施展空间。但有时超级天才也无非只是得到了真正的畅快淋漓而已。例如，苏格拉底、屈原、苏东坡甚至老子、孔子、孟子、庄子等，其思想学说、治理救世理念只能由后世来受用与传扬。甚至如凡·高，生前竟未有一幅作品出售，在郁郁寡欢中结束了自己的生命。司马迁遭宫刑，在逆情困境中留下醒世万古之作。超级天才的命运尚且如此，常人情形的更是可见一斑。

常人思维与常人心理，首先就会从天才的个人悲剧中形成一定的心理与伦理制衡，或得到一些启迪与警示，从而在青年时就开始了所谓从空中降到地面上来的发展心路演变，即变得越来越实际，越来越没有棱角，尽量地圆滑、世故，甚至最后变成了八面玲珑。当然，很少人会最终堕落如行尸走肉一般：没有热血，没有冲动，没有理想与追求，加之由于经常性的四处碰壁、举步维艰、可望而不可即，更由于下人伦理、奴才心态、打工心境，经由上流、主人、老板之生杀操纵，经过人生经历的反复强化和不断演绎，结果便造成了普通行为的极端性消极防范，结果便是不敢越雷池一步，能忍则忍，逆来顺受，成了活脱脱的一部机器。

在这样一种事业与追求的消极防范舒适空间规导下，个人思想、理念与行为追求就会形成许多禁区与禁忌。这一方面会避免由于不切实际的幻想所带来的心理苦痛，免除由于想入非非、不合情理的非分举措所带来的麻烦甚至惩罚；而另一方面却会大大限制个人追求事业与取得成就。结果，多数人不得不在事业、职业与家庭事务之外，培养起个人的兴趣与爱好，借以充实与体现自我、真我。

同这种消极防范相对立的便是在事业与追求舒适空间里的积极投入。这样一种舒适空间同样是时代、社会发展的历史性产物。现代教育无疑给了普通劳动者以强大的自我开发的能力与可能。古中国的修身、齐家、治国、平天下,早已被专家里手、专业技术人员这种职业与事业上的能工巧匠取代。从武功、科举仕途升迁,到靠专家学者、实业家、工程技术等新技术立足,社会角色分工体系与价值引导发生了巨大乃至根本性的变化,人们建功立业的主竞技场发生了显著的变化。被誉为"经济学之父"的马歇尔是这样来描述和解释人类经济行为演化史的:

"我们发现野蛮人的生活受制于习俗和一时的冲动,极少为自己开创新径,而且从来不预测遥远的未来,也很少为即将来临的未来作准备。尽管受习俗约束,他们还是在一时兴起下反复无常,有时愿意面对最艰难的挑战,却没有办法长久稳定工作。"[1]

在说到自然法则和道德世界的关联时,马歇尔说"这在经济学中获得证明,因为依照奋斗求生法则,最适合从环境中获取利益的有机体才能繁殖"[2]。对个体与种属关系,马歇尔是这样说明的:"长期而言,奋斗求生的结果是,最愿意牺牲一己,以求整体利益的人种才能够生存下去,因此这些人种整体而言最能善用环境。除了一些重大的例外,这些人种生存下来并居于主宰地位,而且其中最优秀的一类素质会发展得最为强大。"[3]

关于这些习俗的生成,马歇尔的解释是"使某个人种在和平与战争时期强大的习俗,往往源于一些伟大的思想家。他们解释和发展出人种的习俗与规则"[4]。

马歇尔显然大大简化了社会规范产生与作用的过程,其实它包含着诸多相关互动环节。这种互动与关联在本源上依旧是马克思所说的社会存在这种时代与历史积存在发挥着决定性的作用,而后是类似天启般的

---

[1] 转引自 Peter Jay:《财富的历程》,北京:国际文化出版公司 2005 年版,第 6—7 页。
[2] 同上。
[3] 同上。
[4] 同上。

马歇尔所说的伟大思想家们的诠释与系统化,再后是道成肉身的圣人或领袖之引导与统合,然后则是社会变革与转型后之稳定的、民间的、普适的新传统与习俗力量,而到了最后,伦理道德与社会规章成了民间民众舒适空间里的自动合成。

除了风险或安全、事业、追求之舒适空间的内涵外,另外一个重要的方面就是享乐、消遣之舒适空间。这一方面同样分成消极防范和积极投入两部分。这方面会同风险防范部分出现某种交叉和重叠。显示逻辑应该表明,风险或安全舒适空间应当界定了所有原则上的重大的违法乱纪、违反人伦纲常的重大灾害性的行为规范区间,而享乐、消遣之舒适空间应当是在此筛选与界定后的一般性娱乐游戏方面的一些限制,但社会群体与个体行为很少能清楚地将两者完全分离开来。不同的文明习俗界定了不同的休闲享乐活动方式与空间之伦理要求。例如,在西方文化规范里,源自古希腊的尚武与人体欣赏,乃至裸体与天体营在适当的空间与场合下是可以被社会接纳的,但这种行为与方式除人体艺术的实用性利用之外,却基本上不为中国人伦所接受。尽管现代风气已远非茅盾《子夜》中的老太爷看到女士旗袍及裸露的大腿会昏厥过去那样僵化、保守与顽固,舞台、戏剧、电影、模特表演等尚可,但在现实社会中的裸游、裸泳、裸奔、裸浴(日光浴)却是不被接受的,而且会受到社会舆论的谴责。说到家庭人伦,西方文化中尽管不鼓励,但也没有明确反对换妻俱乐部行为,其法律似乎并没有进行清楚的界定,但中国无论是法律,还是人伦却明确反对这种家庭性游戏。近年来,互联网上的裸聊引起社会关注,中国警方与伦理均明确地对此加以制止。

享乐游戏空间之积极投入方面,各文化对此的界定也各不相同。中国老年人在公共场所跳秧歌,追求健康娱乐,其乐融融,锻炼又交往,互慰又互助;西方老年人则或愿意在家园自助、独处,或者在养老院里参加集体活动。东西方老年人的情趣、方式、行为均大为不同。

四、舒适空间的伦理学基础

舒适空间是个体与群体直接存在着的、活的并且体现着主体意识和社会精神发挥重大作用的行为规范、伦理道德空间。其在广泛的意义上同样包含着人之技能、学识要求,也在其他方面存在分科分域,如经济学意义上和法学意义上的、社会学意义上的、政治学意义上的、伦理学意义上的舒适空间。除非是在暴政时期,否则,在正常的社会氛围下,舒适空间之基础就是伦理舒适空间。

按照伦理学有关的终极善、目的善和手段善的具体分类,可以分别对舒适空间的伦理学基础进行相应的构造与把握。所谓终极善就是宇宙美,就是宇宙公理、公德,就是天道、天意,就是大千世界之所谓的大道,就是万物之魂、之理、之伦。我们无法想象动物界会消除乱伦与群居,也就不可能期待宇宙万事万物会形成人类社会之德序伦纲。我们所谓宇宙之公德、之正义,也不是宇宙间万事万物的社会契约与公共约束。宇宙万事万物,生生不息,轮回往复,既没有什么宪法大纲,也不存在行为手册,但万事万物有规有序。这当然不是什么等级地位的伦理纲常。

从根本价值取舍与判断上看,这种宇宙善、终极善,倘若是离开人类的价值起源与判定,那就基本是不存在的。在人类诞生之前,人类在同宇宙相伴之中,或可能的人类消失之后,宇宙本身从大爆炸走向大坍塌,其自身往复运动、周而复始,既没有善也不存在恶,既无所谓好也无所谓坏,但当人类价值体系形成后,人类正义善恶、美丑价值就会被泛化,直抵宇宙天际。其有效性、美好性就会构成普适性的终极善。这就是土地伦理、环境伦理、生态伦理、动物伦理产生的原因。

动物伦理并不起源于西方文明中的绿色和平组织与生态革命,而是伴随着人类宗教与文明早已有之。佛教中的不杀生,人类文明中普遍地对宠物的珍爱,以及所谓拟人性善待等,都是早期动物伦理的影子。即使是对待非宠物,例如耕牛、战马、猎犬等,人们也通常在情感与社会伦理上,更愿意将其视为家庭成员,而不愿意把它们同肉食来源和一般性牲畜混为一谈(见亚当·斯密《道德情操论》中对主人杀害其家犬而给人们带来憎恶感的有关论述)。由此可见,终极善是人类价值的宇宙泛化与宇宙推及的合情合理化。因此,终极善的核心不在于宇宙本身的规律性演变,而在于宇宙作为人类借以存在的家园载体和人类存在的最宏观环境与舞台,在人类价值中所具有的作用与意义。

由此,引出核心终极善,它应该是人类或世界和平、人类正义与法则、人类普遍幸福与福祉、人类健康与生命权力。显然,这种终极善本身是时代与历史的产物。在人类文明起始,部落意识远高于人类价值。为了部落整体的存续,所出现的战争、掠夺、竞争、迁徙等,都是部落意识与伦纲中神圣不可侵犯的。在这样的一种舒适空间之下,战争罪、战犯惩处、种族灭绝罪等都是不可想象的。即使是现代,如德国纳粹、日本军医和美国士兵在对待犹太人、中国人和在朝鲜战场上所犯下的非人道罪恶,甚至美军在伊拉克的虐囚丑闻等,也都表明终极善的实施是多么艰难。各种目的恶与手段恶会以目的善、手段善的面目,诱使行为当事人犯下人类良心上不可饶恕的罪恶来。

进一步,人类高贵的美德在经常情况下,同样构成终极善。换言之,其不依赖于文明差异和多样化,是人类普遍的向善追求。当然,必须明确指出,在阶级社会里,不存在超阶级的伦理核心价值。如毛泽东所说"没有无缘无故的爱,也没有无缘无故的恨"。这里的终极善的美德,只会给不同阶级的人以伦理感受上的、审美意义上的好感,不会带来根本性的阶级伦理背后的利益实在影响。

舒适空间伦理基础的另一层面是目的善。目的善具有明确直接的伦理指向与规定。目的善会在形成个人意志、激情和深度追求上,以生命力之核心与内在驱动和追求,进入舒适空间,其将会在重大行径与选择规导上,作为舒适空间里的核心价值取向发挥作用。目的善高于手段善而低于终极善。目的善在舒适空间里同样会随着时代与国家之变化而变化。比如在常规和平环境下,健康长寿就可能成为目的善本身,国泰民安就是国家层面或宏观目的善本身。人们安居乐业,家庭和和美美,人人快快乐乐享受着自然的恩赐、大地的回报、亲情的回馈、人际的欢畅等本身,就构成目的善,但在国破家亡、山河破碎之时,则为国捐躯、杀敌上战场、以鲜血和生命保全领土完整却成了目的善。在这样一种环境与换位思考下,所谓经济账和政治账的争议又有了新意。当社会发展处于一种紧要关头与重大转折时期,政治可能成为战略性经济。此时,就如同战争时大敌当前一样,政治就必然成了最大的经济。

在上述论述中,基本假定的伦理主体均是个体人。事实上,舒适空间之伦理基础完全可能是制度舒适空间或组织与群体舒适空间之伦理基础。国家、政党、企业、社区、部落、乡镇、学校、机关等,都会形成自己的一定的舒适空间。这些舒适空间均存在其相应的伦理基础。终极善、目的善均会在时代、阶级、民族性基础之上进入这种舒适空间,构成其中的价值取向基础。

舒适空间的最后一个层面是手段善。仅有目的与追求的舒适空间,不会是个完整的、可行的舒适空间。因此,手段善也会进入其中并成为行为主体手段性、方式性、方法性、迂回性选择时的较易于接纳与选择的倾向性价值空间。金钱、物质丰裕原本都是手段,但追求卓越同追求富有、成就富豪等在现代工商社会则由手段变成了目的。先不分析其为善还是为恶,仅就其关系,业已发生目的与手段之颠倒。

"允许一部分人先富起来",最终是为了达到或至少走向"共同富裕"。在一般意义上,前者是手段善,后者是目的善,但在更高境界与追求上两者均是手段善,终极社会理想是共产主义,是新人、新世界,是消灭了奴隶般服从社会分工,达到个性高度自由与解放的大同世界。

五、伦理意识革命与舒适空间逆转

舒适空间会在伦理朝代、技术物质基础朝代、政治与文化朝代等基础之上,遵循自身的规律,形成稳定的存在。其可能同步于上述朝代,也可能发生某些变化,出现同这些朝代的某种不协调。舒适空间会由于上述之朝代性变化,也可能由于一些低于朝代性变化的较大社会冲击与社会转型而发生某些一般性或根本性的改变。这里则把注意力集中在伦理意识革命的重大变化之上。

任何伦理意识革命都会在终极善、目的善、手段善三个层级上展开自身，并同时造成伦理意识的根本性突破与变化。伦理意识革命通常又是政治大革命或政治风暴的连带结果。反之，伦理意识的变化基础，又在政治与社会大改革之前，为其形成提供必要的舆论与思想准备。

人们或许依然记得常香玉当年控诉"四人帮"时的那个有名的段子，其间的含义与其说是政治清算，莫如说是伦理道德上的诉求：大快人心事，显然不是基于对其政治主张的倒运逆势，而是对其伦理、正义上的伪君子，即所谓的"政治流氓、文痞"的深恶痛绝。

伦理意识革命在终极善、目的善和手段善方面的全面根本性的变动，给了政治秩序、统治资格、人际关系、财富分配、管理位次、角色分配等以新的善恶、是非、曲直之直接界定。这些界定同直接的社会硬性法律规范和社会机会空间一起，促成了人们现实的选择与活动空间的最终取舍。通过反复试验与肯定，社会渐渐形成稳定的舒适空间。

当终极善这种伦理意识发生革命时，舒适空间里内含的人类尊严与普世价值、宇宙意识与世界公德、宇宙天理与正义等核心价值，人性中普适性的美德和包括土地伦理、环境伦理、地球伦理等超越宏观、超越国界、超越文明的最大尺度的正义价值比照，就会成为新的衡量标尺。在这种新的界定之下，增长目标、就业水平、物价水平、现代化进程等，都不能成为社会真正的终极追求目标。增长体系必须转换成资源节约与循环使用的有机增长系统，就业必须是尽可能集约式的、知识替代与智能式的，而非粗放式的简单就业。

就业是人类的一个永恒困扰。表面上看，就业是工业社会或资本主义市场经济，或广义的现代化市场经济条件下的商业或经济周期现象。其实它是人类私有经济的共同与普遍性的社会问题。因为一旦财产与资源成为私有，财富与资产的积累和财富与资本的丧失就是社会经济结构中不可遏制的两极化运动结果。在古代，豪强地主、恶霸、王公贵族大量兼并土地，灾荒、瘟疫造成人与土地的分离，难民流离失所，此时就业与生存就成了严峻的社会问题。因此，数千年来的土地占有与分配的轮回与怪圈深刻表明，土地问题本身始终是古代与中世纪的根本性就业问题。当然，土地问题远远超过单纯的就业问题。

从采集狩猎到农业革命，人类伦理意识发生了一次重大革命，这种革命从人类社会经济有效性上产生了巨大的变化：在采集狩猎文明范式下，10平方英里方能养活一个人，而在农业耕作条件下，则是每平方英里养活50个人，结果是500∶1的效率水平上的巨大提高。而在工业社会之前，敬畏土地、尊重自然、有机代谢、地球自我修理，甚至有机肥料的充分合理的使用，造成了人与自然的高度和谐。

基督教伦理尽管把人仅置于上帝之下，享有万类至尊之地位，但基督教宇宙社会伦理在古代与中世纪却未能成为人类文明的主导。这其间的人类之征服与统治域基本上局限于人类与家养动物圈内。通过战争、强权等手段使得一部分阶级、种族对其他的阶级与种族进行制度性的压榨与剥削。到了工业革命时，宇宙伦理就在基督教的人类主宰地球命运的伦理意识下，通过理性与科学的逻辑智能从而把自身解放出来，并同时完成了资本主义文明伦理的构造。这种伦理意识以自由、平等、博爱为幌子，首先把人类放在绝对的自主和目的性中心，在通过对自然立法、社会立法，再对自然进行征服与绝对掌控的同时，也把大资产者及其集团乃至整个民族同人类其他族群区分开来，通过殖民主义、新殖民主义和跨国公司或全球化对全世界的人类其他族群进行统治。资本潜规则通过市场显规则，借助分工体系完成了资源配置和社会角色体系的系统安排。

马克思、恩格斯是人类历史上最伟大的人类价值革命与颠覆的代言人。由于他们代表的是人类群体的绝大多数，因而其引发的是一场系统、伟大的价值伦理革命。这种正义之声，又因由其奠基于科学理性思维基础之上，从而不再是近乎于正义诉诸、理念幻想，而成了社会历史演进与发展的必然驱动。列宁的苏联成就了理论与实践上的伟大创新。斯大林的工业革命和社会主义阵营客观上改变了当时的世界格局。毛泽东、周恩来的中国把共产主义伦理价值发展到了时代最高峰。半个多世纪来，中国再度成就了世界性的辉煌。东方中华的主导价值贡献尚只是在显露的萌芽之中。无论从地域、人口、历史文化传承，亚洲在历史上始终是亚欧大陆中心,也始终是世界之主导。近代工业革命打断了这一进程,南北美洲、澳洲等之拓展,无疑给了西方文明以巨大的疆域与资源空间,人口、军事、文化、社会、政治乃至伦理,西方文明似乎依旧处于时代与历史的巅峰,但这幅图像,既不像亨廷顿在《文明的冲突》、布热津斯基在《大棋局》中所描绘的那样乐观与轻松,更不像福山所认定的那样确定与永恒。相反,历史的轮回正在深深地改变着世界。罗马的灭亡和中华文明的绵延,归根结底就在于文明自足、自成品性与能力。一个依赖外在输血供给而非自主生产得以实现进出平衡且有余的体系,无论在军事上何等强大,科技上怎样领先,都是不可能持久的。社会和人类公正的天平不允许这种持久性偏爱与倾斜。

伴随着重大剧烈的伦理意识革命,舒适空间会出现逆转。近代出现的中国由超一流变成半殖民地半封建的不入流时,就发生了"八旗子弟心态"向"阿Q心态"的转变。随着英国世纪被美国世纪取代和英国病的加重,"日不落帝国心态"就向"没落绅士心态"转向了。

六、伦理演进与三大舒适空间转化

伦理演进甚或伦理革命不会同时同步作用于下述三大舒适空间:压抑舒适空间、感觉舒适空间与潜在舒适空间。人在处理信息和进行抉择时,在绝大多数情况下,并不进行数学演算般的形式逻辑推敲与计算。在对应程序化的决策时,大多是由心理简单核算后即告完成。只有面对重大的、非常规的抉择时,当事人才会进行仔细推敲、认真掂量。这种思考、分析、比较与定夺的过程,从根本上是要在终极善与目的善个人伦理观上,通过被最终认可或更好地合理化而得到决策支持。因此,舒适空间中的感觉舒适空间在人们行为规范中发挥着直接和现实的作用。潜在舒适空间能否转化为感觉舒适空间取决于压抑舒适空间的筛选和感觉舒适空间抉择后的结果印证与判断。

很显然,压抑舒适空间通过社会朝代伦理和个体化美德追求,包括其追逐的强度与达到的标准,形成了对感觉和潜在舒适空间的控制性把握。

压抑性舒适空间的存在,形成了一个类似自我新闻审查的内在机制,对自身的念头、欲望、冲动甚至计划和设想,进行否定性把关。所谓思想解放与伦理革命,首先和主要集中在这个伦理舒适空间的闸门上。社会伦理演化与革命,显然不遵循线性形式。性放纵与性解放,在人类不同文明史上出现过多次轮回。古巴比伦时期、罗马末期、中国盛世汉唐时期、文艺复兴时期和西方世界20世纪60年代的所谓性革命,都是几次较大的文明放纵高潮。

伴随着资本主义新伦理而来的更是所谓的自主理性在财富上的刻意追求。尽管马克斯·韦伯把这种伦理同富兰克林等的节俭、勤劳、正直、理财、致富等理念或美德密切地捆绑在一起,但马克思的《资本论》、《剩余价值学说史》、《1844年经济学哲学手稿》、《政治经济学批判导言》等著作,尤其是恩格斯的《英国工人阶级状况》,马克思、恩格斯的《共产党宣言》等,都从根本上揭示了这些表象伦理的虚伪。

马克思曾经深刻地指出,一切经济关系,包括财产与物权关系,表面上看来是人与物的关系,实质上是人与人的关系。人对物的占有与控制在本质上是界定人与非物主人的他人之间的拥有、支配与使用关系。从原始的赠与共享的公有、集体经济转化为奴隶、封建和资本主义私有经济,财富所有权的形成与体系完善,彻底改变了人类财富的压抑舒适空间。其中的文艺复兴运动和启蒙运动,从根本上改变了人们的投资、消费、经营、拥有、交易乃至交往观念。传统的贪婪、私心与扩张,为经营投资理性和交易公平,甚至为上帝喜悦与筛选乃至奖励所激励、刺激和强化。禁欲变成了对人性的歪曲与摧残,随心所欲的追逐被看成是社会进步的动力与正常追求。良心门槛在渐渐消失。法律,尤其是其中的犯罪门槛成了压抑舒适空间的主轴。压抑舒适空间被大大压缩,并向伪装偏好舒适空间大幅度转化。政治技巧与政治文化被泛化,诚实、忠诚、俭朴、勤劳、正直被相反的那些德行取代。

在压抑舒适空间转化的同时,潜在舒适空间也被大大放大。随着科学与教育的普及,人类普遍的潜在舒适空间无疑会得到不断放大。而且,社会越是高度良序、发达,自由追逐空间就会越大。除了乱伦、遗传病等界定的性禁区外,包括婚姻约束的潜在空间也必然会被放大。例如,离婚在相当长的历史上被普遍认定是一种耻辱;很多文明中,在相当长的时间里,只允许男子休妻,却很少允许妻子休夫,只有波斯帝国有例外的法律规定。

潜在舒适空间在现代社会被大大拓展,首先就表现在心灵与精神上的挣脱羁绊。在中世纪,欧洲文明的精神是神的统治,是上帝、教权与君主的至高无上。思想、心灵与意识在此轴心内运作,不得越雷池一步。相对应的政治权力与政治诉求也被压缩在一个极为狭小的空间里。在中国则是皇权至高无上,皇权、族权、夫权、父权等,形成了中国的格利佛效应,把人牢牢地钉住。在社会伦纲上,则由君君、臣臣、父父、子子,三从四德加以严格限定。在近代社会,这些老礼、老规矩不再起作用了。人际关系变得简单、直接、轻松,市场上的非情义性的交往,取代了许多曲折迂回的人情世故往来。人身依附的弱化乃至消失,带来了自由选择的扩大和自主意识的觉醒。

当潜在舒适空间和压抑舒适空间发生变化后,感觉舒适空间也必定相应发生变化。

七、伦理革命、舒适空间逆转和文明更替

在正常、平稳情况下,文明发展呈现不可逆情形,其表现为一种文明舒适追求或享乐的不可逆性,也就是经济学上的棘轮效应或消费不可逆的放大。消费可升不可降,名义工资与收入可升不可降,福利待遇可升不可降,物价水平可降不可升,税收可降不可升等成了某种意义上的社会潜规则。

生存与社会发展目的或终极善、目的善,都把幸福追求界定为基本的价值与权利。但幸福必须通过具体的消费、活动、创造乃至享乐来加以体现。而在这种幸福体现与追求的过程中,目的善与手段善便又难以明确清楚地界定。在这种主客体之模糊交叉过程中,舒适空间的基本价值倾向就会沿着过度舒适、放松追逐、崇尚排场与奢华,从而向远离善的诉求

与美德的方向发展,步上所谓"从恶如崩"之演化路径。

这样一来,舒适空间遵循上述棘轮效应呈现出不可逆情形。这是一种道德堕落、人伦崩坏、社会不义、制度与往来不公的普遍的衰败过程。衰败呈现周期性波动与震荡。在周期性逆转之前,其循着逆向选择的不可逆路径前行,之所以如此,是由于不可逆过程中的强化机制的存在与作用导致了正反馈作用。机制之一是代际传递中的布登洛克家族式的代际衰竭。其间包括创业、拓疆的开业一代,勉强守业的继业第二代和玩世不恭、挥霍无度的败业第三代的代际轮替。机制之二是经历创业艰辛而功成名就以后的享乐补偿。洪秀全进驻天京后的表现就是典型。像明太祖朱元璋这种毕生兢兢业业和清圣祖康熙这样毕生勤勉执政的人士是人类中的少数。机制之三是横向诱惑和纵向腐蚀。机制之四是境遇与环境改变当事人。

舒适空间在本质上是一种人们可以在不假深度思索的情况下,比较容易地给出的出价和索价空间。换言之,其是贡献与所得间的比例要求空间。舒适空间不可逆就是贡献/所得比越来越低,成本预期价越来越高,从而成就事业的不可能性变得越来越大。这样,舒适空间不可逆就会推动文明、社会和直接的经济成本越来越高。当规模收益、国际价值轴比较和创新合力收益大于成本时,统治与分配劣度将不会变坏。否则,危机与成本转嫁就会不可避免。结果是,一方面预期和生存成本上涨,而另一方面却是实际获得减少。而到了一定临界点后,就会发生逆转。

舒适空间逆转并非均来自于伦理革命,有时会是直接的政治压迫或实际情况所迫。但伦理革命一定会引致舒适空间的某种逆转。

如果没有发生伦理革命,现实压力与境遇又未能造成舒适空间升华或优化,就只能导致文明衰败。相反,不论是何种原因造成舒适空间逆转,则或者可以延续文明生存,或者带来文明在新起点上的升级。

当然,罗马文明以及近代欧洲文明崛起都没有遵循这一路径。因为其资本原始积累的相当部分来自于海外掠夺,但另一方面的积累却是由圈地运动和人身自由赎买等方式带来的。后一部分可以认为是政治压迫造成的强制性的舒适空间逆转。尽管这种舒适空间逆转同样并不明显。

因为，欧美人或西方人在整个向外扩张与殖民拓殖和掠夺时，并不曾降低其舒适空间之核心价值追求。毋宁说，正相反，其是一种掠夺式、强盗式的冒险、征服与一夜间的暴富。当尘埃落定后，亚当·斯密，尤其是后来的李嘉图这位所谓古典政治经济学的完成者和马歇尔这位所谓现代经济学之父出现时，古典政治经济学的优美和经济学的冠冕堂皇就已经可以顺理成章，跃然纸上了。

无论我们怎样评价西方崛起时的道德劣迹，尤其同中国郑和下西洋所展示的那种大国风范之高尚、伟大、正直相比较时其显示出的渺小，但以五月花号为代表的那种不屈不挠、以生命与鲜血作为代价来拓展新天地，在美国建国初期被传扬与彰显的那种较为纯粹的民主、平等精神，都代表着一种勇敢与忘我之伟大的人类冲动。这是文明崛起与发展的宝贵精神基石与伦理支撑。至于西方文明是在多大程度上真正奠基在这种国家与国际伦理之上，并且是在何种种族意识与国际关系上在世界范围内公正地推行这种价值，则是另一回事。

资本主义伦理内含着矛盾与冲突。在马克思、恩格斯笔下，尤其是列宁、毛泽东笔下早有系统全面的揭示。这种内在冲突，同样也为西方学者所关注与研究，后现代主义只是以文化与哲学反思来分析这一主题。丹尼尔·贝尔是从社会文化学角度来把握和揭示这种矛盾的著名学者。加尔布雷思只在社会经济结构方面剖析过这种情形，也在论及妇女无偿贡献时，涉及了方便的社会美德这一资本下的"无偿供给"。

西方文明的这种反向的、强盗式的舒适空间"跃升"，表现的是自古以来的那种军事强权与法则。这种伦理不论其在多长时间、多大范围获得怎样惊人的成功，都早已在文明起源上被钉在了历史的耻辱柱上。随着文明的更进一步展开，其内在的非正义性的伦理取向与伦理路径，将通过变换的形式展示出来。这将随着世界矛盾加剧与危机深入，而愈加成为西方文明自身的绞索，渐渐使西方文明失去活力，失去给养，以致最终窒息。西方文明能否走出这一伦理困境，决定着西方文明的未来走向与生死。

八、伦理革命、舒适空间逆转和大国兴衰

历史原本应给每个民族、种族、社会、个性以平等呈现、表演的空间与同样的记录,但不幸的是历史同机会、资源分布等一样,从来不是绝对公平的。相反,历史同其他的东西一样,欺贫爱富、崇尚胜者而鄙视败者,把无数的关注和光环给了胜利者、征服者。因此人们可见的历史、记忆的历史,不可能是世界、全球人类文明真实的演化史。事实上是其中的那些主导乃至主宰,起码是具有重大影响的大国、强国的起伏、衰败,构成了历史的"主流"与基本层面,其他的弱小的、被征服的民族与文化,则被当成陪衬与铺垫。反过来看,就如同强人、能人、智者对文明的超常贡献,对文明发展具有的举足轻重的导向、示范,也呈现出这种同常人的基本不对称性。

无论是强力征服、大肆扩张、直接掠夺与间接统治,还是自我强盛、内部崛起、和平发展等,都会经历、伴随和引发一场甚至连续的伦理革命。伦理意识与系统性范式的逐步建立与完善,会随着直接的生活方式和国际经贸、人员往来等,一并形成国际示范和广泛的传播,比其他的直接交换与往来活动更为重要。其会在被示范与传播文明与社会行为主体内心深处,埋下价值追求的新的冲动与标尺。

伦理革命是直接的、根本性的心灵革命。心灵革命是内心深处,包括理智与情感核心取向与追求上的重大的、实质性的、方向性的改变。尽管近现代科学,包括各种脑神经科学的发展,无法证明脑与心的关联与区别,但一般民众、科学家、学者或圣人都不会否认,大脑与心灵是有区别的。显然,科学会否定独立于人体的灵魂存在和同大脑与神经系统无关的心灵精神运动,但感悟心碎、肝肠寸断的苦痛,常常不但集中于智力活动领域,也经常体现在身心间。而灵性与灵魂处的革命,会造成前所未有的革故出新,带来行为与思维的彻底改观。

威廉·麦戈伊在《文明的五个纪元》一书中,阐发了他的广义宗教概念。人们通常的概念中认定,宗教包括对一神或多神的崇拜。但汤因比

认为并非如此。他在《一个历史学家的宗教观》(*An Historian's Approach to Religion*)中写道:"如果我们对众多人类在不同时间、不同地点所从事的宗教活动进行研究的话……我们的第一印象会是其令人迷惑而不可胜数的种类。然而……这些明显的种类可以归结为人类对某些东西的崇拜,这些东西,不外乎三类:自然、人本身和一种绝对现实。"①我们当然知道宗教远比汤因比的界定要宽泛得多、复杂得多。而且,阶级与社会统治使得宗教本质又进一步被扭曲。事实上,麦戈伊与汤因比都是在寻找更为广泛的经济问题及其答案。换言之,他们关注的根本是伦理意识与伦理本质。伦理可能是宗教性的,也可能是思想情操性的。

无论我们是否同意麦戈伊、汤因比的广义宗教观念与学说,我们都可以从其研究中获得有价值的启迪。麦戈伊以社会王者价值取向,界定了在他看来和所分类的五大纪元的各种价值观:"纪元一:强者为王;纪元二:善者为王;纪元三:受教高者和富者为王;纪元四:声名显赫者为王;纪元五:?者为王。"②

我们无法直接接受上述价值观的简单化归结,虽然其中对资本兴起时的价值规导,甚至整个五纪元价值观转变包含着伟大的天才思想火花,但总体说的归纳与洞识,未能真正显示出文明演进的规程与进步方向。读者可以参看笔者在《超现代经济学》一书中的经济发展阶段论,从而对价值观对应社会历史经济演进有更为准确的把握。

这里不妨换个角度,对伦理革命中的核心价值观的历史演进线索进行一种粗线条的清理。可以给出下述几大价值演进线索:第一,神权至高无上,其统治着包括政治、政权在内的世间与天上的一切;第二,包括君权在内的特权例外,世袭永恒;第三,等级、社会身份、地位、人际价值;第四,种族、种姓等性别歧视价值;第五,普遍劳作者价值卑微,而劳心者价值崇高。

大国兴起乃至高度发达绝非完全在上述人类伟大价值上来真正使统

---

① 威廉·麦戈伊:《文明的五个纪元》,贾磊等译。北京:山东画报出版社2005年版,第95页。

② 同上书。

治行在人间道义坦途之上。毋宁说,其间夹杂了诸多现实与潜在统治势力的私欲与私利,但上述五大价值的逐步清除,无疑是大国在人类文明史上崛起得以出现的重要的解放路径。

伦理革命导致价值观的根本性变革,价值观会同舒适空间又相互作用,并造成舒适空间的逆转。舒适空间逆转后的稳定,会带来社会伦理主体以自觉和能动的甚至潜意识的方式,大力推进新文明理念与范式的扩散与传播,从而引发行为革命和社会变革。

在这种伦理革命、舒适空间逆转过程中,制度、秩序、社会角色系统,同人际能量调动会形成有效的互动和改变社会力量的集结。其中,最能体现时代与历史新潮流与人类文明新方向的社会经济变革力量,将会引发民族国家的大国地位之改变。

第三章

手段善恶、目的善恶和终极善恶伦理系统

伦理如同世间任何领域一样，都必须在永恒与瞬间、绝对与相对、目的与手段、终极与过程等矛盾体中寻求一种平衡与和谐，并且要在好与坏、善与恶等的直接对立中，不但获得直接比照，而且求得某种意义上的冲突性的解决。康德一方面用二律背反来显示这些矛盾对立的内在矛盾的理性，尤其是形式化逻辑上的不可调和性；另一方面，试图通过先验的理论界定和自律性道德系统和某些终极善之伦理指向，来展示其智慧启示与康德式的解决方案。在这个意义上来说，康德不懂得辨证运动与辨证思维。黑格尔似乎对良心、道德兴趣索然，其精神现象的标尺，已经是科学性的历史辨证，是正、反、合中的绝对理念，但黑格尔并未意识到日耳曼的所谓人类精神巅峰的这种国家学说，能否获得人类精神与心灵的广泛认可与接纳。黑格尔对拿破仑的"马背上的世界精神"的推崇，变成了他自认的学院与哲学殿堂上的世界精神。

马克思、恩格斯、列宁、斯大林和毛泽东等开辟了另一条思维与变革路径与领域。拿破仑造成了欧洲封建社会的全线崩溃，而其根本没有黑格尔等哲学与伦理的规划与指导。康德、黑格尔等对封建神学精神的颠覆，汇成启蒙与理性运动大潮，伴随着所谓的新教伦理，造成了中世纪封建思想伦理意识的彻底瓦解，引致人权与公民伦理的兴起和民族国家与国际社会规范的出现，但这一切都绝非是由这些思想家们直接规划、影响与主导下的社会实践运动。然而马克思、恩格斯、列宁、斯大林和毛泽东的社会实践与理论活动却是统合在一起的，这给了上述那种分离发展与运动以不可得到的运作与创新优势，并进而保证了伦理理论与实践的一贯性。

一、至善、至美、至真与伦理绝对主义

亚当·斯密反复地借用造物的源头,或者索性就借用人生本来就如此来展开其伦理铺陈:"人不仅生来就希望被人热爱,而且希望成为可爱的人;或者说,希望成为自然而然而又合适的热爱对象。他不仅生来就害怕被人憎恨,而且害怕成为可憎的人,或者说,害怕成为自然而然而又合适的憎恨对象。他不仅希望被人赞扬,而且希望成为值得赞扬的人,或者说,希望成为那种显然没有受到人们的赞扬但却是自然而又合适的赞扬对象。他不仅害怕被人责备,而且害怕成为受责备的人,或者说害怕成为那种显然没有受到人们的责备但确实是自然而又合适的责备对象。"①

同马克思的人们的社会存在决定人们的社会意识相比,斯密的伦理源头或天性分析基点是不彻底的和缺乏根基的,但斯密的观察与归导并非没有意义。这种人性或天性回溯与追踪同古代中国哲人的见解是一致的。孟子的性善论就是把论证起点放在人之四端,即先天的"恻隐之心、羞恶之心、辞让之心、是非之心"。由此四端,则仁义理智形成。孟子进而大胆推论,"人皆可为尧舜"。这把人之内心之圣人潜能发掘到了极致。由此,孟子之人性使然与伦理境界可能远超过了斯密的上述界定。

老子与庄子都不看好圣人之境与圣人示范。他们宁可将其认定为伪善、混乱与无序之祸水。老子在《道德经》中云,"绝圣弃智,民利百倍。绝仁弃义,民复孝慈。绝巧弃利,盗贼无有"。老子的无为而治、欲擒故纵、自主管理与调养跃然纸上。针对权贵表里两样,或社会伪装,庄子更对圣人、王公大人、圣王之法、仁义礼乐的虚伪、误导与无用大加鞭笞:"圣人生而大盗起","圣人不死,大盗不止"(《庄子·胠箧》)。这颇有些像现代的尼采大声宣布"上帝死了"一样。这种截然对立的伦理诉诸倾向,恰恰是

---

① 亚当·斯密:《道德情操论》第四卷。《论对赞扬和值得赞扬的喜爱:兼论对责备和该受责备的畏惧》,电子版(//www.Shuku.net/:8080/novels/zatan/ddqclsm/ddqc59.html),第1页。

客观世界两极运动的真实反应,偏激无助于直接的社会矛盾与问题的解决,但却会从对立面乃至反面,带来人类伦理、智慧的警钟长鸣。

关于至美与至善的关系,存在着常人意识与习惯上的自然区隔与后天分离。当人们对美加以追求与渴望时,可能完全忘记了对善的向往,并且恶行后的慈善,又往往可抵消恶行,甚至带来善名与美誉。当人们欣赏美的对象,出现审美情趣与审美快感时,人们并不曾将其同善意与美德相连。并且,如巴黎圣母院中的钟楼怪人那样,善心与丑陋经常相伴而生,而美貌与善良却时常相分离而呈现,这才出现所谓的"愚蠢的金发碧眼女郎"之说。但心灵美在人类所有文明中却是普遍存在,并被大加赞赏和推崇的。心灵美无疑是人类伦理与审美的一种独特的智慧上的联姻,其把美的本质同德的崇高合宜地、巧妙地联在一起。而在苏格拉底看来,真、善、美三者是具有内在统一性的。当然,形象美与心灵美时常矛盾。据史学家说,苏格拉底与孔老夫子均为丑陋男士而非美男子。相反,美男子却时常同好色登徒子、西门庆这类形象相关联。这种伦理/美学探讨远远超出本书的范围,还是留待相关方面的专家去加以解决吧。

无论是怎样的社会存在决定着现行的社会意识与伦理,在人们心田,或在其潜意识中,或在社会共识中,人类总是存在着一些跨越时间、种族、文化的人性崇高与伟大。它们成为人们永恒的向往与追求。在《三国演义》中,不论曹孟德如何声称,"宁教我负天下人,不教天下人负我",其在关公鬼魂的纠缠下,还是头疼欲裂,良心遭受谴责乃至寝食难安。良心存在与良心发作,当然都有历史性、时代性印记,但对恶魔的憎恶、对悲哀的感怀却是具有共识性的。

相对于生命的转瞬即逝,人们在内心深处渴望和追求着永恒及其所派生的健康与长寿;相对于所谓人生苦短与世事艰难,人们发明了轮回与来世;相对于本性善良却连遭不测,人们发明了前世作孽、后世变牲畜的命运补偿。总之,相对于人事缺憾、不完备、不完美,人们追求完美境界,甚至可以说,人们天性好美、赏美、喜美,并形成追美的审美情操。

在追求永恒、完美、崇高的过程中,人类必定被引导到追求至真上面来。真实与现实未必就是完美,当然更非永恒,而且在善良的谎言背后,时常是人们不愿甚至难以接受的悲剧,但为了心灵的宁静、精神的安逸,人们还是会锲而不舍地在求真路上前行。人类是这样,个体亦如此。在这样的境界上,我们达到了一种绝对主义的高度。

二、逐善、趋美、向真的相对主义

同上述的那种至善、至美、至真之追求向往相比,真实的情形只是可能向其趋近。无论是认识论上,还是行为论上,均会有相当的距离甚至不可能性存在。这不能不带来现实的相对主义的诉求。相对主义诉求首先会表现为一种发展或认识的阶段论,这就是伦理意识与境界上的阶段论。这种阶段论既适用于一种社会宏伟理想及制度创设与发展,也适用于个人成长与发展。社会制度与个人品性都不可能一夜之间达到最优状态,以至个体成为圣人与完人,社会成为人间天堂或世俗伊甸园;相反,而是必须逐步地、一个阶段一个阶段地加以完成。伦理追求同政治追求是一样的,跨越可能性与发展阶段就会出现左倾;落后于发展阶段与形势就会带来右倾。

相对主义又表现为道德弹性与伦理可塑性。道德弹性代表着道德意识与道德约束的非强制性、非严格比照性。这种弹性空间几乎是无穷大的。"上善若水"道出了道德上限无边无际,博大而海涵。任何个人、群体都不可能穷尽德行。同时,道德魅力在于其欢喜和接纳任何的向善倾向与举动,欢迎和鼓励哪怕是微小的道德贡献。这当然使得道德法庭比法律法庭难上加难。但这并不意味着道德法庭盛行着一味的、无原则的宽容与认可。道德弹性在学理与系统性意义上发展成为伦理可塑性。这是伦理系统优于法律与国家政权系统之相对刚性的一大优点。伦理的可塑性减缓了剧烈对抗与冲突的可能性,使得在力量对比不足、时机不成熟的情况下,可以保全实力,减少不必要的牺牲。

相对主义又进而发展成为伦理的包容性和互容性。绝对主义使得各民族、国家、社会群体,以至国际社会可以形成人类公德和共同伦理,从而带来一致行动和共同谴责反伦理意识、潮流与行径的共同追求;相对主义使得各民族、国家、社会群体乃至国际社会能够互相接纳、互相包容与尊重各自的伦理特区。

三、终极善恶之相对性

终极善恶同样是历史的、文化的、民族性的伦理架构,其中有可能包含具有永恒意义的终极价值取向,但由于时代、认知与文化等,依然具有相对性。

终极善恶首先具有时代相对性。随着国际价值基本轴参照的变化,终极善恶的时代内涵将会发生变化。在原始族群、氏族社会、部落、部落联盟、奴隶社会,甚至封建与资本主义社会,世界和平非但没有伦理意义和明确规定,而且不具有形成的可能性。在强权、强势伦理主导之下,甚至在一神教之宗教战争阴影下,民族与国家征服、屠杀、殖民等,成了强权、强势当然甚至天然的权力,到了斯宾塞的社会达尔文主义,更发展成为自然法则般的必然人伦演化法则。

人权、民权价值在历史上的演化就更是经过数千年的历史与时代发展。在雅典民主制城邦时期,民权、政权、决策权属于且仅仅属于占人口总数15%左右的富有公民或奴隶主阶级及其附庸。在希腊、罗马、巴比伦、亚述甚至埃及等,战俘奴隶、本族奴隶、妇女等没有权力可言,这都是种族主义的帝国价值取向。

同样,社会分工、产业与角色价值也在发生变化。战争与军人、农业与农夫、手工百业与手工业者、商业与商人、工业产业与产业阶级等的社会地位及其社会贡献评价也不断变化,而其背后所代表的人类由手段性追求显示出的目的性指向,也在不断地发生变化。在人类文明万年的历史中,两大困惑一直折磨着人类文明的演进:第一是由匮乏及其造成的不足所带来的效率压力与至上价值问题;第二是贡献及分配的公平与效率的混合导致的等级、强取与巧获的社会压迫问题。前者在人类演化史上始终处于不证自明或理所当然的伦理价值。从农业革命到工业革命,从三大社会分工到市场分工,从强制性管理到泰勒的科学管理,从自发性、灵活的社会发明创造到大规模、系统性社会与国家科技开发,效率至上价值、速度价值、增长价值被经济学尤其是宏观经济学变成社会健康、良序发展的指标体系。但自从环境与资源困境预警出现后,社会价值的反思出现某种转机:香烟生产得越多,癌症患者越多;食品生产得越多,肥胖人士越多;商品生产得越多,积压与过剩越多;劳动生产力越高,资源与环境压力越大;汽车生产得越多,人们越远离身体运动,身体体质越下降。

不但一般性善恶,就是终极性善恶之善与恶两者之间也没有明显的界限,经常是仅一步之遥。

终极善的另一个相对性表现出现在认知行为与理性上。人类的认识从来就不是直线性的、一步到位的,永远是曲折性的。关于宇宙系统、关于太阳系中心、关于神或上帝的存在、关于土地价值、关于人类命运等问题,人类在不断地探索、前行。随着不断深化与扩大的宇宙与世界之知识拓疆的展开,随着人们的微观、宏观眼界的拓展,随着社会、国家、人类矛盾的逐步暴露,人们的伦理认知也在发生变化。相对于法律、政策,相对于一般性政治风行,伦理沉淀需要更长久的时间。

当克隆人的科学可能性出现之前,关于人造人的伦理价值是不存在的。人类不会把善恶价值投放到这些尚未提到议事日程的问题上来;在倍增的二氧化碳导致全球气候变暖、极地冰融化、海平面升高这种小概率的大灾害事件发生之前景出现前,人类不可能形成系统的代谢工业价值、有机农业伦理;在全球生产能力达到物质基本丰裕之前,非匮乏的伦理价值只能重新走向保守的、虚伪的中世纪的禁欲主义。

由于相对时代性与相对认知性还会通过文化与阶级相对性表现出来,因此终极善恶的相对性就会在阶级相对性与文化相对性上表现出来。

在阶级社会里,除了占人类大多数的无产阶级可能发展出超越本阶级利益的全人类价值外,其他占人类少数的统治阶级基本上不可能有超越本阶级的人类价值。无产阶级在完成自己的阶级使命之前,也必定有自身的阶级要求与阶级利益。这种价值要求,相对于无产阶级所最终追求的人类价值而言,只能是阶段性的、手段性的,属于一种必要善而非终极善,文化相对性可比照阶级相对性。

四、终极善恶悖论困境摆脱

终极善恶在本质上是要界定绝对永恒的价值体系与参照规范,但又必须和只能在相对主义与相对性的现实存在方式与路径上体现出来。这就必然内含着种种悖论与困境。而伦理终极善恶的价值实用性和现实性,又要求其以系统的、近乎完美的、有说服力和感召力的形式表现出来。为获得令人信赖和贯通一致的伦理系统,道德架构与伦理戒规采取了以下各种出路:(1)神授神启之神律神意出路(宗教出路);(2)天启天道天意天伦之自然比照出路(中华古代出路);(3)人道正道正义出路(马克思一毛泽东出路);(4)强权至高天演物竞出路(西方近代之路);(5)制度自动演化出路(制度理性学派之路);(6)重叠共识政治自由主义出路(罗尔斯正义论与自由主义出路);(7)绝对精神自展开出路(黑格尔出路);(8)道德自生自演出路(老庄之路)。

神机、神明、神意比照与笃信是人类文明早期普遍性的敬畏与追求。"在美索不达米亚,政治统治者一般都把自己视为神的执行官。在公元前24世纪统一了这地区的两位伟大的国王鲁伽尔扎吉西(Lugalzaggisi)和沙贡一世,谁都没有宣称自己是神,但沙贡的孙子却自称为神。在埃及,活人和神有着紧密的联系,这一点非常独特。这个活人就是法老,是身为伟大国王的神的原型。神庙变得像皇家宫廷,崇拜者乞求神灵的保佑。人们在他面前战战兢兢,委身下拜,敬献自己的祈祷。如果王国出现了灾祸,人们就认为是国王冒犯了神灵。人的运气取决于是否能通过恰当的仪式取悦众神。世俗的国王通过神的权威进行统治,而神的权威则通过世俗国王的威严个性体现出来。因此,神灵逐渐除去了动物的外表,变成了人的模样。"[①]

不仅仅是国家最高象征、最高权力、政治伦理择取诉诸于神意神理,

---

① 威廉·麦戈伊:《文明的五个纪元》,贾磊等译。济南:山东画报出版社2005年版,第106页。

而且社会存在与伦理也采取相应的神明神意。这不仅在摩西同神订的《十诫》中得到很好的体现,也在其他文明中的一些伦纲要求中得到反映。这固然同传说神话的历史传承有关,也是由于伦理德序中的永恒性、绝对性与终极性等属性,必须借助超越人间的魔力与公正,来加以传播与规范。耶稣基督的存在与广泛影响,主要靠的是其圣子背景、神迹显示,而非其传言本身的启迪与智能。同样,类似的主张、传扬,若非来自基督之口,而是一介普通乡村野人,他就会被视为一介狂徒,甚或精神病患者,而非传导上帝之声的圣子。

即使是大闹天宫的齐天大圣孙悟空,也有玉皇大帝、天神之伦理背景,虽然中国宗教几乎从来没有成为国家最高意识形态基础。

政治伦理、经济伦理、社会伦理、文化伦理、艺术伦理统统不但围绕着神意、神道而大行其道,而且刻意通过神授、神启、神定而获得超越人间的可信性。然而,神授神灵出路,随着社会文明的逐步展开,会产生一系列的自身困扰:首先是政教合一的政治伦理羁绊。大多数宗教国家比较早地妥善处理好了国家政权与神明存在的关系,但一些国家迄今为止仍旧在此伦理困惑中存在。其次是圣战、神战之宗教冲突困境。绝对的、永恒的神原本是为摆脱伦理之人间性、世俗性、相对性而获得绝对参照,但不同文化、不同派系、不同国家均以自己的神为尊,这就导致了长期的、残酷的宗教冲突与宗教战争。十字军东征是如此,今日文明冲突的背后,主要仍是宗教深层价值在起作用。再次是神迹、神律同科学、常识、一般规律的冲突。上帝与神的存在及其律令成为一种绝对的个人信仰的东西。像 *Bad Thing Happened to Good Person* 一书作者所代表的一大批虔诚向神者,其所遭遇的种种苦难与不幸带来了信仰质疑与神在的困惑;科学信仰、理想信仰、革命信仰、美德诚心信仰等,成了世俗良好的神律神在的社会历史替代,而且卓有成效。康德的道德自律在东方,尤其是中国业已演进了数千年。道、儒、法、墨学说之综合,提供了一个完整的道规德序系统。毛泽东开启的当代中国,又在马列主义、毛泽东思想基础上,进行了人类历史上最为波澜壮阔的信仰体系构建和道德新人的伟大实验。这种社会伦理的伟大实践之人类文明价值,尚在刚刚展露阶段。随着中国的重新崛起,中华复兴若能彻底闯出共同富裕通途,则毛泽东－邓小平之路的当代中华版文明伦理之世界与人类文明意义,绝对会超过中华先祖们的世界贡献。

同神授神律出路相对应的是天道道义出路,这是古中华版的伦理困境途径。第一是中华所谓的圣人横空出世。这种圣人圣境同天下为公、民族与文明救星之开拓直接相连,通过传说、神话、想象和后来的典籍著述,通过其在民心、民意、民情中的广泛的追随、信赖、崇敬,而获得了前所未有的崇拜与追随,最后以三皇五帝之神话般的、史诗性的民族历史记忆加载史册与民间历史传承。第二,在三皇五帝基础上,逐渐沉淀、整理成"尧舜－桀纣"文化母题。在此文化母题中,明确无误地形成了圣人之境、之路的尧舜之业、之德和桀纣暴君的大恶罪渊之耻、之恶。正反对照,光照人间,启迪后世,感召良从,鄙弃罪恶。第三,将天道正义同天子相连,一方面神化帝王,另一方面给世俗权柄投上神授的光环。第四,在董仲舒等的开启下,将对国家社稷治理同上天直接相接,创造了天人感应的学说。倘人君作恶,欠下种种积怨,将会直接引来天怒,天将降罪于人间,以便惩恶除暴。第五,从老庄的道与德又逐步发展出了民间的替天行道、行侠仗义、打抱不平。中国两千余年的大规模和高水平的农民起义与农民运动,一方面多半成了封建王朝改朝换代的工具,另一方面则对穷途末路、无以为继的社会进行了除恶扬善,最后都或多或少地推动了历史进步和国家建制与建设方面的统治和治理上的创新。当然,有些是作为反面教材,如洪秀全入天京后的荒淫无道与太平天国的失败,而产生出巨大的后世警戒作用。

中华版的伦理直接演化出了社会人间德尚、德序、德化之自律可能与自完整性。同时,又引导出在道与德之律道基础上成法、定规的系统调整与治理,并进而一方面引导出社会的圣人追逐与修身自律要求;另一方面带来科举仕途的人才造就与选拔体系,并最后将这种境界与伦理推演到个体人际,最终达到国际社会之中,形成礼、德并行,道、德同在,心、智共享等的身、心、物、志相统一的精神与学说体系。这种人间自律自救及其文明的高度繁荣,直接造成了近代欧洲崛起时的启蒙运动思想家的伦理思想启示、震撼与竞相追崇,造成了西方精神从禁锢的中世纪解放出来的国际示范。例如,康德、歌德、伏尔泰等均高度崇尚中国的制度伦纲。

中华版出路同样也有其自身缺陷:第一,其可能为人治暴君找到了避难所;第二,其可能带来因循守旧,一切以祖宗章法为准;第三,其可能造成人间随意性,不具有神圣性。

伴随着近代资本主义工业的大规模发展和人类经济社会与科技革命迅猛发展的社会产业与角色结构的剧烈变动,社会伦理、出路困境摆脱的目标变得越来越明显。阶级与民族斗争与压迫迅速上升为主要的社会矛盾与动力。资产阶级学者敏锐地注意到了阶级斗争,但只有马克思科学地揭示了其历史运动的规律与演进方向。

马克思对黑格尔的绝对精神历史辩证运动进行了颠倒。黑格尔的精神现象客观唯心主义是对柏拉图理念真实与永恒的进一步发展和系统化。其已经包含着进步、发展、革命的萌芽。马克思和恩格斯推陈出新,从辩证唯物主义到历史唯物主义,开启唯物辩证认知的历史先河。这样,就既不诉诸于神明、神意,也不祈求先验的灵魂、玄妙的智慧,而是在人实实在在的生存世界里,在人脚踏的大地之上,在人际的自身历史条件集合中,寻找出人类社会自身发展运动的规律与正义。劳动价值论,首次在经济物品价值源泉上,把历史上一向被贵族与上流社会鄙视的那些社会分工与职业,提到了理当占有的地位。剩余价值理论更将资本主义财富与上流社会的富足之本,彻底地归还给了工人阶级与劳动人民。资本的魔力被放在了《资本论》的显微镜下显现了原型。

在马克思看来,终极善不是一种先天的、抽象的东西,而是随着社会历史演进而逐步清晰展现出来的人类美好前景的理想模式。与社会历史发展阶段相对应的终极善同样也是历史上不断变动的东西,而非永恒的、绝对的恶。马克思对一切人剥削人、人压迫人的现象深恶痛绝,对资本主义的"万恶"绝对是义愤填膺。但他从来不认为资本主义与资本家是终极恶。毋宁说,相对于封建与奴隶社会,他与恩格斯认为资本主义是必要的"善";相对于未来的共产主义,其是必要的"恶"。

第三章 手段善恶、目的善恶和终极善恶伦理系统

毛泽东的人民思想与学说，政党、军队、战争、革命之和平建设发展，尤其是在世界帝国主义环境下的和平建设与发展学说，极大地丰富和发展了马列学说。从宗旨到历史动力，从认识路线到思想路线，从人民民主专政到国家与社会管理、决策和领导权，毛泽东的思想、情感之伦理基础，始终是人民大众，这不但是统一战线之战略策略原则，而且是情感正义、社会主体伦序的根本性革命与颠倒。毛泽东思想之伦理与利益，又在江泽民"三个代表"思想中的第三条和胡锦涛的"权为民所用，利为民所谋，情为民所系"中得到进一步丰富。

在马克思、列宁、毛泽东之前，伴随着西方崛起，产生了近代西方的强权分治出路，此路是以下述思想为主要基础的：第一，以霍布斯、洛克等为代表的社会契约论，从严酷的、不和谐的自然状况出发，走向国家社会形态，围绕着国家主权或君权，产生了公民或大众同主权者所形成的社会契约伦理结构。主权者签约时有至高无上的主权在握，否则签约者有权将其推翻。第二，以孟德斯鸠为主要代表的三权分离或权力制衡权力，靠竞争平衡来抑制恶行与不义。这种均衡平抑伦理及其背后的人性、人权学说非常适合西方人的思维与文明情结。物质主义、享乐主义、种族主义和在个人主义基础上的自由主义加上实用主义是西方文明的主要价值理念基础。在分权、分治和民主制基础上的社会建构，符合西方性格与西方社情。第三，由亚当·斯密系统化了的公民社会之自主自发财富生产与追逐和国家政府之守夜人角色定位的两分法社会伦理。前者的自爱或自利追求为社会轴心与利益驱动；后者以正义与同情心为主轴，正义与同情心可以贯穿到整个国家体系之中，但市场之基本调节动力来自于自利和分工体系的生产力放大。第四，分权分治思想伦理演化到美国工业革命高速崛起时，斯宾塞的社会达尔文主义成了资本主义伦理显学、社会经济显学。但这一伦理思想，由于老殖民主义的显见罪恶和自动均衡社会经济的破产而遭受人们和学界的彻底抛弃。第五，凯恩斯的赤字财政，以自己借自己的（即从左口袋转到右口袋）信用伦理为手段，通过国家对需求管理这种国家干预，在亚当·斯密的无形的手之外找到了另外一只手。国家在就业与社会福利或严重的两极分化面前，再也不是无须承担任何道

德乃至直接的政经与社会责任和义务了。国民就业、劳工福利、社会幸福成了政府不但需要过问,而且必须承担的且具有必要道义责任的分内之事。第六,从哈耶克开始的新自由主义,而今已走向保守的同情主义或新保守主义。

在当代西方悖论困境摆脱出路上,同经济学上的凯恩斯针锋相对的哈耶克和更广泛意义上的自由主义者波普尔开创的新自由主义,逐渐演化成了所谓制度发展自演进出路。其后形成了西方经济学三大理性学派中的制度理性学派。此种理性的基本信条有三:其一是说信息资源千差万别,分别储藏于每个个体大脑之中。其实哈耶克在这一点上并不彻底。不仅仅是信息,而是包含知识、智能、偏好等,甚至包括情感与智慧(这是广义认知经济学的课题),不但分散于个体之中,而且存在着永远的不对称。其二是说个人、群体或社会无法产生一种或多种精细、可操作的理性,去设计和引导制度文明演进,尤其是市场体系不发育情况下,其经常只能是自动与自发性的。其三是个人才是其自身追求与偏好、幸福与效应的最好裁决者和最高保护神。不言而喻,除了上述第一信条外,其余两点均非真命题。用哈耶克的术语,其应视为伪命题,且不说其第一点的不彻底,即令全部知识、信息、智能分布不均匀、不对称,也不阻碍集合协作与合宜分工体系对其进行某种社会化方式的解决。至于个人是其利益的最好判官,只要有一点理论鉴赏水平的人(参看笔者在《超现代经济学》中提出的第四种市场失败),对此就不再会简单地固执己见。而说到人类智慧对社会制度的设计,哈耶克的观点既同人类文明史相悖,也不为常识所证实。哈耶克混淆了制度核心价值与核心架构及其游戏规则,同制度的丰富多彩的逻辑展开路径与体现形式之间的差别。哈耶克想表达的是后者的自行展开、自恰文明演进,但他却将前者一同抛弃。而仔细阅读其代表作之一《个人主义与经济秩序》,从中不难发现,其视自我为上帝的个人主义制度、秩序之信念、追求与设计是何等的根深蒂固。换言之,当他反对有制度智慧设计的可能的同时,自己却恰恰在设计与引导另外一种制度秩序规架。不同的仅仅是他将其称为每个个体的自主选择。人类文明史一再证明，完全剥夺和压抑个体个性将会造成齐平化、不劳而获与低效；但反之，一味地纵容个体伦理，无端放大自主上帝，则永远会走在最终导致文明的无法收拾和彻底崩溃的路径之上。看来，孔德这位智者的所谓西方历史就是个体对种属的反抗这句名言，丝毫未能给哈耶克辈以任何真正的启示。

应该说继社会契约论和一般自由主义之后，刚刚去世的美国哲学家罗尔斯开辟了正义论的公共意识重叠出路。此路径既不借助于世界历史传承上的神启神意，不诉诸于近代西方的强权即公理之中的丛林法则论，也不要求社会契约式的宪法式的签约架构，而是在多元利益与多元文化中，不依赖于任何一种单一独大的意识形态与主张要求，靠多元体系下的宪政哲学意义上的公共重叠共识，来获得非神圣的、非至高无上的、求同存异式的、公共议会式的正义价值出路。

正义论与政治自由主义，摒弃了垄断资本至高无上的位置，强调了政治共识中多元国家社会长治久安的伦理价值，把正义原则进一步推广到机会公平。这种公正相较于其他形式的公正而言，更是问题的前提和要害。但罗尔斯公正显然远远落后于毛泽东公正。关于此方面的详尽展开，可参看笔者的《超现代经济学》一书。

五、目的善恶的本质价值规定与终极善恶

能够成为历史认可的人类文明之目的善，在历史演进过程中自然而然构成了终极善。与此相对应的目的恶也自然构成了终极恶。例如纳粹德国、日本军国主义的反人类、野蛮残害无辜的战争罪，不但是手段恶，而且是目的恶，并且构成了终极恶，因为其所追求的不是单纯的生存竞争，也不只是资源获得、财富占有，而是包括种族灭绝、人类残害、法西斯发泄和恶棍征服与统治等在内的人间残暴。这种反人类、反伦理、反人性的"理智"的兽性，构成了目的恶与终极恶。例如，日本兵用刺刀挑开中国孕妇的肚子，不是为了战场上的对"敌人有生力量的消灭"，而是为兽性发作的取乐。

老子的目的善是小国寡民、自俭自足、自由放任、健康长寿、"无知"无忧又无虑；庄子在此基础上更加上了哲人、艺术家、作家、思想家的豪放、自由与欢快。老庄作为一种顺其自然的境界，欲取予纵的治理思想可行，但作为全部的治国发展方略则是十足的天真，而且老庄对圣人观感也走向偏激。庄子的圣人与大盗的说法，有助于针砭时弊，却搞错了因果并简单化了事务本身。

孔孟的目的善，显然是礼尚、仁德。孔子之极端甚至可以主张杀身成仁，孟子对此再加之所谓"舍生取义"，把仁爱、至善、至美德当成最根本之士大夫的生命伦理。孟子将社会伦理境界推至仁政和王道，反对霸道、暴政和墨家的无君无父。孔孟的核心要害是"克己复礼"。但孔孟的"礼"，即政治秩序显然不是广大人民的伦理体系，而是奴隶主与帝王朝廷的封建纲常，或者说只是三皇五帝至周的统治与教化伦理。孔孟之伦理思想中当然有积极正面的东西，这就是以仁政、爱人为核心的人化纲常、圣贤之德，并要以此来提升和引导社会、整合社会。孔孟的教化伦理、人伦纲常以及仁爱仁政、王道与孟子的浩然正气，再加上孟子的以民为本、君为轻、社稷为重的民本主义思想，构成了中华系统的儒家伦理思想体系，对后世、对全世界都产生了巨大的影响。其伦理思想不但对人类追圣求贤之修身养德起了重大的作用，对图谋不轨的乱臣贼子和小人恶棍也起到了一定的震慑作用。

柏拉图把人或哲人、智者之"终极"追求放在理念获得之上。在他看来，具体的、实在的、现实的都是要消失的，也都是不完美的。具体的桌子、椅子从来是不完善的，但共相或理念却是永恒的、完美的。人掌握了共相就获得了本质与完美，就拥有了永恒。而治理国家就该由获得国家及其理念的那些哲学家来担任，也就是其哲学王的意思。柏拉图的学生亚里士多德同其老师不同，在他看来，人追求幸福是普遍的，也是值得认可的伦理原则，但他认为幸福是转瞬即逝的而非永恒的，为了获得永恒的愉快，就需追求永恒的幸福。永恒的幸福只能来自于美德。换言之，只有行在正义和走在善良之上，才能享有永恒的宁静与永恒的欢乐。柏拉图、亚里士多德都把心理学、伦理学与认识论相混淆。

第三章 手段善恶、目的善恶和终极善恶伦理系统

《商君书》所代表的法家思想显然体现了中华伦理的另一演变方向，同复古法先王之孔孟后塑法礼意识不同。法家无疑主张据情而法后王，商鞅指出"法度是爱护人民的，礼制是利于国事的。所以圣人治国，只要能使国家强盛，就不必沿用旧的法度；只要有利于人民，就不必遵守旧的礼制"①。关于刑惩和奖赏刺激，商鞅则主张重刑少赏。

墨子有劳动人民的哲学家之美喻。"《墨子》的伦理思想，主要反映在其《兼爱》、《亲士》、《修身》等篇章著作之中。墨子主张'兼相爱，交相利'，人们不分贵贱，都要互爱互利，这样社会上就不会出现以强凌弱、以贵欺贱、以智诈愚的现象。国君要爱护有功的贤臣，慈父要爱护孝顺的儿子。人们处在贫困的时候不要怨恨，处在富有的时候要讲究仁义。对活着的人要仁爱，对死去的人要哀痛，这样社会就要走向大同。"②

在两千五百年前能够形成如此平等的社会伦理观，应该说是中华民族伟大人伦的闪光智慧。如果我们苛求墨子认清阶级伦理，那无疑是苛求古代贤圣有相对论科学意识了。回溯市场失败、政府失败和道德失败的相关章节，我们仿佛看到了古人的诊治和药方。当然，墨子的伦理思想、哲学系统等都只是空想，但即使是空想，其伦理价值依然是中华智能对人类文明的伟大贡献。

从社会福利或社会群体伦理层面上看，人类目的善到底如何界定和把握呢？目的善显然不是个一目了然、人人均能一致同意的东西，这样一来，目的善就需要有一个量度标准。

边沁最早提出了功利主义，开辟了一个较好的理论意义的考察方向。边沁以集合幸福效应为衡量准绳，那就是最大多数人的最大幸福。边沁的这种伦理思想被称为道德算术。这种道德算术已经在伦理与社会价值中超过了一般民主的意义。因为道德算术是一人一份，这比一人一票的政治人物选择要重要，更比货币选票与资本选票的资产有着深刻的平等伦理内涵。

---

① 转引自《影响中国的100本书》，《商君书》，电子版(//www.3stonebook.com/100s/001.htm)，第1页。

② 同上。

这样的道德算术在资本主义意识与发展的过程中却未能成为社会伦理的基石。除了政治或国家、地区领导人的普选和重大的国事议决（除了加拿大魁北克和北爱尔兰独立等事宜外，还尚未有其他事项）外，根本没有什么每人等量幸福抉择。相反，即便在政治选举中，也由于竞选费用等一系列基本条件的约束，造成了其仅仅是，也只能是富人的游戏，而在社会现实生活之一切重大选择中，经济民主基本为零，经济社会中通行的是资本选票而非民主原则。

当一个社会的运行原则是建立在自利乃至自私之物质和财富追逐和市场裁决基础之上时，最大多数人的最大幸福，在运作机制与原理上，必定出现阿罗不可能定理之结果。更进而，道德沉默、伦理缺位会成为根本性的潜规则，除非出现灾难与社会危机，或出现政治与社会风暴，否则，优势积累法则必会使不对称的强势方迅速成为社会主宰。

如何才能清除这种道德算术的不可能性呢？唯一的出路在于形成相反的伦理原则和社会选择机制。这就是缘何毛泽东提出和倡导"全心全意为人民服务"。这种伦理宗旨与理性境界，不只是对政党、军队、团体等国家机器与组织结构的目的性规范约束，而且是对每个社会行为个体的目的性进行规范要求。毛泽东的下述思想，表达了这种伦理规定："我们都是来自五湖四海，为着一个共同的革命目标走到一起来了。我们的干部要关心每一个战士，一切革命队伍中的人都要互相关心，互相爱护，互相帮助。村上的人死了，开个追悼会，以这种方式寄托我们的哀思，使整个革命队伍团结起来。"[①]在革命理想这一根本追逐目标吸引召唤下的全体社会成员，尽管来源千差万别，却丝毫不影响整个队伍的根本行动指向。"为人民服务"这一崇高的目的善的追求，自然可化为下述的干群关系、人际关系和国家与百姓关系。

为人还是为己，这是人类文明伦理上的重要界线，为少数人还是多数人，这是另一个人类文明伦理上的重要界线。为己、为少数人，以及为特权与统治之稳固和财富之稳当而不得不顾及邻里之生计是一切少数统治

---

① 毛泽东：《毛泽东选集》（第三卷）。北京：人民出版社，1991年，105页。

阶级的基本伦理信条。为人、为多数人、为全人类的彻底解放,从而为本阶级的最终解放,是无产阶级的根本伦理信条。后者在历史上曾有过萌芽,而且翻开全部文明史,公有与集体的历史传承要久远、持久得多,而且即便在西方当今完全的私有经济伦理之下,非市场性的自愿、互助也是社会上相当一部分的现实存在。自私是一杯苦酒甚或毒酒。自私下的竞争,人之天地会越来越小,幸福源泉会干涸;利人下的社会互爱,人之天地却会越走越宽广,幸福源泉会充分涌流。

六、手段善恶之伦理辩证

一般说来,手段善恶同目的善恶、终极善恶应是一致的。这在逻辑上表现为表里如一,或者内容与形式、目的与手段的高度一致与和谐,但在一些情况下,手段善恶会同目的善恶与终极善恶出现相反相承的情形。例如,为了国家消亡,首先必须强化国家机器;为了最终消灭私有制,一定阶段还要鼓励、利用和发展私有制;为了消灭战争赢得和平,还不得不以战争来对付战争,而正义战争中的流血牺牲,无论对牺牲的个体与家庭,还是对正义事业都是一种代价、一种丧失,一种"恶",但却是必要的"恶"。一种以英雄般的悲壮的献身,来赢得正义事业的早日到来,这种手段恶,可能由于社会美德营造和个体理想伦理追求,而变成一种社会赞美与推崇下的正当与完美,但后者却不会改变丧亲、失子、自我牺牲个体的真实悲壮与苦痛。因此,对可能造成这类人间悲剧的重大决策的最终决定者的伦理义务就因此变得更加重大,不能以为其为必要的恶,就可以随意下决心,滥用手中的权力。

手段善恶与目的善恶应尽可能地一致,否则在不断演进的过程中,手段恶就会被强化以至于有可能最终坐大,并进而形成目的和手段的联合恶。亚当·斯密在《国富论》中并没有提出明确的经济人学说。他注意到的只是一种源于人类自身的一种美好的倾向,即自爱和自利性关注。也就是说,人首先要爱自己、照顾好自己。他的这种目的善同市场上的逐利的手段恶或善是可以一致起来的。当人寻求和仅仅寻求自身正当利益或权益时,这种自爱完全可能变成社会福利总体提高的手段,但斯密没有意识到,其后来的追随者,将其自爱原概念偷换成他深恶痛绝的自私自利的经济人学说后,手段恶就会逐步占据社会伦理的中心殿堂,成为至高无上的行为法典。

第四章

伦理悖论与调和(协调)

社会伦理不来自于真空世界,不建立在纯粹的数学王国,更不遨游在自由思辨王国中;相反,伦理原理、思想、规范都直接来自于人类文明自身的发展,都基于伦理行为主体、客体之实在存在及其相互作用与关联。从而,由于产生背景、主客体及其相互作用中的悖论,就会反映到伦理范畴与体系之中,这就要正视与面对伦理悖论并寻找出相应的应对方法。

一、主体悖论之源:人性矛盾

人是多重性集合体,是多维世界与空间的应对有机体,从而产生对其进行多面的界定,并进一步包含着寻求人性矛盾的研究途径。顺次考察一个古今中外思想大师对人把握的基本视角,会有助于形成较为完整、准确的行为主体见地。

1. 老子:人是"道"、"德"之物

老子在其《道德经》中,从宇宙万物、天地起源到运行恒常,在各个层级的辨证运动中,把握人之"地位"与规定。在《道德经》五十一章中他如此论断:"道生之,德蓄之,物形之,势成之。是以万物,莫不遵道而贵德。道之遵,德之贵,夫莫之命,而常自然。故道生之,德蓄之,长之育之,成之熟之,盖之复之。生而不有,为而不恃,长而不宰,是谓玄德。"[①]可见,老

---

① 老子:《老子道德经》。北京:北京高等教育出版社,2003年版,第52页。

子认定人为"道"、"德"之动物,以道而生,以德而蓄。道之不可道,为天下万物之规之律,其成为永恒不竭之始发与原动力。德之谓德,为人品操守蓄积,成为立身之命之方圆。关于德之高峰或最高善,老子如此界定:"上善若水,水善利万物,而不争。处众人之所恶,故几于道。居善地,心善渊,与善仁,言善信,政善治,事善能,动善时。夫唯不争,故无尤。"①与人与世为善,不争而宁静又淡泊,与世无争,清净无为,顺乎自然,而有为。老子的这种滋养万物而不争的上善境界,超出了普通意义的一般性的利他。把惠及万物、从容给予、不计索取的价值,提升到了伦理最高境界,这比公义与功利的神境还要高贵。上帝与神爱仍然是有条件的。这就是向神、敬神和与神和好。而老子的上善却是无条件、无所求的。老子并未称这是圣人之境。老子的《道德经》确把圣人与常人加以区分,圣行与常为相区别,但老子既未表明常人无法成贤,也未指出圣人与常人是永恒的分别。

2. 佛陀:人是苦难动物

同老子的上述界定相对照,佛陀认定的是:人是苦难动物。人生有四谛,即苦谛、集谛、灭谛、道谛:(1)苦谛是说人生、人间一切都是苦的;(2)集谛是指造成人生无尽苦恼的原因,是人的欲望;(3)灭谛是讲消除苦难的办法即为消除欲望;(4)最后的道谛是讲消除欲念的解脱之路,即通向涅槃之路。在这四谛之中,苦难显然是根本,是核心。由于人生是苦痛的,由于生老病死是人生不可豁免的相伴的苦痛,人生的意义、价值与目的就是全生避祸。免除灾害、免除不幸就会获得人生快乐与价值。苦难的原因在于欲念,在这里,我们显然发现了佛陀牵强的逻辑归结,自然成长中的病痛,死亡之面对显然不是人之欲望所致。同疾病相同的人生丧亲失偶之苦痛也非源于欲念。当然改善心境、提高道德水准可以减轻或转移这些苦痛,但欲望本身,却既非灾难之原因,禁欲也非可行的避险之法。当然,人生的其他诸多烦恼显然是同过度的、不切实际的幻想欲求有

---

① 老子:《老子道德经》。北京:高等教育出版社,2003年版,第17页。

关联的。以前世、今世、来世来解释今生,预示未来,尽管可以麻木今世人生之苦痛,使其接受现实,累善积德,以求好的来世轮回,但同时必定为世间大恶、制度恶、公敌恶找到避难所,社会将难以除恶斩坏。

3. 孔子(儒家):人是礼序仁爱动物

孟子认定人之初,性本善,从人之四端发展出仁义礼智。孔子并未涉及性善论还是性恶论,但孔子追求与极度推崇的无疑是君子之风、圣人之道,君子与圣人有一系列的美德相随。孔子不但认为上流社会当行礼序之规,而且界定了整个社会的君君臣臣、父父子子,为君的需爱臣惜民,像慈父疼爱爱子一般地对待其国民与臣属;为臣的需忠贞不贰。父子、夫妇、长幼、朋友当以此类推。为人之原则该是"己之所欲,亦施于人,己所不欲,勿施于人"。在孔孟看来,礼序德化下的人性,即是人的社会性,也是人之本性,意即人区别于动物禽兽之人性。

从老子到孔子,中国哲人对人性的界定都是从本体起源,从社会规定,从自然社会存在,而既不从造物主,也不从功利之主义角度来看待。这些中国古代的圣贤,包括墨子在内,把善看做人生追求的天性倾向。人性向善,有益于幸福获得,有益于健康长寿,有益于社会发展与和谐,但人性向善却不是为了获取向善者的利我结果而进行不断换算的道德游戏。老子的人性,就更是深深地植根于宇宙万物演化之本源和深层变动之中。黑格尔的哲学体系,尤其是其关于精神现象的演进,则几乎就是对《道德经》进行某种译文式的展开和近代术语与学科体系的系统性铺陈。在思想与抽象及其对应范围,其甚至不及《道德经》来得宽泛。

4. 亚里士多德:人是社会动物

亚里士多德在论述幸福为善本身,或者为伦理目的时,进一步对其加以引申。他认为从这个观点看,"自足"(autarkeia,英译为 self-sufficiency)也可以说是最后的目的,而他继而强调其所指的自足并不是指一个人可以过着孤独的生活,而是和父母、孩子、妻子、朋友和公民们共同生活所带来的那种社会生活。亚里士多德的本意是城邦性的(politikon,也可译为政治的或社会的)。① "他认为一个孤独的人不可能自我完善,只有在城邦国家即社会中才能达到自我完善,所以个人是从属于群体的,但他不是完全忽视个人,只是说个人只有在群体中才能达到自足。"②

在亚里士多德看来,人是群体性的,人不能独立存在,并且独自完善而成为人。人必须在一切社会关系和社会群体中存在和界定自己,并在其中通过政治生活或活动而成为自足与幸福者。这不等于说,亚里士多德像墨子一样,认定人需利他,像孔子一样认为人需爱人。亚里士多德的理性与美德尽管都是社会属性,但也并非是平等自由的社会结构。

5. 耶稣基督:人是上帝之属灵动物

耶稣教人爱人,不但爱邻居而且爱敌人,几乎是无条件的爱。耶稣所界定的仅有的两个不可爱之对象,一是魔鬼撒旦,一是虚伪假义的法利赛人(令人厌恶的做作之代表)。耶稣的爱人源于上帝并归结于上帝。由于上帝爱人,所以人也要爱人;因为要取悦上帝,所以要爱人。作为圣子和上帝的使者与代言人,耶稣眼里的人和所要求的人,在本质上即是有罪的,因为其背叛了上帝就是有罪的。人不但是上帝按照自己的形象所造出来的,而且是离不开上帝的。

耶稣说,"我就是生命、真理和道路。"只有借助耶稣才能达到父,即上帝。耶稣的全部存在与价值就是上帝救赎的牺牲代价,就是上帝之道的肉身榜样,就是人类需效法的灵性存在。

从原罪、最后审判、天堂地狱与救赎角度看,人尽管要快乐幸福,要积德行善,但世俗的存在与一切,包括生命本身的价值均是有限的。毋宁说,其全部的价值所在,在于准备着最后永恒地进入天堂。世界末日更把世界的一切看成一种微不足道的瞬间之准备与存在。

作为王中之王的耶稣及其基督教,原本是同现世统治政权相对立的,但罗马之反抗异族压迫的民间声浪和帝国统治的需要,导致了其从异教

---

① 汪子嵩、范明生:《希腊哲学史》。北京:人民出版社,2003年版,第920页。
② 同上书,第920页。

向国教,从异端到正统的转变。可见,属灵也好,神授也好,在现实的宗教信仰民族与国家历程中,政治感受与统治艺术总是在其中扮演重要的角色。

6. 荀子正名:人是性恶但可匡正的动物

孟子性善论和荀子性恶论之对立,几乎成了学术界和常人的思维定式,而荀子的唯物主义思想,又给了现代经济人假说以某种学理基础支持。这实际上是误区与错解。荀子并没有止步于其原始本能的性恶,而是认定人有后续的社会与自我校正可能。在《性恶》、《修身》、《礼记》等文章中,荀子提出了"性恶论"。他指出,人的本性就是"目好色、耳好声、口好味、心好利"和"饥而欲饱"、"寒而欲暖"、"劳而欲休"等这些自然属性。显然,荀子混淆了人之感官的自然或本能追逐与人之本性中的社会规范性择取之间的本质差异。除了目好色与心好利而外,其余的均非人性。波普尔包括试验与假说在内的一切科学试验与理论,均包含着预先的理论偏向。这应是对荀子上述见解的有力否定,而心好利又显然是荀子对私有制与阶级社会的人之社会性的"天然表现"之概括,但其并非人之永恒的属性。

荀子并未停留于此,其是要通过表明人之自然属性只有通过封建伦理道德来严格加以限制,才能变成性善的,才会符合封建礼仪。所以,荀子极为重视后天学习、教育的作用,并彻底否定了孟子的"天赋道德论"。由此,荀子的唯物主义的解释和通过教育观来匡正不仅仅是科学的、正确的,而且是积极向上的。

7. 集大成者韩愈:人是性情三品之动物

针对道、佛的猖獗泛滥,儒学之退缩与无招架之功,韩愈一方面重释"道"、"德",将其阐发为仪、义的统合,另一方面在人性论说中进行更大的综合与反思,提出性三品与情三品之说。韩愈提出,孟子言性曰,"人之性善"(其实已不及孔子的"性相近,习相远"。当然,孔子未说性本善或恶);荀子言性曰,"人之性恶";杨子(杨雄)言性曰,"人之性善恶混",上述三家均是以偏概全。韩愈认为仁义礼智信此五常为性之要素。性之界定,视上述五要素或品质之比重而定:性分三品,上焉者五常具备,而统于仁,下品性者仅于仁而违背其余四种品质,中品性者仁的成分多少不同,其余四者杂而不纯。

韩愈认为情是"接于物而生",即后天才有的。情包括喜、怒、哀、惧、爱、恶、欲七种。情也分为上中下三品,并与性之上中下三品相对应。"上品之性有上品之情,中品之性有中品之情,下品之性有下品之情。"①

8. 程朱宋明理学:人是天理统辖的动物

宋明理学之所以创立与发展,为的是打通天道与人道或人伦之间的联系。为了拓展孔孟的非形而上学说的学理基础,以及全面构建天理、天命宇宙之理论基础,从邵雍开始,通过二程兄弟到朱熹,形成了一个庞大完整的哲学、伦理学、社会学乃至教育学体系。这个哲学体系是对老子道统学说基础中的道与德一体化的彻底贯彻。此思想与学说体系比黑格尔的哲学体系足足早了六百余年。黑格尔读过老子《道德经》可以肯定。因其认定中国没有哲学,并且堪称哲学家也就老子一人,其绝对否认孔子学说有哲学地位与成分。至于其是否读过程朱的东西,则不得而知,但黑格尔的武断、胆大妄为与傲慢无度,应是颇有名气的(可参看叔本华对其的尖刻批评)。

在二程看来,理即道,理又是礼。他们把周敦颐的"礼,理也"一说进一步发展了,把封建道德原则和封建等级制度概括为"天理",从而把人的行为规范提升到宇宙本质的"理"之高度。二程认为,"天地之间,无所适而非道也,即父子而父子所在亲,即君臣而君臣所在严,以至为夫妇,为长幼,为朋友,无所为而非道。"(《遗书》卷四)"上下之分,尊卑之义,理之为也,礼之本也。"(《程氏易传》)"君臣、父子、长幼、夫妇等上下、尊卑关系,只用一个'理'概括。在这些关系中,人们只能各安其位,各尽其事,

---

① 《卫道巨擘韩愈》第 12 页,载舒大刚、杨世文主编《中国历代大儒》,电子版(www.shuku.net:8082/novels/zhuanji/vanqthwrpm/lddro1.html/)。

一切视、听、言、动都只能按照封建的伦理道德行事,这才合于'理'的要求。"①

朱熹同陆九渊兄弟就理与心曾有过长期论战。程朱的理是宇宙自然、社会之道,乃规律者也。因此,朱熹以为要穷理,则要通过多读书,"泛观博览"。方法因此而劳顿繁杂。陆九渊按照自己的"心即理",主张求理不必向外用功,只需"自存本心","得吾心之衣",就可以达到对"理"的把握。朱熹在《四书集注》中的《大学》章句中,以格物、致知、诚意、正心、修身、齐家、治国、平天下,构造了一个完整的以圣人塑造为目标的集伦理、认识论、教育、政治、哲学于一统的理学体系。朱熹更进一步把天理与人欲放置水火不相容之地步,主张存天理灭人欲。这自然走向了极端,过了头,非但不会存天理、有实效,反倒会造成社会压抑与偏好伪装。这是宋明以来伪君子形象猖獗的自然结果。

9. 康德解释:人是自律动物

康德作为启蒙运动思想巨匠、某种程度上的近代自然科学之父的自然哲学大家,已经基本上脱离了以神志、神性来发现与解释自然;与此同时,其伦理思想也把人从神定、神选、神规之下解放出来。

康德的人是理性的人。理性是自足、自律、自戒的。理性是自醒的因果关系存在,是目的论的逻辑系统与展开。康德的二律背反不影响其伦理世界的构造。人,具体的、个体的、实实在在的人,而不是神,成了一个个鲜活的伦理主体。这些行为主体,不但有目的,有存在价值,而且其存在就是目的自身。个体是社会与国家的目的而非手段。理性由此就成了自律存在的自身依据。人在社会中不再需要借助于神律就能形成自己的伦理价值与规范系统。

康德的自律人性不仅反神权、反封建、反特权,而且并不具有西方文明历史源头中根深蒂固的种族主义、殖民主义。这引导其伦理走向世界

---

① 《宋学泰斗程颢程颐》,载舒大刚、杨世文主编《中国历代大儒》,电子版(www.shuku.net:8082/novels/zhuanji/vanqthwrpm/lddro1.html),第 7 页。

和平。这种思路又被当代的罗尔斯继承。同时,康德伦理思想中也没有谢林、费希特狂热的爱国主义情绪和黑格尔理性的民族主义追求。康德思想在伦理上与科学上既是现代的又是超现代的。当然其理性的过度又导致了现代化对自然的征服与摧残。

10. 黑格尔解读:人是历史动物

借用卢卡奇命题,在黑格尔之思想体系中,人是所谓的历史动物。这当中自然包含了历史性、国家理念、精神性与辨证性。当然,黑格尔的历史观、历史主义、历史进步都不但有局限性、封闭性,即其历史与精神的终极性,而且具有客观唯心主义的精神性。

黑格尔的人不是康德概念系统中的人。黑格尔眼中的人不是一种是否同上帝相对应的万能的造物主,或是否为个体存在及其价值的生物体意义上的人。黑格尔要把握的是世界运动、社会演进;黑格尔思索的是同爱因斯坦意欲统合,以及牛顿在古典天体、自然哲学系统中所形成的那种大千世界大一统的自然宇宙论相对应的人类宇宙论,是要在自然哲学、精神现象、伦理与法乃至艺术的全部层面上,构成统一规律或系统的科学知识结构系统。

因此,人是一种历史上的,也即人类文明进化链条上的存在物。这种存在物,是且仅是在完成一定的历史使命与历史社会存在。在历史意志与国家形态上,个体仅仅是必要的几乎可以忽略的组成部分。要紧的是历史意志体现的那些时代高峰的人的群体之存在与方向。

11. 马克思解读:人是社会存在动物

应该说马克思既有康德的人之自由意志之遗风和推崇天性,又受到黑格尔的深深影响,但马克思的确对黑格尔的体系进行了彻底的颠覆,也就是说马克思的人之社会存在,无须黑格尔的那种类似老子的道,董仲舒的太初、太始等,或基督教的上帝创世的帮助。马克思的物质世界与人类社会就如同达尔文发现的生物进化一样,在自身的内在矛盾运动中,自生自进、自行演进,辩证地由低到高向前不断发展。其中人是由这种运动与存在的现实性加以界定的,意即社会存在决定着社会集团与个体意识,形成一定的社会角色存在,并在社会发展阶段上完成一定社会体系下的人所对应的历史使命。在这种历史使命完成的过程中,暴力革命有时成了助产婆,其对历史的进步起了某种"接生"的作用。

12. 亚当·斯密误读:人是经济动物

现代化对应的既不是科学家时代、大众艺术家时代,也非历史上的神话、宗教、哲学时代,而在根本上是经济学家时代。这同西方的物质文明取向和重商情结是相符合的。

人类阶级社会数千年的精神与物质压抑,当然未能给千百万大众以真正意义上的解放与舒适。总体说来,道德伦常教化了社会大众,物质丰富与道德说教美化了、富有了社会上层。因此,当人本主义一起来,自由与理性选择,尤其是消费主权之确立、彰显和对财富之狂热的追求与激励,社会大众对此是欢欣鼓舞的。他们确有把握自己命运和走向高度自主的意愿。这就为现代化提供了坚实的社会伦理与人类文明基础。这样一种社会意识背景和工业化大规模产销运作及其科学等在资本统合下的空间经营运作,带来了前所未有的社会经济之解说和把握的复杂性、困难性、"专业性"。而财富运作及其社会公正,或经济效率与人类公正的两难困境,在文学家、道德学家乃至政治学家等的简单的理论与阐发方面,已经无法适应社会需要,而且由于自身利益的缘故,政治家、资本家、贵族等,都因社会角色的利益缘由,而失去了学理公正与提供学理科学的可能。经济学家的学术公正面貌在此情况下得以广泛确立与形成。

亚当·斯密的《国富论》就是在这样的宏观背景之下出世的。其一经问世,立即受到广泛的关注。比之他的另一巨著《道德情操论》的社会反响,两者可谓天壤之别:从英国到欧洲大陆,斯密的政治经济学之父地位立即得到确立,其学说名播远洋。按照历史学者们的研究,斯密是位让传记学者根本难以提起兴趣的名人。因为其生平简单直白,通信往来极少,显赫的历史运动均几乎与其不相干。然而其声名与影响却是巨大的。

斯密对人性的解读原本是二元的：一是以同情心、正义、美德及社会人伦的正义为基础的道德人；二是以自爱或自利为基础的经济人。然而，经济学很快就背叛了古典政治经济学家们的阶级正视立场与社会公平学理风范，为了利益辩护和体系数学化（简单数学形式主义）要求，把理性简单化为逻辑目的、数学最优和统计平均，把经济动力、利益分配、体系运作等完全、彻底地放置在所谓的理性经济动物，即完全的自私自利、个人主义私欲的基础之上。从经济人到经济动物的当代经济学定义，从诸多层面上误读了斯密，误导了世人。

人不是经济动物，就像人不能孤独地存在一样，人在多重场与多重世界中生活，人也有着多重属性。每种属性界定着人性的不同方面，市场上的行为是由于形式等价公正与利润轴心之资本导控使然，同人性之利己与利他没有什么关系。

13. 弗洛伊德精神分析：人是性奴动物

弗洛伊德之医治对象大多是奥地利的中上层阶级。这些人在资本主义物质极大繁荣的情况下，衣食无忧，舒适无虑，生活的悠闲与精神的空虚与无聊，必定导致他们一系列的想入非非，从而在情与性的游戏中寻找慰藉与出路，此正应验了中国的古语："饱暖思淫欲"。

弗洛伊德把人性基本放置在本我之自然和社会压抑之过虑的压抑一解放之间，而这种冲动与欲念和压抑与释放的核心实践是性活动及其要求。西方学者在压抑与解放的意义上，把弗洛伊德的精神分析同马克思的学说等同起来，而它们实际上是不可比拟的。

14. 毛泽东思想：人是能动的革命动物

毛泽东被收录到《世界名人与名言集》中的名言是这样的：哪里有压迫，哪里就有反抗，压迫越深，反抗越重。毛泽东是在马克思主义和中华智慧与中国国情基础之上，形成其思想体系的。他的人性思想不是被其明确表达出来的，而是在其人民学说、统一战线理论、实践论与认识论、战争与革命学说、领导艺术与方法学说中体现出来的。

在毛泽东的诗词中,表现出了对小人的鄙视与反感,但他从不从善恶与品德或伦理正义角度去对待和判断阶级斗争,甚至路线斗争。他对叛徒之嘴脸深恶痛绝,对低三下四的人格嗤之以鼻,但只是通过"鲁迅的骨头是最硬的"这样一类的赞美来表示他的价值欣赏倾向,而从来不在内心对政治对手做过多的人性品格之设想。他不认为存在超越阶级、超越时代的人性与善德。

能动的、革命的特性被他看成是主观能动性的最高、最优秀的伦理。主观能动性,比之单纯的理性更为积极与丰富,将知行合一与目的论等推到最高层级。

二、多重世界相对悖论:客体悖论(本体悖论)

关于善恶的相对性,通过终极善、目的善与手段善已作过详尽分析。现在要通过伦理体对应的客体世界或本体世界的内在复杂性,也就是伦理对象客体之多重世界属性,来把握伦理相对性。

在关于自然或宇宙之客观世界伦理,例如土地伦理、环境伦理、外空间伦理、海洋伦理、动物伦理、生物伦理或宇宙伦理等方面,我们有两大基本原则:原则一是这一切原理都非原生自在原理,而是由人类文明伦理派生和推演出来的;原则二是当我们涉及非人类生命及其相互关系的伦理时,我们基本上是在秩序与效率性上表明其价值存在的。具体说来,我们无法也没有资格对自然界的动物与生物世界进行所谓伦理界定与排序,并且这样做也没有意义。我们不可能认定马比牛高贵,牛的生命优于鸡的生命,狗的价值高于猫的价值。我们也无法判断地球毁灭是善还是恶。大自然的生命轮序并无价值判断可言。太阳处于太阳系的中心,丝毫不意味着太阳拥有特殊的统治地位。由此,我们联想到董仲舒在《春秋繁露》中,以及东汉章帝亲自主持和召集下形成的《白虎通义》中,所竭力宣扬的天底下之天尊地卑,并以自然星辰日月之上下左右及其关系来比照社会等级是何等的荒唐。(当然,我们亦了解,由于中国智慧的直接世俗化,即非神性,带来了人间伦理非神圣性问题,也可能导致永恒等价值缺失,因此,古哲贤不得不借助于天神地道予以调和。)

但当自然界成为我们文明与生活的承载,同我们的文明存在息息相关时,其伦理关系就不但由其在人与人之间的拥有、使用等关系而产生伦理要求,而且由于客观存在与我们的关系,而有了伦理意义。

对多重世界或多重空间可以从诸多角度加以界定。我们根据这里的理论要求,从下述四个方面进行考察:

1. 宏观、微观多重世界

极而言之,每一个微观个体都界定和对应一个独立的世界,其由他之所视、所想、所求、所及以及他们的全部关系网络构成。由于人们的知识结构、阅历、交往范围、偏好等有所不同,其所形成和对应的各个小世界也各自相异。当然,同文化圈、同宗同族、同类专业、相近习性与爱好等会形成类别圈子。而微观小世界的不同会由于利益集团和认知差异两个方面的不同,而形成不同的伦理偏好和要求。同性恋在性爱方面有其自己的伦理,通常其性伴侣更换频率高于异性恋。观鸟爱好者群体,对鸟之生存权利的伦理期待与要求要远高于普通大众。穆斯林对食用肉食动物的价值评判,印度教徒对牛的推崇均不同于大多其他文明与宗教人士。

对绝大多数伦理主体而言,微观世界就是其全部世界,宏观世界对其而言仅仅是把玩或赏玩的对象,并不具有真实含义。因此我们看到许多老祖母对方位、外界存在、社会变动等几乎毫不知情,也不感兴趣,但对其孙男弟女却永远是如数家珍、一清二楚,在一个家族小世界里健康高寿,渡过苍生;许多公司职员,其老板就是他们的上帝,其家庭与工作地就是他们的伊甸园,他们的伦理关系与价值追求统统在这小天地中加以体现和得到满足;一些杰出的科学大师,他们的宇宙就是其感兴趣的专业,他们的全部伦理热情就是其才能得到发挥,知识得到扩散。

然而,只有假定宏观资源无限、宏观秩序公正合理、宏观环境稳定并且可持续,上述的这些微观小世界的自在伦理才是可以存在和不受干扰的。这就如同在和平时期与环境下,百姓安居乐业就是国家政府与公民个体的最大幸福,但当外敌入侵,山河破碎之时,要想安居乐业的宏观前提与环境则是不存在的。

地理大发现后,世界形成一体成为可能。现代资本主义之规模经济,尤其是全球化运动,即全球采购、全球投资、全球营销、全球布局,把世界变成了所谓的地球村,最时髦的说法叫做"地球是平的"。这样一种互动与背景联结,带来了宏、微观之全球性的联结。这种联结使得宏观极限与可持续性,成了微观效率乃至存在的直接要素与前提,就如同偌大的一个海域与江湖,在原本捕鱼、养殖等微观单位不甚多的情况下,只要各自选好了地域,宏观上无大灾大难等,通常不影响各自独立的微观业绩;但当微观组织遍布,渔业资源面临枯竭,有节制、有规律的封海禁海等,就成了保持宏、微观协调的必要手段。

宏、微观多重世界带来了客体世界之对立与冲突的可能。其中的伦理问题在于:(1)宏、微视角在时空分布上的道德伦理界定与把握,国家利益之上在国家主权—国际关系体系下似乎天经地义,但面对全球化灾难的情况下,国家之世界视角是否让位于人类视角,或国家主权能体现在何种程度上,在实践演化阶段上又如何把握?(2)微观世界之各利益集团,利益驱动之下的宏观结果的道德责任与义务,产权与法律界定是否有效并且作用足够大?人欲、集团欲念在这些较低的门槛上又能有怎样的结局?(3)宏、微视角甚至认识时间上的不对称或认识论上的滞后效应该如何解决?人类社会的矛盾冲突后的事后控制之道德合理性何在?能否找到防患于未然的道德手段、防线与合理性?单纯的禁欲、灭欲主义是不行的,放纵的享乐主义更是不行的,简单的两者间的平衡也只能是权宜之计。替代是经济学上的有效方法,消费、享乐替代必须是高级化的。印度佛教徒与佛教思想同中国之儒释道之仙风道骨,提供了两种不同的替代与转移方式。中华版的替代应是更为合理与有益的文学艺术与创造性劳动的替代和积极的虚拟世界替代,而非西方大众化娱乐与艺术的替代,它在现实世界里会有更切实的伦理基础。

2. 非同步性多重世界

文化与文明的非同步性运动规律,决定着世界发展、进化水平的多重性与多样性。文明与文化的这种非同步性,一方面通过文明中心为主的文化圈的演绎、波动而形成扩散和区域性文明国际结构;另一方面,通过外围性的或其他文化圈的侵略、扩张所造成的压力,甚至直接掠夺、征服,而造成文明灾难,社会劫难。

《财富的历程》一书把这种世界文明的运动,从财富生成到被窥视乃至抢劫,直至找到新的平衡这样的三个进程,抽象成有如黑格尔三段论的华尔兹舞曲。这是英国学者或整个世界学者中占主导的学术思维方式甚至定式,但其中只有历史事实归纳,没有历史逻辑规范。丛林法则是他们天经地义的道规。

在伦理体系中应当加以明确的是:第一,民族国家的统一与建构是历史进步。这种内生的国家性的统一是政治大智慧,是国家层级上的宏观伦理要求。国家不是波普尔的《开放社会及其敌人》中界定的那种必要的恶。国家本身并无善恶,其关键在于国家政权性质及其执政集团。就像氏族、家族本身无善恶,或者说婚姻家庭本身无善恶一样。暴君暴政、极权专制都不是国家恶,而是国家被操纵和被利用产生或带来的恶。也就如组织与公共群体本身并无善恶一样。把国家定义为必要的恶,是因为波普尔错解了伦理上的善恶之内在规定性。国家是中性的,是一种集合态的伦理主体,其本身存在不能被直接界定为善与恶,只能是具体的某一个、某一类、某一种国家作为,才能被界定为善与恶。就好像,我们不能直接把伦理道德主体人说成是善与恶一样,我们只能就具体的人及其行径,来判定究竟张三是善,还是李四是恶。进而,国家统一必须有明确的界限,走向殖民与扩张、走向种族灭绝与屠杀等就都违反了国家统一的道德基础。第二,非同步性造成的文明演进的先进性、文明性、效率优势等,在伦理上都只具有相对价值,甚至不具有伦理价值,除非涉及以优生优育的名义残害生命、毁灭文明等普遍恶。通常高端与中心只有示范与传播的义务,没有强制输出自我文化与文明的权利。第三,国家关系上同样具有高尚情操与美德。国家美德就是大国风范;就是爱民、为民、恤民;就是公正廉洁,天下为公;就是道义昌明,诚信公力;就是睦邻友邦,和化天下。

国家美德是最高境界的国际关系之基石。国家美德比之国际关系准则更为高尚。西方霸权主义同国家美德相去甚远,西方世界的所谓文化软实力或软力量,从其概念范畴本身所折射出来的那种双重标准,以实力为基础、力量崇拜的文化骨血,业已使其文化魅力丧失殆尽。西方文明的引力不是由于其美好的令人不能不加以追随和效法,而是由于其"强大"与"霸道"得让人感到实实在在的威胁与压迫,而不得不取其法而后强,再平其恶,西方的霸权是由其文明内生的野蛮性注定的。西方思想家与学者若不能在这个层次与境界上深刻反省西方文明,痛定思痛,则西方文明的命运大限是明摆着的。西方文明在人类历史长河中的定位,也永远只能是令人目眩的彗星。古罗马就是其前车之鉴。

3. 多元性、多元文化与多重世界

多民族与多元文化的国家集合是个十分微妙的难解之题。少数民族的存在,无疑对应一个多数民族的民族主体。在国家崛起与强盛时期,在国家意识形态下的集合是相对容易的,但当进入稳态后,国家认同与民族文化认同就可能出现分离。这时,文化熔炉就会转变成文化拼盘。虽然存在内容并没有变,但民族与文化的自我肯定与保护在加强,跨民族与文化的凝聚与认同在减弱。久而久之,有可能引导社会隔离乃至政治分离倾向。

在这个领域,集中存在三大倾向:第一,世界公民意识加强;第二,国家霸权意识在强国中占据主导地位;第三,民族自治是普遍原则。世界公民的责任与义务是一种当代国际主义意识,是应当鼓励与发扬的、由非政府组织、国际合作和具有国际主义作为的公民个体所产生的世界和平与人类进步的重要力量。而与此同时,国家霸权连同大国联盟的世界霸权,仍然是当前世界事务的主体力量。民族自治的核心伦理价值规范并不清楚明白,政治价值是显见的和具有共识性的。

三、伦理之主、客体间的悖论

伦理客体悖论,即客观矛盾和伦理主体矛盾,即人性内在的矛盾与复杂性,会集合在伦理意识和行为之主、客体作用与过程中,从而呈现为伦理之主、客体悖论的存在与状态。以往的伦理研究与伦理理论,基本上停留在伦理主体的种种界定之上,而对于伦理主体与客体的结合和伦理主体的社会承载体系,却没有形成系统的伦理把握。例如,康德、黑格尔、亚当·斯密等都没有提出和形成制度伦理、秩序伦理理论。本节仅从悖论角度来进入这一崭新领域。

1. 制度悖论

制度是国家、系统、组织或伦理行为主体最主要的、稳定性的结构规定与游戏规则。制度建构提供了社会角色系统的结构性规定,保证了已接受的朝代价值的运作机制的贯彻与吸收。国家制度是通过宪法、国家民权、国家行政结构、国家法律、国家政策法令、国家文化架构与倾向等体现出来,并对其加以维护和贯彻的。组织制度通常没有国家制度那么复杂,并要以国家制度界定的法律、文化与道德规范为约束条件,形成自己的内在稳定结构与规范系统。

首先,制度伦理悖论来自于制度形成与存在的朝代与主流伦理"统御"同前朝代或非主流伦理的冲突。理论、学说、思想、文化都是以思潮或革命范式形式存在的。伦理在一定时空条件下也是以朝代规范形式存在的。一定历史时期占主流意识的伦理规范就成了朝代伦理。而伦理一旦成为朝代伦理,就一定具有相对过时性和对非主流伦理的排斥性。正是这种主次、先进与落后伦理的内在矛盾运动,推动了制度伦理的演进与发展。

其次,制度伦理悖论来自于主动社会力量,即统治阶级伦理同被统治阶级伦理之间的冲突。这是阶级社会制度伦理悖论的本质规定与核心。不存在超阶级的伦理意识与伦理体系。存在着超阶级、超文化的美德,但美德价值通常不构成制度伦理的核心价值。制度伦理的主轴是由社会核心阶级及其权力统治结构确立的。制度伦理这方面悖论的核心在于统治阶级的伦理"伪装",把统治合理性加以美化与粉饰。制度功能与结构有两大类:第一类属于一般性运作结构与功能,其来自于群体、规模协调与组织合理性;第二类属于主导力量优势体现与强化,制度伦理悖论基本上来自于这一类。

再次,制度伦理悖论来自于制度内在创新活动与制度核心构筑稳定性要求之间的冲突。在新型制度确立后,制度的创新空间与活力冲动通常是相适应的和有足够空间的,但随着制度的演进与发展,允许创新的余地变得越来越小,伦理主体的越轨行为反而会变得越来越多。

最后,制度伦理悖论来自于制度理性、制度演进与制度运作之间的可能性矛盾。制度理性是群体与个体理性的一种独特的结合。制度是人定的,制度又是要纠正人之随机或投机主义倾向的,而且制度又要靠被其规范的人来贯彻与执行,然而制度中的人又是利益各异、形形色色的,这就使制度理性远非其他理性那样明晰,并且制度演进与运作过程中,目标、利益关系形成了错综复杂的关系。

2. 秩序悖论

不但存在制度伦理,而且存在秩序伦理。制度也是一种秩序,是一种根本性的复合秩序。秩序比制度宽泛,并从属于制度,制度还要通过具体特殊的秩序来体现。

上述几种制度悖论来源都基本适用于秩序悖论。此外,秩序悖论还有两个特殊的来源:其一是秩序认识本身有个试错验证问题,制度当然也有这个问题,但不像秩序那么明显。因为秩序里除政治秩序外,其可验证性要容易些。因此,对其认识也比较容易达成共识。其二是秩序周期比制度周期来得要短,或其生命周期完成得更快。例如,从自由放任到国家干预主义再到新自由主义,资本主义至少已经有了三次重大的社会经济秩序转变,但资本主义制度在本质上并没有变。

从异化角度看,制度与秩序都是一种人为异化或强制性控制,这同国家或组织等是一样的。只要进入这样一个群体之中,个体就只能服从这样一种外在约束与规范,但要强调的是,这里的秩序悖论同这样一种集合体的必要规范约束之"强迫性"、"压制性"或"压抑性"不是一回事。当然,这一切也均非波普尔所认定的国家是必要的恶那样的判定,其间的利诱与推理同本书前述的一样,不再赘述。

3. 价值系统悖论

价值同样会以一定的结构存在,从而形成稳定与系统的功能。这种结构与功能的整合构成了一个完整的价值系统。价值系统在现代社会由下述几种要件构成:(1)国家意识形态,其为最高国家制度价值规范,任何违反这一价值的行为,将根据其影响而受到包括最严厉的剥夺生命与战争消灭形式上的惩罚;(2)社会主体文明伦理;(3)文化历史传承与风俗习性价值规导;(4)国际与异国文明价值示范与交流;(5)各级组织、企业、组织亚文化价值体系。

首先,价值系统悖论来自于价值系统内在的、错综复杂的体系内可能的冲突。上述价值系统结构固然有明确的层级与梯度,但对其认知与把握及其实行过程,仍旧不可能完全一致。例如,如果言行涉及叛国与颠覆罪,则惩罚是明确的,但若涉及伦理意识、学术与思想自由范围内的价值判断,则完全是另一回事。例如,美国就规定对焚烧美国国旗的行径在法律上不予惩处,并在价值上有所忍让。

其次,价值系统悖论来自于可能的价值目标与价值实现手段之间的冲突。价值实现基本上是一种道德自律与道德法庭谴责。只是在历史上,对那些涉及通奸或其他性色"大罪"的惩罚,曾在某些文明中体现为由文明体成员自动"处决"的极端方式。一般说来,价值实现手段是软弱的。这就产生了价值崇高与价值现实的反差乃至对立的悖论。当江河日下,"改朝更主"时,就更是道德沦丧,竞现百丑图。趋炎附势与刚正不阿会形成鲜明的对照。而前者的道德卑贱却不仅可保全性命,甚至可能带来一时的荣华富贵。这就会对社会造成更大的反向引导。

价值系统目标本身也是一种体系,其不可能成为系统的逻辑一贯的结构化系统,而是各有其理,各归其宗。结果,价值目标也会相互冲突。诚信与绩效的冲突在本质上不该归入这里。因为绩效在本质上并非伦理目标。正义公平与慈爱善行,在商业社会里就会出现冲突。

四、悖论调和与协调

伦理客观悖论、伦理主观悖论、伦理主客观悖论渗透到社会、文明体的各个方面,各种伦理悖论,例如制度悖论、秩序悖论等,本身也是悖论调和与协调的机制。这里对这两种调和与协调机制不展开论述,集中于其他的机制方面。

1. 朝代伦理主导与调和

朝代伦理也是形成制度与秩序悖论的一种,但同时,朝代伦理又成了悖论调和与协调的现实机制。朝代伦理与替代朝代伦理及其他潜在伦理均会不断竞雄与冲突,试图成为价值导向与参照。人类社会的行为方式、个体与群体认知特点和群体行为规范逐步演化出了一种主导或多数人意愿的伦理取向与共识。这些共识会以伦理潮流、伦理时尚、伦理现实要求等表现为特定的朝代伦理。这种朝代伦理经常与王朝更替不是一回事,尽管它们有着密切的关系。政治伦理、政治领袖等对伦理朝代无疑有着重大影响,但政治家经常不是伦理朝代的主要奠基人,只有像阿育王那样的杰出贤君明主,像列宁、毛泽东这样的伟大领袖,方可能成为伦理朝代的开山者。腓特烈、路易十四、拿破仑等无疑开创了近代资本主义强权即公理之霸道伦理,但却是以武力与强力造成的;相反近代资本主义伦理体系中,亚当·斯密与斯宾塞却是真正的开山鼻祖。

朝代伦理的调和与协调本身就是以一种矛盾性的方式存在的。一方面,朝代伦理形成时,必定是对"前朝伦理"之弊端与破产有着深刻的历史记忆与相当积累,并同时对新型之亚伦理等,进行必要的综合与吸收,从而获得稳定的、主导多数的伦理共识;另一方面,朝代伦理一旦形成,就同时会以正统与主导,对其他的伦理存在加以排挤。因此,朝代伦理的调和与协调是一种动态性的先整合,进而主控,最后压制的过程。这样一种调和与协调运动过程,本身就内含和孕育了朝代伦理的更迭,其存在本身又是更新换代的历史必然。

2. 强势伦理调和与协调

朝代伦理未见得一定是强势伦理,尽管朝代伦理永远是占统治地位的主导阶级伦理。由于朝代伦理演进周期同阶级与政权周期并不完全同步合拍,朝代伦理惯性就会带来强势伦理与朝代伦理的时空错位。例如,殖民朝代伦理就大大落后于资本主义强势伦理,以至于蓄奴、贩奴和被迫废奴,成了近代资本主义西方文明的永久性历史耻辱。福利朝代伦理或弱势保护朝代伦理大大滞后于资本主义强势伦理,其历史出现仅仅是晚期资本主义的伦理共识。

在国家政权转变、社会转型时期,强势伦理的形成需要一定的时间与过程。因此,会经常经过政权稳定后的制度确立与结构形成以及稳定的运作,并由于人们的习性变化,而慢慢成为新的朝代伦理。外来政权有时可能在其统治时期,以所带入的强势伦理,来改造被征服的朝代伦理。有时却是根本无能为力的,只好在更为深厚与强大的伦理系统面前,逐步放弃自有伦理,转而接纳、采用并融合到被征服的伦理中,有时也会出现统治伦理与民间伦理或社会伦理的脱节,这是统治的失败。蒙古在中国元朝的统治属于后者;清王朝乃至唐王朝,属于融合性伦理更替;希腊亚历山大帝国,甚至罗马帝国是兼而有之;近代西方殖民帝国则是以强势统治伦理替代原朝代伦理。

3. 民心伦理主导与调和

当统治合法性几尽丧失,人心思变,人情思虑,人意愿动之时,朝代伦理与强势伦理天平就会向民心民意伦理方向发展。这时,良知、美德、正义、善信会从民间、百姓中得到力量,受到激励,或被重新唤起。在这种社会氛围下,道德重建就会成为社会主流。伴随着民心民意而来的民心伦理,就不再是可以压制、无足轻重的了。引导不好,民心丧尽,统治崩溃也就是自然而然的事了。

4. 政治生态分布调和与协调

朝代与主导伦理在这种情况下，取决于政治生态分布及其变化，共识与通行的伦理体系，成了一定意义上的政治伦理价值股份公司，各阶层、阶级力量因其实力对比，而在价值股份公司中获得相应的投资权力，从而使同股权相应的伦理规范被放置于伦理体系中，这是一种力量对比下的价值妥协。

第五章

伦理与道德实现机制

传统与道德,曾在神律神义、天道天理之神圣与庄严之下,规导、教化与约束人类文明与社会长达数千年之久。世俗化是在冲破宗教束缚的精神朽枯、摆脱过度伦理枷锁、规正社会基本合道政治权力、赢得思想与意志自由的多重解放与突破之下,完成近现代社会转型与文明确立的。

一、伦理与道德实现机制分述

现代化是在人类东方文明之国家、政治、社会宽容、基础文明科技等基础上,以西方资本主义伦理价值与基本物质精神创构来建立自身基础的。在当代,人类文明演化至现代化的后期,出现了东方文明复兴的曙光。这是预示了新的人类文明升级转型的前奏。在远古、中古或整个古代社会,美德与正义为中心的伦理系统得到系统性强化,这当然是以等级伦理为制度与秩序基础的。这就为其内在的矛盾与道德伪装之最终解体埋下了伏笔。而从古代或传统社会向近代社会的转变结果,却是伦理道德被压缩到了一个狭小的空间,市场交易与运作,国家社会法律和现实运作的潜、显规则成了主要的行为规范依据。外在的红绿灯显示系统比内心的自省系统要简便容易得多,伦理道德仅在家庭、家族与非正式组织圈子内,作为内在契合力而存在,社会呈现出广泛的道德沉默与伦理滑坡。

这种转变固然主要由伦理基轴和社会制度与秩序规范变化所致,但伦理与道德实现机制的全面萎缩与失效,也在其中推波助澜,造成了伦理道德的退化乃至一定意义上的瓦解。

神话主轴、宗教主轴、专权强势主轴或等级控制主轴,统统要让位于平等、解放、自由个性的社会文明,但道德机制与宗教乃至神话机制是人类文明上万年,甚至上百万年形成的智慧积累与想象沉淀,是要同科学机制、舆论机制、市场机制、政权机制、法律机制、家庭机制、社区机制一样,被不断地推陈出新并得到不断地发扬光大的。

伦理道德实现机制,在以往的伦理学中是作为直接的伦理、个别分散内容而被加以研究的。本章要将其集中起来,作一种系统性的研讨与总结。

1. 美德机制

当代西方著名理论家与思想家安东尼·吉登斯在《第三条道路——社会民主主义的复兴》一书中,开列出了下述的美德:诚实、义务、自我牺牲、荣誉、服务、自律、宽容、尊重、公正、自强、信任、文明、坚韧、勇气、正直、勤勉、爱国主义、为他人着想、节俭、崇敬。这实际上是良好品格的具体表现,美德应更为集中和"高级"一些。

中国的五常——仁、义、礼、智、信具有更高、更强的涵盖性:

仁者,善待人者也。而人之待人可以是爱人,可以是雪中送炭,也可以是不落井下石,当然也可以是锦上添花、尊老爱幼、礼贤下士,可以是宽以待人、严以律己,可以是循循善诱、诲人不倦。爱心、同情心、慈悲关怀、利他心等是其基础。仁者为"君",成为仁政爱民之"主";仁者为父,成为慈父;仁者为妻与母,成为贤妻良母;仁者为小辈晚生,成为慈孝关爱、尊老爱幼之表率;仁者之师,必定为正义之师,是严明军纪、秋毫不犯,又爱民如家之师。义者,公正公义者也。其必定是是非曲直分明、惩恶扬善、弃奸厌谎、光明坦荡之君子。其可以是刚正不阿的王子犯法与庶民同罪的包青天,可以是威严受敬重的长者、家长、族长、领导与调节者。

义者为"君",法度彰明、人心畅快、社会公正廉洁(起码是身先示范,社会风气追随,反之则有时良君也回天无力);义者为官,两袖清风,造福百姓,民风社情昌明,小人无赖缺少生存空间。

礼者,卑亢得宜,礼敬高贵者也。其可以是温文尔雅的儒士,可以是落落大方的来使,可以是礼尽同致、受人敬仰的领袖,可以是彬彬有礼、举止优雅的说客。礼之基础本色自然,是胸有成竹,是聪明智慧,是融会贯通。礼者为师,师道自然尊严;礼者为使,尊严与实力同在;礼者为官,尊严尊贵形成强大之激励;礼者之兵师,先礼后兵、礼尚往来,奠定永久和平之基础,使战败方心悦诚服。

智者,大彻大悟、通慧识盈者也。其可以是道古论今、通晓天地的圣贤,可以是学富五车、满腹经纶的大家学子,可以是机智灵光、聪慧过人的军师、儒将,可以是舌战群儒、反应机敏的外交家。智者为君,德化礼教为主,法惩制督为辅,刚柔相济,张弛相当;智者为师,天慧开启,智慧涌泉;智者为武,巧赢智取,事半功倍。

信者,言行一致,表里如一者也。其可以是言而有信、诚实可靠的朋友,可以是一言既出驷马难追的君子,可以是诚信为本、信誉至上的商家,可以是说到做到、遵守诺言的政治家。信者为君,国家政府公信力陡增;信者为官,上下放心、政通人和;信者为民、为商,奸商乱序难立。

在界定与论述上述五大纲常时,实际上偏向于其中之善者这一层面。换言之,美德并非普遍一般性道德品格。美德者,人格情操之优秀集合与极致,由品德操守之精华与上善者构成。美德界定拥有其品性者为圣贤、君子、明君、良臣、慈父(母)、伟丈夫、"贞节烈女"(非古代含义)。美德所对应的是人间之极品,为极品人之品德与所为。美德,即中国的内圣外王中所欲追求的内圣之品格操守之立基,为道德文章中道德之魂灵,也为民间社会中的好人之最闪光的道德要求。

亚里士多德注意到美德并不保证幸福,相反行善德可能引致杀身之祸。然而美德却是最高、最大、最完美与永恒的幸福之基础。因此,美德保证完善、完美、永恒,因而同永远的宁静、祥和与平安相通。正因为如此,孔子倡杀身成仁,孟子加舍生取义,苏格拉底、布鲁诺、普罗米修斯等为真理、美德而献身。

美德作为道德伦理的实现机制在于:其一,美德自身的最高境界与无限追求可能具有巨大的价值塑造力与行为吸引力。其构成了智圣仁人千百万年不断的向往、追求、开拓与"朝圣",为人世间的行为树起了一座又一座丰碑,立起了一个又一个更高的道德标尺,把人性的洗涤、提升,把灵魂的升华、净化推向一个又一个极端。这是其引无数英雄竞折腰的塑造功能。其二,美德通过道德化身,形成了广泛的教化、哺育功能。人人皆可成尧舜,但人人却不可能都真正成为尧舜。道德追逐的距离是永远存在的,社会与良序高尚文明却能够通过美德倡化而促成尽可能多的尧舜出现。这或许就是哲人毛泽东诗词中的"六亿神州尽舜尧"之真正期许。其三,美德又在人生追求、境界与道德操守,以及人格品性与人际交往中发挥间接作用,在形成人之动机、目的和行为中,起到了引导与规范作用。其四,美德之传颂与赞扬,又使美德成为一种广泛的道德传播手段,并在其间造成伦理道德引力与适当的正向提升之压力。

美德在精神美学与人类特有的最高的智慧审美中,形成了同抽象与把玩美相对应的心灵美。其在审美,从而愉快的美境中,更加强化了美德的传播与推广。结果人们可以像爱美、追美、赏美、求美一样,去欣赏、追慕心灵高尚之完美人物,把善求与美赏结合起来。

2. 品性(品德)机制

孟子之恻隐之心、羞恶之心、辞让之心、是非之心有先天的影子,但本质上并非如此。这些伦理之规、道德之律在根本上不发端于人之本能与自然性,人离开了社会性,离开了群体环境塑造,连语言、行为都是近兽而兽,近良而善,并非天然存在的。

事实上,人之伦理"偏好"是人之品性操守的体现。孔融三岁让梨,实为家教家风之结果。孟子行端,若非孟母三迁,岂会有如此之亚圣造化?司马光五岁因谎言被其父怒斥。自此,司马光诚信为本,成就一介顶天立地之大儒君子。其尽管同王安石政见相左,但彼此坦荡光明相见,互赏其君子风范。

品性操守为人之德序伦纲潜移默化下形成的伦理人格,这是一种稳定的、内在化了的道德约束行为自律系统,是个性化的伦理舒适空间。举凡在这样的价值判定约规之内,作为伦理行为主体,几乎会自动地作出自我道德抉择,其中包括道德筛选、道德评价、道德决策。

美德是品性、道德中的精华与极品。美德是最优、极优的品格界定，而品德是中性的东西。品德操守可有优劣之分。因此，举凡优秀品德或好的品德部分，其作为道德实现机制，同上述美德所列四种是一样的。而恶劣品德，同样也是道德实现机制，尽管是负面的、恶性的，却也是一种实现机制。对社会道德而言，其不但是必不可少的，而且具有反面的对称与警示作用的。

3. 习俗传统机制

道德实现不但借重了美德品格操守之类内在化的、稳定的伦理人格，而且通过群体、社群、社会之习俗与传统，通过公共的公德意识与伦理约规，通过诸如家法、族规、社俗等，形成共同的仪式、游戏与规序，从而宣扬和强化公德取向中所赞美与推崇的，惩办、消除公德取向中所反对与厌恶的。

习俗传统机制是公共性的、非内在化的机制，其也可能通过显规则表现出来，但习俗传统并不同于人格化的品格与美德。从某种意义上说，美德是向上选择的，不具有强制性与普及性，而习俗与传统却不然，其并没有道德"上游"之"高尚"，也不具有自主选择之特权，而是带有一定的公约强迫性。

习俗传统的背后核心价值是社会公德。这种公德以一种风俗传统形式体现自己的存在与作用价值。社会公德同美德不同，其通常不具有道德高峰的特点；相反，是一种集体约化的最基本伦理规范。社会公德并非直接对应着公民社会的价值共识，其是一种通称，存在于各种区域、组织与社团之中，是一种介乎于国家与个体之间的群体性的伦理公约。

4. 良心机制

善心与良心是人类极为特殊的一种精神性的心理活动。两者在根本上是一致的，表现的是一回事，即一种内省化了的道德自律、自省、自惩（或自偿）与自救的精神心理活动，但良心又不同于善心。普遍说来，善心应包含着良心。一切道德意识与品德美德动机活动都是善心作用的结果。良心则较为集中在回报、感恩方面。例如,说某君是位有善心的人,就是赞扬其富有爱心,是有着种种善举的人士;而说某人有良心,则主要是赞扬某人知恩图报,更不会恩将仇报。

爱心并不完全基于伦理道德。母爱、父爱、友爱、性爱等都有本能的、自然的一面,但爱心的升华与爱心的扩散,则是仁慈与慷慨。作为美德的仁慈与慷慨则是道德伦理意义上的精神心理活动。

同智慧、灵性等最高级的人类精神心理活动一样,良心具有同样的顿悟性质,但良心同激情、美德等一样,不同于思想火花,不会是瞬间产生即刻消失的一种心灵与精神碰撞,而是长期的德性培养、人格训练或锤炼所生成的、稳定的伦理心理活动机制。良心发现有可能是特殊场景与境遇下被诱导的现象,但多数情况下其只是一种表象形式。内在的善、本体上的善良是其隐蔽良心的基础。

良心,或广义的良知给了人们的内心以天使般的价值比照,或自我之道德法庭,从而使得人们在自主检验下,审视自己的心理活动、动机形成、行为影响。道德沉默不代表良心消失与沉沦。相反,道德沉默恰恰说明了良心法庭的存在。否则,便无所谓沉默,而是压根儿就没有什么道德思考与反省。

测谎议只能介入良心的一个十分微小的部分,绝大多数的良心活动与良心审判是外人与外界所无法知晓和感受到的。社会良心会通过公众舆论、无言的愤怒、仇视的目光、鄙视的态度等反映出来。人言可畏,众人的眼神与口水,可能会置某人于死地。

5. 圣学机制

中外皆供奉、推崇圣人,东西方、阿拉伯、印度等文明均有自己对圣人之境的界定与追逐,但圣学机制却不但是中国的独创,而且是中华伦理、哲学对世界文明的重大贡献。举世皆晓,中国古代就产生了科举制度。尽管西方现代化文明产生了教育机制及其面试与考试择优机制,甚至一定意义上的文官制度,但就其制度本源而言,都是直接来自于对中国科举制度的效法与进一步的创新。而中国更精华与精神性的圣学制度,却被世人与学者广泛地忽略掉了。

中国的圣人根本不同于西方宗教意义上的圣人。中国的圣人源于孔夫子的精神界定,必须是即王又贤,是开天辟地的国君,又是社稷文明的始创,即文化始祖。而自孔夫子起,超级的文人大儒也可以被置于圣人之列,遂有孔圣人、亚圣孟子之说。

而圣学则在系统化上,起自于孔子晚年的六经,再后加《论语》、《孟子》等经书。实则自汉唐以来,就逐步形成了儒释道法之合流,甚至也吸纳了墨、名等诸派之思想。儒法斗争,以法先王与法后王,或复礼尊孔(或尊古)与改革创新之取向相对立,贯穿于中国数千年思想发展史。但圣学在道德系统中却是兼容并蓄,尽可能提升人格与德境的。

中国的圣学机制,以最高境界的道德政治与国家伦常之伟大化身——"三皇五帝",把伟大、崇高、神圣、超凡之令人神往的美德高峰,通过传说、神话、多面体经书,展示给后世与后学。其教化功能是多重多面的:对于治国平天下而言,其在德才术能各方面,对国君与重匠以及社会名流,即精英群体,形成了核心性的起码是形式系统化的道德教规;对民间社会而言,圣学通过科举的扩散和民间掌故的传播,给了千万平民以最高的望子成龙之道德期许。而西方的宗教却无法提供人成上帝之途。这不但是不可能的,而且是无必要的。基督教只要求人与神和好,并没有要求人成为神。近代西方教育,则基本上完全离开了价值培养而转入功能性教育,使受教育变成了非思想、非德行的纯技术与知识训练与教授。其公民意识与道德,则基本上是狭隘的爱国主义、个人英雄主义和一般社会公德,德性修养变成了地道的私事。

6. 宗教机制

宗教产生、存在与发展的背景是复杂的。宗教时代,即神主宰一切,教权与教会不但成为社会价值与伦理中心,而且成为社会财富与一切活动的基本轴心的时代已经结束。现代化的基本前提是人本主义的渊源,即人成了万事万物的标尺和在启蒙运动旗帜下的所谓理性主义的世俗化。不过,宗教轴心之让位并不意味着宗教伦理功能的消逝。

作为伦理道德机制的宗教,主要是通过下述四大具体功能相制约来完成的:(1)借于恐惧心态与心理来实现宗教向善价值的贯彻。例如,利用人们对死亡的恐惧,来管束向善积德而可能获得的天堂永生;利用地狱、炼狱的痛苦、黑暗,来造成人们的极度恐慌,从而灌输类似的躲避日后堕入地狱、炼狱之苦的理论。(2)利用功利核算来显示道德计算的善报收益与成本意识,借以灌输向善敬神之宗教教义与教规。这种功利换算,又通过来世轮回(或天堂永居)和现世保佑,即善有善报、恶有恶报的道德计算,获得今世直接的德行回报。(3)通过良心平安、精神负担转移或神力"魔力"之心理暗示,造成良心发现、善行价值与苦难解脱的信心、勇气、力量与心境。一般而言,平安喜乐和活下去的勇气常常可以放大人之能力,带来生命和生活的奇效。(4)通过"道成肉身"的高水准现世示范,来造成广泛性的模仿与学习效应。这又进一步表现为神灵示范,如耶稣基督现世与离开,以及宗教圣雄之圣迹。这些均提供了抽象道德说教与原理的具体榜样,使信徒直接效仿。

上述宗教机制主要对应于西方世界和穆斯林世界。中国的佛教、道教等有类似情况,但并不完全相同。宗教在中华德化作用上,不及圣学机制的作用,其在民间的作用也有别于西方,这是中国最基本的文明国情之一。

7. 意识形态机制

意识形态是国家之核心制度规范与架构理念,其主要集中在政治、经济、文化之重大的价值界定上,是统治阶级意识的系统化贯彻,但意识形态作为一种国家价值的最高系统,同时必定包含着所信奉的伦理价值原则。例如,西方的自由主义、个人主义、物质主义,都不但会在美德、英雄价值、社会奖惩等方面加以体现,而且会在国家制度规范中加以贯彻。例如,美国意识形态中的自由价值就会进一步强化和塑造其国民性格。这种性格在美国发展成为家族管理失败,家长无法约束孩子,以至于家庭呈现无秩序状态。最近美国一个颇受欢迎的电视节目就叫"英国保姆",片中的主角是专业化的懂得心理学又颇为严厉的英国保姆,她把一个个扭曲的美国家庭,重新扭转到正常的轨道上来。笔者的一个朋友从英国移民美国五年,其原本有正规英国保姆职业经历,但到美国后发现,她根本无法从事该项工作,原因是美国家长对子女过度宽容以致纵容。

中国的国家意识形态界定了人民的主人翁地位与主权意识,界定了社会主义社会的人际关系,这就会对管理、就业、发展尊严与人权,对社会交往与伦理人格产生影响与规导,而现在与今后一段时间内市场价值的负面作用正大规模呈现,但国家意识形态的伦理规导作用,将在今后一段时期不断得到加强。

8. 法治机制

国家意识形态与法律系统均不属于直接的伦理体系,但其价值体现与存在,却会一方面受制于核心伦理结构规导,另一方面通过其自身的存在不断地传导和传达价值判断。法治机制首要传达的是公正价值,通过诉讼公正、审判公正、立法公正等来宣导社会正义的公正理念与价值。同时,法治又是对自由价值的保证与尊重。通过法律系统的介入与公正,人们获得了真正的自由。自由意识与自由行为之现实和真实的存在与享用是在恐惧与担忧免除下的自由存在。法治通过人们对共同接受的法规与法律手段及其调节的尊重,带来了人们现实自由的可能。

9. 组织文化机制

组织文化是社会民族文化的亚文化。任何一种文化系统,不论是主文化还是亚文化,都必定包含一定的或系统的价值规范。这种价值规范通常会借助一系列道德实现机制规导人们的行为,造就人们之伦理人格。市场机制界定了经济人,但现实市场、商场中的经营者与参与者未必都是经济人角色。其中,不乏所谓的道德人或社会人、管理人等各类不同角色类别。

企业文化在积极的意义上会传递诚实、助人、团队精神,其将有助于互助合作,但若在一种过度竞争的负面文化下,也可能造成宫廷文化泛化,把争权夺利、欺上瞒下、尔虞我诈的东西带进企业之中。

10. 家庭、家族传承

家庭作为社会的基本细胞,实际上是社会伦理的核心载体。父母是孩子的启蒙老师与道德第一表率。父母的言传身教将在子女的长期生活中起着最重要的伦理示范作用。与此同时,家风与家教,尤其是祖传家训家规,通过家庭创始者特殊的人伦地位,形成了家庭道德约束机制。

二、伦理百衲布与伦理格利佛效应

中世纪欧洲史显示,欧洲完全处于一种统治百衲布状态,被统治者忽而要在教皇指令下履行自己的"义务",忽而要受采邑上的领主的支配,婚丧嫁娶要听从教会安排与规导,纳租缴税要受国家教会和领主的管辖,即便打官司或犯罪处置,精神心灵的要归宗教审判所,刑事、民事的要分归国王与领地领主。这就是所谓的格利佛效应,即一根绳索无法将一个农民定住,但若干绳索却可以将其牢牢捆住。

推而广之,无论是从积极意义上,还是消极意义上说,人们均处于一种行为百衲布状态,从而存在格利佛效应。这就是说,人们并不生活在一种单一纯净的一维伦理空间,受规于一种伦理价值界定与规导,而是同时处在多重伦理空间,并在多重道德实现机制作用之下,形成各自的复合性的伦理人格或性格,形成各种行为规范。

1. 伦理百衲布与多重伦理空间

尽管存在着朝代伦理和社会主流文化,从时间上说,人们依旧可以在意识和心灵上,生活在过去、现在和将来三大时间伦理时空上,绝大多数的人或许由于现实性与平素性，或所谓一般理性原则，而生活在现在伦理空间之中，但不排除存在着一些智人学者，甚至民间"平头百姓"崇尚古风，追求古道，沉浸其中或要复兴古德古伦，同时，像消费领域、文化艺术领域总有一些所谓的尖端消费者，总是开风气之先、领潮流之动、导未来之航一样，伦理道德领域同样永远存在一批时代的弄潮儿。极端的情形下，前者会成为殉道者、卫道士、复古派，后者会成为前卫士、超前女。九斤老太和未来人固然均不好，但伦理道德演进，甚至朝代伦理变化却是离不开三维时间上的道德逻辑实践者的。当然，这里同样存在着一定的道德问题或行为规范问题。朝代伦理总是基本现实的主流伦理，除非有明确的理论与社会力量确证，否则，轻易挑战朝代伦理既会是代价巨大的，也不会被认可为有益的道德探寻，但当出现战争、革命，或当发生社会改革或处于巨大的社会转型时，则伦理分离、对抗、分治就会像政治乃至社会分治对抗一样，采取社会伦理发展的一种强烈的对抗形式。

就社会领域而言，存在着政治伦理、经济伦理、精神文化伦理、社会伦理、军事伦理、企业等组织伦理。这些分域伦理对不同的社会角色之作用和约束程度与范围不同，其直接与间接方式也各异。就非政治家、政党与社会领袖和各种高级官员而言，政治伦理主要的核心集中在意识形态和法律界定的一般性公民权利、义务等体现的政治道德上，包括爱国心、政治热情与参与、政治是非评判等方面的权利与义务。但对政治家、领袖与职业高级官员而言，政治伦理就是他们的生命线。政治伦理就会包含许多直接的为官、为君、为臣之道与术，就会包含许多政治诚信与政治承诺，就会直接涉及权力道德与权威伦理。像西方议会民主制中的议员多半是职业政客，作为立法者，他们同时又主要受制于法律道德，当然主要是立法道德约束。

由于无形的手之市场机制的广泛作用，也由于人之存在的基本承受，无论是生存与生活，还是谋职就业，经济基础总是其基本和最主要的内容与存在方式。因此，经济伦理渗透到人们的一切方面，影响全社会所有的人。当然，商业道德在商品经济之前，几乎所有的经济角色都会或多或少地面对其中的主要方面,但当大规模经济产生后,尤其是现代资本主义工厂与企业制度出现后,职业专门化,尤其是经营管理的单独分离,造成了商业伦理主要向企业主和职业经理阶层集中。技术员工与普通工人多半仅会涉及品牌、产品质量与工作或职业伦理,通常并没有机会涉及经营运作商业道德问题,如商业欺诈、非公平价格等问题。然而现代服务与虚拟经济的大规模发展,使得大批的中层甚至基层专业职工同样有机会面对金融诚信等商业、商德问题,有时也会涉及商业利益与法律行为问题。

精神文化伦理主要分为两部分:一部分以信仰与宗教形式表现出来,构成意识形态与神性、神律;另一部分为艺术伦理,其既是社会伦理道德的艺术体现、艺术反映,又是艺术创造与行为者的道德行为约束。自以人为本的文艺复兴以来,艺术的人性反映与表现,最终在大众传媒手段下,发展成了大众艺术。因此由于职业工作的分类,文学艺术工作者会像职业政治家、职业经理那样,在更多方面受制于行业领域伦理。文学艺术与思想学术界,时常会碰到政治纪律、政治干涉或道德评断规导同创作自由的矛盾。甚至各类社会角色、各行各业都会遇到具体的"行规戒律"。文学艺术创作的个性化、非程序化,文学艺术作品的典型化与广泛性影响,使得其行业道德约束变得更加敏感。

毛泽东指出,每个阶级都试图用自己的世界观改造世界。其实,每个行当的专家或代言人,政治家、哲学家、艺术家、科学家、作家等,甚至每一个人,都试图用自己的想法与理念去改造世界。任何社会角色无不是如此。并非政治、政治家或道学家总同艺术创作过不去,实在是因为艺术之普及性、至善性教化功能太过强大,稍有不堪,社会堕落指日可待。

伦理多重空间就像多重社会物理场域一样,在人们浑然不知不觉之中,形成了普遍、广泛而牢固的社会伦理场系。这些场系交织互动,对不同的社会角色进行全面、全方位的约束,从而伦理管辖就受制于各自不同的伦理空间的约束。若用透视的眼光看,就好像是百衲布一样。

伦理多重空间并非是一堆杂乱无章的伦理之网:没有结构,不存在关系,使得社会角色好像生活在无形的、处处被牵制的社会绳索之中,只能在极为狭小的空间中生存,就像尼采的末人论、海德格尔的常人论所描绘的那样。伦理多重空间会在朝代伦理、国家意识形态与历史积累及其国际伦理思潮(若开放国家的话)形成一定的结构性伦理多重空间,并像铁路警察各管一段一样,各尽其职。

2. 伦理百衲布与多重道德实现机制

本章第一部分详尽研究了道德实现机制,其从各种形式和角度形成了道德意识、道德目的、道德行为的作用机制,甚至包括学习与传播机制。如果说伦理多重空间尚仅仅是一种潜在的、隐形的伦理百衲布网,那么多重道德实现机制就是显性的、公开的伦理百衲布网。其在人们现实的伦理意识与道德作用空间,造成了直接的约束乃至"管制"。

但须明确指出,多重道德实现空间并非完全等重地指向伦理行为主体。恰恰相反,由于期望道德境界、人生境界、现实社会角色与预期社会角色、现实的道德伦理压力等,造成了不尽相同的直接作用机制与显著的并具有差别性的道德实现空间。那些有着重大追求,即以历史经纬、天地空间为追求与发展参照的人们,会更多地着眼于圣学机制、美德机制等,从而其道德标尺本身就是古今中外的伦理最高峰。说到现实社会角色影响,一个肩负着民族、国家、巨型组织的最高行政长官,其社会角色本身的要求高于一般的公民道德意识与水准。单纯的政治正确(political correction,PC)是远远不够的。说到现实的伦理道德压力,指的是人们具体的道德境遇和伦理思潮。前者是个性化、个案的问题,后者是社会性的问题。

关于社会性的问题,可以更广泛地概括为朝代伦理和社会伦理基轴情结。朝代伦理是一种制度化、传播性的、大跨度的伦理思潮。社会伦理基轴结构是一种深层的社会经济政治文化统合所形成和界定的道德评判结构。其中的价值荣誉与尊严评价连同其他"奖励",构成了广泛作用的时代英雄指向系统,为英雄创造与英雄崇拜奠定了坚实的伦理基础。

3. 伦理百衲布与复合伦理性格

荣格在德国心理学家创造性的研究基础上,形成了性格复制(character duplication)理论,其本意是指人之性格,或用荣格的话叫人格多重可能性。在心理学上,进一步将其界定为性格分裂,这种案例比比皆是,即一个人在一种环境下会表现为一种性格特征,而当环境骤变却表现出截然相反的性格特征。例如,人们时常说到的一种现象就是"在外是天使,在家是魔鬼"。又如,中国家长喜欢把在外人面前好表现自我的小孩叫做"人来疯"。再如,宦官奴才性格:在上司面前是羔羊,在属下面前是豺狼;真假内外向性格:在生人、公共场合为内向,在亲人小圈子里则为外向等。

荣格心理学理论当中,还有性格逆转(running to counter to ,or enantiodromia)。他试图以此来解释阳刚的男子汉内心深处有柔情软弱的一面,温柔多情的女性则会有坚毅刚强、不屈不挠的一面;暴君在残忍、铁石心肠、凶残恶毒的同时,也有怯懦、不安和生性多疑的一面。

其实这些概念、假说都是较低层次上的把握,从心理性格到伦理性格,人实质上本来就是多重组合,因此具有复合伦理性格与心理性格。这种复合型既是客观外在的伦理百衲布"压迫"、"强制"或"诱导"的结果,也是人内在多重伦理意识、潜能与追求的结果。从而,最终形成了人生的不断定位,并形成必要的"角色装饰"。一些人的德性、心性极高,可以在不同的换装转型中,表现得极为本色与自然,从而似乎转换得天衣无缝,结果是美丽的形象光环始终围绕着他;另一些人,则会是面具与本我截然对立和分开,从而出现天使与魔鬼的形象与定位之强烈反差。这种伦理与性格的撕裂到不可容认的地步时就出现了精神病症。

三、自律机制与强制机制

亚当·斯密在比较分析两种美德仁慈与正义时,注意到了这两种不同美德社会基础作用的不同。在他看来,仁慈或爱心可以给社会带来美好、欢乐,因而增进社会幸福,但其对社会属于装饰品,即有了它们则社会会更加美好,缺了它们社会也依旧可以维持下去。然而,正义相比之下却不是这样:社会一旦失去了正义,斯密认为,这种情况下,一个人去参加晚会就如同突然进了狮穴,人人都可能向他攻击,社会会顷刻间陷入瓦解状态。因此，虽然同是美德，正义却构成了社会大厦的基石。斯密把正义这样的美德称为消极美德，即一种抑强助弱，限制强盗、恶霸，维护正常秩序的保证。

其实，斯密仅仅看到了诸如盗窃、伤害、攻击等劣行与不公。斯密没有也不可能看到资本坐大，从而恃强凌弱的不义。斯密在《国富论》中仅仅注意到了垄断，而其对垄断的评断也仅仅出于对竞争效率的保护，而非出自对社会公正评判的要求。

由于斯密注意到的上述这种伦理社会结构与功能上的要紧性，道德实现采取两种不同的现实运作机制：举凡社会或群体，在朝代伦理与社会或群体意识形态上，认为是构成社会结构性支持的伦理道德实现与规范的那些原则，就会采取强迫机制与自律机制并行的混合机制。社会与国家首先靠自律机制来自行调节，进而靠道德劝进和道义舆论声援与压制，敦促甚至强迫人们照此实行，最后，当其很久都不能实现时，则会通过包括法律强制在内的硬性手段，对伦理价值原则加以强迫性贯彻。而对那些于社会而言属于好上加好、多多益善、缺失也不危及社会根基的伦理系统与规范，则采取自律机制予以调节。最为明显的自律机制莫过于美德机制、品德机制、良心机制、圣学机制和宗教机制。这种自律机制的特点就是道德行为者之自主意识与自觉作为，不具有行为规范之普适强制性。

自律机制的优点在于把道德境界与道德行为作为一种人生境界与理想来对待，依赖人之选择、意识与自觉行为来实现道德目的。这样，既会使择定者尽力发挥自己的主观能动性，尽可能发掘道德潜能与影响力；又给非择定者以自主选择空间，既不会感受到不为后（争先）的压力，又不会受到为后（落伍）的惩戒，从而在伦理网络系统中，造成一种宽松、和谐、自由的氛围与意境。

强迫机制同自律机制意欲和实际达到的氛围与意境甚至相反，但由于强迫的是一种众望所归的社会交往与秩序的结构底线，是人人及其全体社会的利益、幸福与福利的守护神性的德性伦理，并且其在运行中又采取先自选自伴，失败情况下才强制的机制，从而在功能协和和机制实现步骤上,同自律机制的追求构成了一个完整一致的追逐与保护体系。

四、道德实现机制目的性与手段性并存

论及道德实现机制,人们可能产生错觉,将全部道德实现机制认定为完全的道德手段,而非道德目的。其实,无论是自律机制还是强迫机制,举凡其中涉及道德境界、道德目的或涉及伦理核心价值的部分,其本身就构成了道德追求的目的,而非仅是手段。

美德与品德机制中那些高尚、纯洁、美好、伟大的德性,既是人们羡慕追求从而起而效仿的道德实现与扩散的手段,又是人们的道德目的。这同美好的人类社会制度之建立与使用是一样的。圣学机制、宗教机制、法律机制、意识形态机制中的那些圣人之境,通过神性而反映出来的人类永恒、正义、高尚的追逐,在法律与意识形态机制下的社会公正与社会公德乃至爱心,同样是道德目的性追求。

五、道德法庭、道义舆论与惩罚

道德法庭、道义舆论像政治聚焦、政治生态分布变化一样,不是一种制度化、程序化、机构化的东西,其通常自然也不存在常设机构与组织。

道德法庭与道义舆论通过口碑、人心、民意、舆论,通过人望、声誉、评价,通过公众围观、情绪反应(欢呼、声援、愤怒、声讨等),造成现场"审判"和公众情绪宣泄与传导,对受害方、弱势方给予广泛的社会关注、关爱与同情;但也不能过高估计这种力量与作用,既然罪犯胆敢以身试法,不义之人当然敢冒天下之大不韪。

市场上有假冒伪劣,德场上同样有"坑蒙拐骗"。所谓新政治经济学揭示的是一种制度失败下的伪装,即偏好伪装,其中不乏真理的一面。但其对印度等级制下的大众那种无奈下的佯装接纳之反应,确是不公正的西方式的无端指责。受压迫人民在专政与特权下的无奈与自我保护,是

其生存意志的体现,是本能的智慧应对而非相反。在谴责和推翻这种制度与统治之下,学者充其量只能像鲁迅那样鞭挞民众的"愚昧与盲从",却没有理由站在不同文明境遇下对其进行跨文化的训导与指责。

但古今中外,以官场为典型代表和家奴臣子为基本画像的宦官操行、汉奸行径、奴才嘴脸、小人得志,却是令人作呕。这些行为比明火执仗的敌人还要恶劣,是令人厌恶的道德伪装机制。

第六章

幸福(与痛苦)论

幸福被广泛认定为由大众意识或一般常识并且一般伦理学加以认定的道德目的。幸福追求具有某种不证自明、不证自在、不证自立的伦理价值与社会福利标尺。幸福同快乐、喜悦、舒心、高兴乃至兴奋联在一起,成了人们经验中的一种自然追求与下意识的把握。古今中外之大思想家、哲学家、先知、先哲、统帅、领袖、社会名流乃至普通的平民百姓,无不有自己相当明确的幸福意识、追求和相应的含概与总结。然而,当经济学把效用,主要是货币计量的市场价值作为幸福的直接等质与等量替代物时,当政治学把政治界定为权力斗争,而非柏拉图的所谓的最高艺术,当世俗物质主义把享乐和奢华、排场和张扬作为人生的福乐追逐,把财富占有及相应的财大气粗地役使与指挥自己所对应的世界,当成幸福的源泉依托、幸福快乐之所在甚至幸福本身时,幸福界定之混乱便是显而易见的。

当然,幸福是一种主观感受,就像审美快感、性快感在本质上是主观感受一样。倘若把同量的物理刺激加注到不同对象体身上,我们绝不可能期待同质、同量的愉悦与幸福。

一、幸福相对论对幸福的界定及其内涵

幸福既然是一种主观感受,就一定是某种相对论的产物。幸福要相对于这样几个目的比照,即相对于道德追求、理想境界、目的功利,相对于伦理主体的实现能力,并对照于实现状况和实现期望才能产生和界定。

由上述比照下的这些动态比较而带来的显著的身心愉悦和稳定性的心理满足构成了幸福。

这里的形容词"显著的"和"稳定的"都是十分关键的。非显著的、应景性的开心,欢快的一笑,瞬间的忘却烦恼,或者简单的、暂时的、应对性的欲望满足,都不能构成这里的幸福。极端的例子,如某君为排泄要求所困,经过一番周折终于获得解脱,一时间通体顺畅,舒服无比,这是快乐、高兴,但却绝非幸福。由此例子再进一步扩大考察的视野,并做深入观察,一个富有抱负和才干的"千里驹",即便给其锦衣玉食,使其金屋藏娇,其可尽享天伦之乐,并拥有两情身心相守,但却依旧无法定义其在幸福之中。《三国演义》中刘备与孙夫人在江东的那段时光,就足以证明这一点。换言之,单纯的"性福"不等于幸福。

这里,产生了幸福生成的主要比照尺度与综合尺度。第一,幸福不依赖于伦理主体非核心性价值追求及其实现程度。在脱离这种主要价值追求的情况下,幸福感可能出现暂时的替代,但幸福生成与本身却无法替代。只要最主要的关注与核心价值追求得不到满足或无法实现,伦理行为主体就会有死不瞑目的"不幸福"感,甚至会萦绕于不幸的感慨之中而难以自拔,严重者甚至会出现生不如死的苦痛与悲哀。

第二,幸福必须是以核心价值为主体的、系统而全面的理想要求,并且在时空、程度上形成结构或层级性的情感与心理上的持续与稳定的满足。这就不仅是核心价值的实现,比如说事业有成但家庭不幸的人通常并不幸福。从这个意义上说,幸福锁定的是一个中国百姓的话说的所谓"全乎人",并且这种全面的价值存在与体现还是有结构的,并按照层级予以实现。当然这并不一定就是马斯洛的需求层次论。

第三,在非正常甚或常态环境下,幸福也可能主要是由主要的不幸、悲哀、苦痛和束缚的解放、摆脱与消除所带来的。例如,对一个被宣判死刑的囚犯而言,意外的大赦或新证据发现所引发的对其生命的挽救就是幸福。极端的情况是,对那些长期遭受苦难与病痛折磨、精神与心理摧残,甚至过度的持续性的社会重负与责任的人而言,死亡甚至就是其幸福所在。需要进一步明确的是,这里指的是那些重大的、长期性的身心苦难的解脱,而非人之某种本能性的、欲念性的一时解脱。

第四,放纵乃至极端纵欲,以至于醉生梦死,可能带来痛快、酣畅,也可能产生极度的兴奋与快乐,却基本上与幸福无缘。幸福允许包含着大喜与"狂欢",但幸福的本性不可能在大喜大悲、纵情狂欢中得到实现。

幸福既不是小乐欢心,也不是大欢纵情,而是一种持久的、充实和稳定的心理满足。这种满足与身心欢悦的体验尽管同量度、持续性有关,但却不由其从根本上规定的,尽管是从各种参照对应的上述的对比与境遇转换中生成,却也不因其间转换的差异度而决定。换言之,幸福是一种高度满足的心理和情绪状态,甚至是身心平衡的状态。这种状态真正代表的是在完善、完美的心理人格基础上的伦理人格的实现所带来的那种满意与舒适。

因此,幸福在本质上是人格从心理到伦理的完善、完美所带来的深度的满足与喜悦。因此其在本质上就是人性升华与能力提升,是人性与人生超越,或起码是人生实现,尤其是人生价值实现、境界实现的心理与精神回报与反映。

幸福并非只有在波澜壮阔、大起大落、大喜大悲等的强烈对比中才能产生;幸福也非只有在大富大贵、大仁大德、大吉大利中方能体验;宁静与淡泊之中,常更显幸福之真意与本原。王公贵胄可以有幸福与痛苦,市井小民也有幸福与痛苦,幸福的分配与社会等级、身份地位无关,正像爱情在本质上也同社会地位与身份无关一样。这就为社会福利理论开辟了一条新的通途:腰缠万贯的富豪未必幸福,身居陋屋之家者未必没有幸福,转移支付仅仅是提高社会福利与整体幸福水平的一部分而非全部。

二、十大类对比转变幸福界定

不妨在经过上述界定而后,再从其反面和对比中对幸福进行更深层和比较性的界定。

幸福显然不可能是痛苦本身,也不可能是不安、焦虑与烦躁这些令人不快的心理状态可以产生出来的,并且同样不是短暂的快意、快感与欢乐本身。浅浅一笑和深情地注视或者默默地品评与静静地沉醉都可能同幸福有关。那么,究竟是什么样的具体动态变化才能造成幸福感和带来幸福本身呢?存在着一种重大的境遇与角色系统转变可以造成幸福,这些转换是:(1)悲者向喜者的转变;(2)他者(抑者)向主者的转变;(3)主者向创者的转变;(4)创者向超者的转变;(5)普者向胜者的转变;(6)胜者向王者的转变;(7)善者向圣者的转变;(8)俊者向美者的转变;(9)赢者向宁者的转变;(10)力者向仁者的转变。

1. 悲者向喜者的转变

关于第一种境遇转变,在根本上是基于悲剧的摆脱本身就是幸福,而且悲剧相关者向喜剧历经者的转变,就更是大难后福,陡增幸福感。幸福在特定的意义上就是对若干人生恐惧的摆脱。这些人生恐惧被归纳为人生的悲剧,诸如死亡、疾病、各种灾祸(如伤残、失亲、各种自然灾祸等),当然也包括社会或人为灾祸,如自我出轨或配偶不忠、失恋、遭背叛与陷害等。对悲剧、灾害及其恐惧的摆脱、远离,就会带来幸福感;而若又能从悲剧者变成喜剧之主人公,从而又有了喜剧的经历、拥有与分享,则会更加强化已有的幸福感。那么,倘若并无前面的悲剧铺垫,单纯的喜剧者之体会与拥有是否也构成幸福?依照幸福的一般界定,只要是祥和、安逸、舒心、欢畅,只要在这些相对平稳的喜剧中可以体会到平安喜乐,也应界定为幸福。按说犬寿本身既非幸福,也非不幸,只有那些充实、美满的高寿才是幸福,而那些体弱多病、疼痛缠身的长寿,非但不是幸福,反倒是痛苦的延伸与加重。宋美龄106岁高寿,但其晚年却备感苦痛与孤独,只能在回忆中度日,又何谈幸福呢?

关于悲剧与不幸的摆脱应强调两方面:其一是对大祸临头的悲剧恐惧的摆脱;其二是对悲剧与灾祸本身的摆脱。它们均构成幸福感与幸福生成。前者并非只有在儿童心理发育过程中才会出现。在成人生命历程中,对种种打击乃至不幸、不确定的恐惧,常常束缚了其精神乃至手脚。当然,那种来自美德与其他道德约束所造成的恐惧,即对非公正、不义、恶行可能最终加害于自身与家人的恐惧应当除却。前者的对其摆脱和后者的对其强化,都是幸福的源泉。

2. 他者向主者的转变

关于他者向主者的转变,指的不仅不是存在主义哲学,也不是像布尔迪厄等论证的那种带有压抑性质或异化论中的那种普遍的压抑性,真正有意义并且更重要的是马克思的阶级压迫与社会解放。从个性压抑到阶级与民族压迫,从心理情绪感受到精神心灵束缚,这方面的社会系统性压迫是一个重大的社会心理与精神领域。因此,这里的他者就是一种非我的、同个体对立的,并且强制与压迫正当自我的那个他,即那种由社会环境与舆论乃至经济、政治、文化压迫带来的个体。而当他们由一种失去自身灵魂,处于完全从属性的、手段性的、机械性的他者转变成自主的、自控的、自由的主者的时候就会出现强烈的满足感,这种满足就是幸福。换言之,对压抑、束缚、压迫之摆脱、远离,对解放、自主、自由的获得就是幸福,就是人生莫大的幸福。这同传统经济学的狭隘视野不同。主人公地位与主人翁感本身具有极大的效用,可能造成经济效益与社会福利的成倍放大。主人公意识与心态下的劳动与创造,恰恰不是负效应,反倒是放大的正效应。

物质幸福与占用、物质享受、物欲的极大满足,可能是幸福的,也可能是不幸的。这里并没有消费者的绝对的高度理性把关。放纵食欲,人变得过于肥胖,几乎同猪没有区别(就其行为与灵敏性而言),何来幸福? 因此,并非所有的他者向主者转变都一定是幸福,主者不见得会客观、理性地把握自己的生命。

3. 主者向创者的转变

关于主者向创者的转变,强调的是人之价值体现的创造性本质。一个四平八稳、因循守旧的只能是竭力保住家业的主者,并没有太多的兴奋与成就感,因此,主者本身并没有自动保证的幸福源泉,而主者成功地发掘了自身的创造性,充分地驾驭自己的生存与生活空间,成功地由主者转变成一个创者本身就构成了幸福。然而同时也须指出,并非所有的创者都是幸福的。背离了社会伦理价值,创造花样越是翻新,创造性越大,社会罪孽也就会越加深重。

主者向创者的转变内含着两大美德与伦理价值追求,其一是智慧价值追求,其二是自由意志价值追求。单纯的主者本身,即完全的自主命运把握与自行决策等境遇,并不能真正保证幸福。作为主者而非他者或客者的伦理行为主体,只有获得了一种智慧"长和"(荣格心理学中的Growth together),在其中完成自我意识与智慧品格、修养与完善,才能构成幸福源泉。而知行合一、实践的目的性、真理验证、认识论基础等一切,都使得创者不但是智慧生成的必要组成,而且成为创者的目的与存在基础。在追求智慧成长的同时,人还必须能够同时自由地表达和展示自己的创意和创新。这就是要在自由创造中体现主者的追求与思想,体现主者的创新冲动、要求与能力。

4. 创者向超者的转变

在完成主者向创者转变的基础上,倘若能进一步造成创者向超者转变,同样会放大幸福感,其也就构成幸福本身。创者本身的确已经在显示人之内在价值与本质追求,但创者之水平、境界与量级却是不同的。人群中的主者之意识与定位,人群中的创者之竞雄,在尊严、声望、英雄崇拜、民族救星或文化超人等美德与社会评价系统作用下,会进一步推动一个人从创者进而成长为超者。

人们不但追求创新,更追求创新中的出类拔萃与超群拔逸。毛泽东年轻时有三不谈:不谈金钱,不谈女人,不谈身边琐事。反倒要读奇书,交奇友,做一个奇男子。他以其思想之奇、行为之奇,被称为"毛奇"。其立志高远,在新民学会中,同其好友蔡和森一道,抱定了"改造中国与世界"的宏大目标与根本宗旨。结果,新民学会中的核心人物几乎都成了中国共产党早期的主要领导人士。

5. 善者向胜者的转变

文明始祖、文化超人、民族英雄、科学巨匠、思想大师、行业领袖均是人类中的叱咤风云的人物。他们总是会受到普遍的爱戴与敬仰。这无疑会给当事者带来巨大的精神满足。同样,在各个社会层次都普遍地存在者对超者的敬仰与羡慕。关于后者在下一个转变中展开。

上述所界定的仿佛只有大人物,只有轰轰烈烈才与幸福有缘。那么,普通平民百姓又当如何呢?老百姓不但有老百姓的活法、乐趣,也同样会有老百姓的竞雄与超越。这就是普者或常人向胜者或赢者的转变。在儿时,人们沉迷在直接、简单的游戏、玩闹和锻炼性的体育竞赛中,后来是在学业、美德或品德比赛中,日后便在各种职业与非职业的竞技中竞雄争荣。

状元、冠军、花魁、能手,或推而广之的胜者、赢者,只要是社会公认的公正竞技与比赛,都会给获得者带来广泛的关注、赞扬与美喻。胜者与赢者自然会从中获得巨大的心理满足。

那么,又缘何存在着"木秀于林,风必摧之"以及中国文化中长期沉淀出来的"人怕出名猪怕壮"呢?这是因为,人心不但有向往优秀和追求卓越的一面,还有自我感觉良好,甚或嫉妒与爱虚荣的一面。在利益与虚荣心驱使下,会因嫉妒发展成陷害乃至迫害。后者的这种小人之心造成了上述的另一面的文化氛围。这一方面给胜者与赢家以更大的挑战,另一方面也可能敦促胜者与赢家冷静地对待荣誉,走向更加完善的境界,拥有更加完美的心态与人格。

6. 胜者向王者的转变

当完成了主者、创者、超者、胜者阶段时,人就已经基本上或大体上把握了自身,成了一个较充分、自足的幸福主体,但胜者心态与人格尚不能保证个体与群体的稳定性的积极正面规导。这就要求胜者向王者的转变。只有当个体完成了由胜而王,胜者方能形成"随心所欲"之参与、引导、创新与称雄。这里的王者,绝非专制、世袭、等级、特权之上的法定与社会统治者,而是一种具有完美人格,具有领导与驾驭艺术和能力的决策者与领路人。如同人人可成尧舜一样,人人均有王者潜质,人人可以发展成王。人之深层欲望与潜能中,始终存在着领导与驾驭的深层愿望。多数人在等级森严的纵向指挥链条中和严酷的错综复杂的"政治"利益格局中,丧失了或掩饰着自我,将这种领导艺术、愿望与能力,集中表现在治家、理财、育子、社交等社会与家庭日常生活方面。这是人类社会人力资源的巨大浪费。平面网络组织、非正式组织、各种社团、独立性强化的职业等均在尝试开发这类潜力。

王者思维与心理不是传统上的"普天之下莫非王土,率土之滨莫非王臣",而应是"普天之下莫非我之空间舞台,率土之滨莫非我之友朋网络",从而,最终像孟子那样生成浩然正气,在天地宇宙间思索、前行,达到冯友兰所说的四大人生境界中的天地境界。这是一种真正完满、自主、随心所欲的境界,可以带来极大的幸福感,但却依旧不够完美。

为达到、保持与完善这种最高境界,除了上述一种转变而外,尚须有其他四种转变相匹配,这就是余下的四种转变。

7. 善者向圣者的转变

首先要完成的是由善者向圣者的转变。善、好、慈分为普通善和高级乃至最高善,即至善。善者,乐善好施、平等待人、尊重生命、循循善诱者也。善者是为人处事行在义理之上,做个善待自己与他人的好人。然而,善者尚不能在人类利益、最高利益、最完美境界上把握人生、把玩人际、追逐事业,可能在功利主义之基础上完成上述六种转变,从而可以获得相当的幸福,但难以获得持久的、永恒的幸福。永恒与持久的幸福来自于不以物喜,不以己悲的超然境界。此种心境与追逐只有圣者之境方可达到。

关于圣者之境之理,将在美德专门章节(见本章第六节和第八章第三节)中展开详述,这里只强调圣者状态之伦理纲常。圣者之境带来了人之智慧、心性、追求的旷达与雄伟,给人以大度、宽宏、体谅,给人以魄力、胆识,尤其是历史经纬之穿透力。当人获得了这种古往今来、天地人际的大参照尺度与宏大视野之后,人之心性会变得广阔如海洋、高耸入云天,从而可以驰骋于宇宙之间,更可以坦然应对一切,包括死亡、病痛、权力、地位、功名等一切。这是一种大彻大悟的喜悦,一种立于不败的喜悦,一种走向永恒的喜悦,一种融入天地之间同历史文明浑然一体的喜悦。

8. 俊者向美者的转变

在由善者向圣者转变的同时,还须完成由俊者向美者的转变。这里的俊者指漂亮者,泛指富有吸引力的、易广泛引起人好感的礼仪气质与靓丽的人。圣者在本质上自然是美者,一定会有系统性的外在形式与内在美丽,从而使其散发出美的吸引力,但上述转变强调的不是这一方面,并且,对普通人来说,上述意义上的圣者之境并不易达到。便由此加以补足,以便常人同样可以尽享美德与幸福。

这就是富有吸引力的人向魅力无比的人之转变。漂亮的脸蛋、优美的身姿、典雅的装束、不凡的谈吐、儒雅的举止等均会给人以赏心悦目之感,从而使人在这种让人愉快的交往反馈中获得相当的心理满足,但这仅仅是俊者之乐,尚未能达到美者之福。美者,则必须是从形象、气质到内向崇尚,从礼仪行为到智慧学识,从个人品性到高贵品德,成为一个完美的典型、优美的人际吸力中心与人们仰望崇拜的对象。周恩来是这方面的现代经典。

9. 赢者向宁者的转变

再者,为达到完美的圣境,还要完成由赢者向宁者的转变。老子的辩证法道尽了人生之玄机与对立转化。王者、胜者、赢者甚至智者等都过多地强化了显赫或障显式、瞩目式、强势的东西。败者不为耻,失败乃成功之母。胜利者不受指责与"成王败寇"宣导了偏激与过度的强势伦理。因此,尚需由赢者向宁者转变。只有当处变不惊、荣辱不计,以平常心尽伟人义,以若水之品格与宁静去观察、看待、处置包括巨大的成功与威名之时,人才在终极与完美的境界上获得了宁静、淡泊与安闲。这是一种灵魂的安逸。

当人们享受那种"君子之交淡如水",当人们体味那种"三日不见,当刮目相看",当人们像鲁迅那样时常解剖自己严于解剖别人,并经常"躲进小楼成一统,管尽冬夏与春秋",当人们自动体味"一日三省乎己之妙得",当人们宰相肚里能撑船,像老子、庄子那样顺其自然之出世超境,当人们像姜太公那样任凭风浪起稳坐钓鱼台时,就是在体味这种意境之美妙。

10. 力者向仁者的转变

同这种转变相匹配的还要从力者向仁者的转变。最后两种转变呈现了东西方智慧的本质差异。本质上更是追求极端、公开等级,其特意强化优异与卓越,从而不懂得含蓄、收敛之精髓,在本质上更是一种力量崇拜、强势绝对公理的进攻性文明。因此,西方文明在本质规定上不会有最后两大补充转变,从而永远是虎头蛇尾,轰轰烈烈开场,稀里哗啦收兵,从而无法延绵持续。

力者可以是一时一地的胜者、强者,却无法成为永恒的赢家。只有仁慈、宽厚、大慈大悲,方能把挚爱与博爱撒向人间。仁者不意味着在力量对比中无所适从,在动态博弈中天真愚蠢。有虎豹豺狼型的王者、赢家,有大象苍鹰型的王者、赢家。力者是前者的伦理智慧基础,仁者是后者的伦理智慧基础。

三、思恋之幸福与痛苦的启迪

毛泽东给杨开慧的情诗中有"人有病,天知否",李清照词中有"生怕离怀别苦,多少事,欲说还休。新来瘦,非干病酒,不是悲秋",更有"莫道不销魂,帘卷西风,人比黄花瘦"的词句。

情恋、性爱、情思是人世间最令人销魂动魄的心理激荡与灵肉满足,其给人以玫瑰般的花艳,牡丹般的高贵,荷花般出淤泥而不染的高洁,梅花般傲视困苦的坚毅与不争花魁的鹤立鸡群,但同时,又由乾隆从其独特的帝王觅知音的角度,道出了情爱之博大精深、玄妙无限的真谛:天底下最难说清的是一个"情"字。性是山崩地陷、雷电交加,遂有巫山云雨之震撼与激越。性可能是两情相悦、生离死别、荡人心扉的灵与肉的联结与互补,但也可能仅仅是犹如动物般的体能激荡。而情却不是由一个柏拉图式的精神恋所能道尽的。情是把缘、性、爱、恋联结在一起的超级复合的精神意识。其是情感心理和身体形象及其一切时空条件的组合。情无疑可以给当事者以无限的喜悦与充实的心境，造成在幸福感上的极限震荡与心理痕迹。然而缘何情思又同苦恋如此紧密地联在一起，在带来巨大的幸福的同时，给了体味者以如此多的不安、焦虑与忧心？缘何思念可以是温情的，令人回味无穷的，给人以舒心与富足，但也可能让人痛断肝肠、食不甘味、夜不能寐？

这如此错综复杂的头绪与丰富的内涵又岂是叔本华的一介生殖意志所能解释得了的呢？黑格尔、叔本华、康德等均是终生未娶。这些德国近代的思想巨擘会由于其人生实践的缺憾而生褊狭吗？倘若他们像马克思一样有位具有倾城之美而又正义聪慧的妻子，其思想体系，尤其在性爱哲学方面的见解会是一样的吗？前几年被判刑的德国食人魔等会不会是德国文化或文明中的极端历史遗传因子？反过来说，弗洛伊德的唯性论又深陷于性力之泥潭，无疑排斥了其他原动力与动机的并存。情是远远不能被简单地归于性力之中的。荣格的性格心理学与哲学，大大拓宽了弗洛伊德的精神分析。然而荣格的情绪又过于同历史记忆与公众文化遗传相连。荣格学说中有情感，但没有情说。中国古文化历来有情种一说。在这些情爱中的极端主义者面前，有的是情天、情地、情人际，有的是生为情人死为情鬼的对情爱的执著。而那些善解人意、巧结姻缘并视他人之福为最高幸福的不惜千辛万苦扯搭人间姻缘的搭桥者受到了上千余年的社会礼赞。

王海明先生的《新伦理学》(商务印书馆 2008 年修订版)在试图解答父母对子女无私的、本能的爱中，最后还是回到了利己主义的道德原理与原点之上，即把父母或人人希望永生，从而父母在子女身上实现这种自我生命的延续中获得了永生欲念的最大满足，当成父母之爱的核心动力。然而王先生却难以证明动物对其后代的抚养的这种无条件的爱来自何方？难道动物亦有这种永生的欲念？王先生更无法解释当今诸多抱养与领养子女的父母们，对子女的那种百般呵护、万般关爱，这是自私的遗传因子可以解释的了的吗？道德、伦理既有利己，也有利他，在道德伦理中的核心与高级价值取向是指向利他。当王海明先生确定了这样一个思维规架后，其理论体系就会一通百通。但不幸的是，王先生只抱定了第一层次的认识,对其更核心的道德追求,却恰恰固守在"利己"、"自私"上,用一种过度的矫枉过正来批判和抗衡过度的伪君子式的道德和极"左"的道德倾向,结果陷入了市场价值轴心的简单公平与等利等害交往逻辑系统之中,从而使其伦理学在最终的价值取向与社会引导上,不得不滑向个人主义、自私利己主义的泥潭。纵贯其全书之结构和其才学与思维深度,以及资料与思想的驾驭乃至占用,实乃是中国伦理学界的一个巨大的不幸与损失。从学术含量与才学价值上看,王海明的《新伦理学》确实不乏为当代中国学者难得的上乘之作,其无疑当在国际学术舞台上占有一席之地,但王先生实实在在错解了唯物主义个人利益、私欲与利他主义伦理。

从道德目的之利己利他角度,不可能把握思想之幸福痛苦悖论。这是一个审美与认识论上的问题。其中有可能会掺杂道德目的,如失恋后的诽谤诋毁恋人乃至情杀等,但在多数正常的思恋中出现的应是那种复杂、高级的幸福感受。

幸福不是喜悦、快乐的叠加与持续强化。甜思蜜意中一定会带有苦涩的离别苦痛与思念不安。芬芳的香味常常夹带着难以描绘的"思愁",苦涩的反衬更添幸福的"丰富"。当然,这不是说人非要自讨苦吃才能体味甘露的芳香,但在对比中、在期盼中、在等待中、在惦念中,无疑会造成深度幸福,解惑幸福真谛却是真实的认知路径。不经沧海,终难为水;不在大风大浪中搏击,难解海之真性;不历经千难万险,难以体味世界冠军的甜美。这就直接引出另一层幸福的来临。

正由于"希望越大失望就越大,失望越大痛苦也就越大",才会有了人生旅途中的"无限风光在险峰"。痛苦不但是幸福的孪生兄妹,而且是幸福来临的催化剂与向导路标。只有那些不畏艰辛,沿着陡峭道路攀登的人,才有希望达到光辉的顶点。只有那些为人民、为人类而达到光辉顶点的人,人们才会面对他们的事业洒下热泪。这就是幸福与痛苦辩证法的最高境遇。

四、感受类型的幸福

健康长寿是中国百姓心目中的福,但并非就可以完全等同于幸福。全生避害,尽享天伦之乐,家庭和和美美,性情平和,善于交往等都是福分,但也都不能直接、完全等同于幸福;当然,笼统地说,它们也就是幸福;然而,严格说来,并非道德伦理意义上的幸福,上述的这些只能归类到感受类型的幸福中,即平安喜乐(平常心)的幸福。幸福既然是一种主观感受,既然是以价值规范约束与判定为轴心的人际关系与个人心性约定所产生的积极、欢快、兴奋的感受,那它的基本感受来源就会更多地来自于同群体交往、交流中所获得的肯定、赞扬乃至推崇和敬重。可把幸福大略地分成下述的几种类型:成就感的幸福、驾驭感的幸福、创造感的幸福、(被)尊重感的幸福、英雄感的幸福、神圣感的幸福、优秀(越)感的幸福、卓越感的幸福、超越感的幸福和平常心的幸福。

1. 成就感、驾驭感、创造感的幸福

动物是从境性的。动物以觅食、嬉闹与繁殖为本能冲动与其全部生命、生活的追求,为其存在的全部内容。人将活动转化为劳动、工作,渐渐在活动与行为中找到了建功立业,成就人生的事业心、志向欲、作为情的舞台。人不能成为行尸走肉,几近醉生梦死。人总是要有所为,当然同时很多人并不太知晓又必须有所不为,并要在"为"中真正说些什么、展示些什么。人不能接受一辈子碌碌无为。保尔·柯察金的话曾激励了整整一代或几代国人。由此,人们或许会争议道,理想、追求均是外界文化注入的而非人性本身具有的。但激情燃烧的岁月却总是让人兴奋,令人回味无穷。这就表明人之自然追求的内在动力是天然的。

创业的艰辛、守业的艰难、学业的挫折、大业的困苦、家业的复杂等,都让人在迎接挑战中逐步成就其追求与梦想,从而在面对累累硕果的感受、感慨、感叹、感念之中,获得了无上的心理充实与精神满足。成就感对专家、学者而言就是著作等身、学富五车、才高八斗;对教师而言,就是桃李满天下,教书育人,同时传道、授业、解惑,就是为人师表,尤其是成为人类灵魂的工程师与幸福的思想园丁;对政治家、政坛人物而言,就是成就民族与国家辉煌,为官一地造福一方,留下千秋大业,赢得万世英名;对作家、艺术家、工程技术人员而言,就是创作出传世之作,为人民、国家、社会留下物质与精神瑰宝;对人民大众而言,就是成就主人公之尊严、勇气与智慧,有一份热、发一份光,在岗位上兢兢业业,成为本职工作上的行家里手。

建功立业不只是好男儿的梦想与追求,其实也是人们的普遍性追求。成就感是人最为看重的,是理想的核心,是人生价值的本质规定。金钱、财富、美色、名声、地位、家世等既非目的也非幸福本身,而成就与成就感足以让人的灵魂安息,让人的心灵满足。有了成就感,人便充实、快慰,而若无此便会觉得不安、无聊。从这个意义上说,成就是幸福第一价值。

动物也有驾驭环境与存在的要求与"理智"行为。狗要防范与控制主人所在的地盘与家业,捕食动物要确保自己的领地不受同类与它类动物的占领,动物间为争水源、食物、栖息地要打斗、争夺,但人所要求的却并非这种基于本能、近乎于自我保护的对环境、周边的驾驭。作为一种理性的高级动物,人有计划性、预测性、前瞻性。这种特性就会驱使人对发展、成长、变化有预先把握,对方向与目的有清醒的认知与明确,从而在演进、变化、发展中,实现向自我设计与理想化的目标趋近甚或重合。驾驭不等于强制,不等于胁迫,不等于征服。驾驭同尊重自然与环境是可以并存的。这不但体现在尊重自然法则方面,而且表现在人欲无穷的善与德之控制方面。

按照合宜的、理想的目标运行、前进,表现了人之驾驭能力。由此而生成的驾驭感就会带来相当的心灵安逸与满足。驾驭感可能是成就感的一部分,但驾驭与成就并非可以直接等同。驾驭在本质上是对进程的一种控制。因此,其核心在于实现过程,而成就则更多地体现在结果上,是完成形态的体现。因此,驾驭感更侧重于在过程中所获得的满足。这就把幸福扩大到了全过程而非静态与终极结果感受之上。

动物可以利用简单的工具,动物能利用自然环境,动物会在嬉戏中表现出不同的花样,似乎也体现出某种创造性。尤其是受过训练的动物,更能表现出惊人的创造性,但一是由于动物生物遗传结构本身,二是由于动物群体学习与文化系统的缺失,造成动物创造性与创造力的无法代际遗传、继承、系统开发与定向发展。人之成就与驾驭都可能包含创造性,也可能并不含有创造成分。创造性与标新立异,与与众不同的个性有关系,但并非是同一件事情。创造性是向前推进,改进已有,发现新式新法的思维、习性与行为,其同旨在追求彰显自我、鹤立鸡群的显示心理不是一回事。

创造性同成就与驾驭一样,本身就具有自足性、充分性。换言之,其自身就具有饱足价值,并不需要其他的折射与比照,就好像太阳本身就是光源,无须其他光源与光体使其明亮,而月亮与其他星球,却只能借助于太阳的光照才能获得光辉。人在创造性中不但体现了自我,同时也获得了肯定与满足。这就是创作所生成的陶醉与忘我。这本身就是奖赏与自足。这就是老庄根本无须依赖权贵、社会认可,就可以达到自得其乐的境界的原因。而尘世因缘未了的佛生,却不得不借助于青灯黄卷,在戒律下的"吃斋念佛"中,找到自我排遣与把握。当然,创造性若能得到广泛的社会承认,则会更加激起喜悦,有时在商品价值社会分工之下,更成了其安身立命的前提。凡高的自杀和斯宾诺莎的抱病而亡都是典型的例证。相比之下,米开朗琪罗、贝尔尼尼就是极其幸运的,毕加索也是如此。这就引发了对以下三种其他社会评定的幸福的深度思考。

2. (被)尊重感、英雄感、神圣感

首先是(被)尊重感的幸福。道德的约束与激励,在很大程度上取决于这种被尊重感幸福的需求与得以实现。寡廉鲜耻是人们对因行为与做人之悲劣无德而遭唾弃的一种负面尊重的需要形成的一种道德底线;与此同时,尽善尽美、助人为乐、成就功名、尽情创造等,又在意识与下意识之中,希望得到更为广泛的肯定、赞扬与敬重。被尊重感的幸福是声誉、声望、荣誉的主要动力基础。

受领导重视,被同事、邻里、他人看重,更进而为在个人事业起飞上而受伯乐赏识等,均构成了人受到敬重而获得的幸福感受。被尊重同尊严有关,但两者似有很大的区别。尊严是人与生俱来的,是同人权相连的,作为一个生命个体,只要不处在同公众、他人、社会之对抗、疯狂、暴烈的状态,就理当受到一定的待遇,不可遭羞辱和受虐待。这是正义的法则,是社会要被强制地加以贯彻的,但尊重却是在此基础上,由于品行与成就等而赢得的自发的社会好感与赞扬。尊重与敬重只能是自发的、自愿的,不能被强迫执行。人们可以敬重某人,也可以不敬重,这完全是自愿的,但人们却不可以不给他人以尊严,剥夺其享有尊严的权力。

一个不被尊重的人,其人生价值是极为有限的。当然,一个超前的思想家、艺术家,仅仅因为其前瞻与超群拔逸而造成曲高和寡应另当别论,在如此重要的被尊重意义上说,被尊重是道德实现的秘密武器。

受到一般性尊重的愿望的升华,就产生了英雄感与神圣感(或救世感)的更高级幸福。赢得人们的尊重,通常只需要做出值得人们称赞的事情;而获得英雄的称号与美誉,却是要以勇敢、刚毅、无私、无畏等形成超出常人之胆识、见地与举动的。

英雄感幸福与个人英雄主义的出风头与实现自己不是一回事。英雄是个性上长期公正、勇敢与无私积累的结果。无名英雄、平凡英雄又是指那些不张扬,在平凡之中见伟大、在持久之中显崇高的英雄举措。烈士可能是英雄,但英雄之本质不是牺牲,而是无私与奉献,是超越小我的崇高。英雄本身可能具有救世意识与神圣激励。戊戌六君子、苏格拉底、布鲁诺的鲜血与生命,都让世人猛醒,但多数时候,英雄感同神圣感是有区别的。

神圣感既体现在救世,也体现在庄严、崇高与伟大等方面。这里,人类的一种对永恒、绝对、终极的渴望与追求变成了人生追求至善、满怀终极关怀的希望。由对死亡的恐惧,对生的眷恋,而逐步升华到对永恒价值的关怀,人获得了永久性的安宁。对这种期许的追求,产生了神圣感的幸福。

神圣感不是自我高贵,不是贵族化的自我拔高,不是教皇、皇族、君主、统帅的神威,不是皇恩浩荡,而是救黎民于水火,拯世风于日下,逆恶流浊浪而上,挽狂澜于既倒。因此,布衣贫民是否就与神圣无干无缘呢?非也!只要能做到出淤泥而不染,反恶流污世而行之,就会有神圣感之庄严,就会获得神圣感之幸福。

3. 卓越感、超越感、平常心幸福

争强好胜在动物界是同争夺配偶、食物、地盘等,或者同要获得一定的"等级地位"直接相关的。人类的争强好胜会演化成普遍的竞技,成为纯粹的名次与名声之竞取。这种好胜心的升华就会变成追求优秀与卓越的期盼。人不甘于平凡,不接受平庸,不但欲有所作为,要轰轰烈烈,而且要出类拔萃、超群拔逸。这是一种追求最优、向往完美的人生竞技倾向。

单纯的、绝对的卓越追求,有时也可能会使人鬼迷心窍、堕入歧途。"宁为鸡头不为凤尾"就是这种歧途的表现。人类这方面的潜力很大。欧美文明就不懂得这种人生天性的奥妙,非要把人界定为一个自私贪婪、唯物欲不动的低等动物。日本就懂得这一点,从中国学到了"两参一改三结合",知道发挥人之追求卓越的能力与特点,将这方面的开发发展成无缺点计划,从而既有利于员工自我完善,又有利于消费者得到上乘产品与服务。

为了矫正与平衡卓越感,人类又发展出了超越感的幸福。一定的卓越的境界若量变就会产生超越。超越可分为入世超越与出世超越。入世超越可以包括精神遨游、与世无争、难得糊涂、看破红尘等。这种价值规导可以平抑那种因创造、成就、卓越等而带来的血气方刚,从而造成文武之道,一张一弛,使身心处于一种追而不求、赢而不霸、胜而不骄、败而不馁、成而不狂、神而不昏,结果是获得现世中的从容与豁达。出世超越就是形成天民意识,在宇宙中遨游。出世的最高境界是"成仙"。老庄算不算不好说,但唐代大医学家孙思邈却应算一个。其寿终正寝,不但是百岁高寿,而且是在拥有大医大德与超凡的贡献之后的高寿,这等人间仙骨万世难现。

五、痛苦不幸的伦理与非伦理性质

大千世界无奇不有,芸芸众生各有所寄。同人们善良的愿望相反,大慈大悲又备受敬重的人未必一路平安。善有善报、恶有恶报是人们的道德期许,也是世间的法律公正之基本原则,但不义与大恶同样可享尽荣华富贵、锦衣玉食;而仁慈善良又经常是生世坎坷,历经千辛万苦,甚至不得善终。这时常使人们,尤其使仁慈善良的人们不禁仰天长啸:公理何在,天道在哪里?

以眼还眼、以牙还牙、以命抵命等基本上是人们情理人伦与公正中的普遍概念。王海明将此概念表述为等害交换。其连同等利交换,构成了王先生的所谓正义。斯密在解释对不义的惩罚时,基本诉诸于人们对加害他人的罪恶的悖怒及其理所应当的对等补偿。

对于前者的正义期许与抱怨,上述学者阐发的一些观点是合理的。例如遵循善有善报恶有恶报,人们有权要求对十恶不赦的公敌、坏蛋进行惩治法办,并使其良心永受谴责,但另外一些却是无伦理或公正根据的。社会公正与神律公平都无法保证非道德、低道德、缺道德之士一定会受到折寿、不幸的惩办,也无法要求对其生活方式的直接干预和对其富贵进行剥夺。对不义之财、违反法律之赃,可以直接剥夺;但对合法所获,社会却无法直接干预。

道德伦理仅仅对大恶、不义的罪行通过公正,尤其公正惩罚的警示,来达到防止伤害与其他罪行造成的不幸,但伦理道德无法保证好人一定有好报,善举必有益回。道德伦理不是市场交易,其行善积德只能说有益于人完成一个有价值、有意义、有作为的人生,却并不直接应允天堂资格、富贵保证、福寿高照、金玉满堂。

道德伦理由于倡导、规劝君子之风、圣雄之德,带来了社会精神面貌为之一新,提高了公德意识、私德水平,带来了人际关系的平顺、利害关系的倡和、相互交往的互助与美好,从而可能造成夜不闭户、人人礼尚往来、个个礼貌谦让,生成一个市场之外的非直接等价等利交换的爱心、互助、互帮的美好的社会关系场，从而给人生平添了乐趣，减少了敌意与冲突，带来了和谐与尊严，结果在最终从根本上大大降低了社会治安与协调管理成本。

天灾人祸之发生与分布几乎是随机性的东西。良好的道德风尚能够降低恶性事件发生的概率，但无法保证灾害分布仅仅集中在不义群体上。如果说不义、不法之徒，由于良心不安，涉猎风险大的事件可能会增大其受灾、折寿之风险概率，但这几乎同伦理惩罚没有直接关系。反过来，好人不长寿，祸害一千年，也是由于好人承载过多，有伤身心，祸害自私自乐，反倒可能长寿。当然，这种长寿在公正的社会氛围下，非但不会成为人们羡慕的对象，反倒会成为人们憎恶的东西。

六、良知驱动伦理动力与幸福获得

美德实现、伦理行为、高尚情操是一种良知驱动。其在根本上同义务与使命驱使一样，并非功利主义算计所得。只要是大仁大义，赴汤蹈火、在所不辞。这就是宁为玉碎而不为瓦全，杀身成仁和舍生取义的伦理驱动。这当然又非西方的那样极端：只要正义实现，哪怕以后洪水滔天。因为仁慈与正义的界定，都是以社会幸福，以大众为根本利得来考量的。

人们有权追求幸福，人们应该追求幸福，人们渴望追求幸福，但人们不是为了获得个人幸福而行侠仗义、直言不讳、乐善好施的。因为是由于恻隐之心、关爱之情、同情之义而伸出自己的手，而慷慨解囊、施恩苍生的。恶棍用慈善来洗刷自己的罪过，减轻自己的心灵沉重，但其若仅仅如同在市场上，一手交钱一手交货，一手施舍一手要求他人的感恩戴德，他就是罪上加罪。

面对无助、无奈、灾难与困境，人们的同情与关爱油然而生。面对遭受灭顶之灾和深陷绝境的人们，人类自然的怜悯陡然增加，甚至面临一个无助弱者，或一个无力自撑的败将残兵，人们同情弱者的心理都自然倒向这一边。

幸福在没有祸害与损人的情况下，成为行为主体自动追求的道德目的,但在良知驱动时,尤当涉及复杂的利人利己、损人害己的种种组合时,幸福只能是良知驱动的副产品而非直接的选择目的。在许多情况下,良知驱动的正义不但可能遭受报复、打击、不公,甚至可能受到直接的生命威胁。倘若生命已去、感知全无,何谈幸福?那么,是否是为正义而正义,为善而善呢?倘善引导人类社会公义,善之累积导致至善至美,那就完全可以为善而善;否则,便只能是对善事之价值,尤其是对社会价值的追求。即便是为个人复仇,其也是为伸张其中的正义。若仅仅是为着个人恩怨的报私仇、泄私愤,则德不高、道不义。

当涉及政治伦理和社会意识与潮流引导伦理时,则幸福追求与伦理驱动可以有所变化。古中国智慧历来是"穷则独善其身,达则兼济天下"。这就是说,当涉及宏观事业之时,当力不从心之时,允许有一分热发一分光。也就是说首先把自己完善起来,做到不随波逐流、不同流合污、不落井下石、不阿谀奉承,即不做势利小人,而要专行君子之义;但当力之所及时,则应以天下为己任,追求恩泽广众。

七、孔子、苏格拉底成圣至善与幸福

苏格拉底若按东方智慧与中国标准不算善终。以七十余岁高龄被民主雅典宣判为蛊惑青年,并处以极刑。苏格拉底有选择,其弟子、朋友也可以帮他实现他的选择。他完全可以不理会雅典对其的判决,一走了之。这种方式也是所有他的朋友与弟子所希望与劝诫的。然而苏格拉底却选择了利用法庭来伸张他所坚信的真理,坦然接受判决者给予他的毒酒,面对死亡,苏格拉底为了真理而牺牲生命,平静地度过最后的人生时光,无怨无悔、坦然从容。

道家学派从未停止对孔子仁爱、圣德、礼教传播的嘲笑。孔子在世时从未被当权者接纳为国家意识形态与伦理道德之最高代言人。孔子明知说了也白说,既不可能改变社会现实,也不可能带来整个社会的彻底改观。这种变更在孔子看来取决于命:"道之将行也与?命也。道之将废也与?命也。"(《论语·宪问》)这就是孔子言行如一,终其人生的"尽人事,知天命"的表现。

可以说苏格拉底是做了"殉道者",为其信奉的真理而献身。孔子没有经历这等险恶,但周游列国也历经艰辛、屈辱与沧桑,但孔子就是抱定他的"无所为而为",就是要立义行仗,做道德应该之事,而非利诱、利驱之为,并在人格与情操上,将义利驱动观深入概括为"君子喻于义,小人喻于利"。(《论语·里仁》)这样,儒家的"无所为而为"就同道家的"无为而治"学说形成对照。用《庄子》的话说,前者叫做"游方之内",后者叫做"游方之外"。冯友兰进一步归结将儒道思想与西方思想比较后的结论是:儒道两家,相当于西方的古典主义与浪漫主义,前者为入世哲学,后者为出世哲学。由儒道两系,中国人便获得了很好的入世出世之力的平衡。

冯友兰进一步总结道,由于这种通达与明理,孔子及其弟子们这样做的结果,将永不患得患失,因而永远快乐。所以孔子说"知者不惑,仁者不忧,勇者不惧"。(《论语·子罕》)又说:"君子坦荡荡,小人长戚戚。"(《论语·述而》)①

这样,孔子便找到了世间的永恒快乐、永恒追求、永恒绝对。这就是道义的应当,就是做个至善、至美、至尊的道德完人(perfect virtue)。这是福之所在、乐之源泉,是不惑、不忧、不惧的根本保证,从而免除人生烦恼,达到世俗之神圣。

八、柏拉图的第一次背离与亚里士多德的第二次背离

苏格拉底是以其生命、真知"演绎"了善、伦理与幸福,柏拉图为老师的德行与学识所折服,但他没有止于老师的探究,为了获得终极与永恒的伦理追求,创出了"善的相"这一终极善,并将其同神秘的神学等原则相关联,从而为基督教哲学伦理埋下了思想种子(见罗素《西方哲学史》)。柏拉图的"善的相"就是善的理念。其把观念性的、精神性的或最高概括或

---

① 冯友兰:《中国哲学简史》,第四章"孔子:第一位教师",电子版,(http://www.oklink.net//0010122/zgzx/001.htm)。

抽象形态的善,即形而上的善作为伦理之魂之本。从而道德的一切规定与追求,一切动力源泉被归结为善的驱动与"善的相"的展开运动。这里我们似乎看到了黑格尔绝对精神及其辨证外化的核心影子。柏拉图把最高善引到理念善有一定的价值,但同时却造成了对苏格拉底伦理价值取向的第一次背离。

亚里士多德对老师的这种伦理目的归结不以为然。在他看来,幸福及其对幸福的追求而非善的相,才是最高善。亚里士多德区分了三种生活:享乐生活、政治生活、思辨生活。他认为以亚述王为代表的快乐追求,以获得荣誉的政治生活目的,都不是高水平或真正的幸福,甚至具有高尚品德也会倒霉,因此不能说是幸福的。

亚里士多德是从目的论角度出发的,因而在本质上是个人功利主义的。当他选定了这样一个视角与参照系后,他的伦理学结构与价值取向也就基本上被框定了。他从行为或行动目的出发,通过逐个排除,最后落到了幸福、名誉、财富之上,甚至美德都在很大程度上是手段。其目的无非是获得幸福。就好像康德用替代价值,将所有其他的加以排除,就剩下了无法进行价值上替代的尊严。换言之,人活着,人存在,必行动,必有目的,目的不是别的,就是为了获得幸福。因此,幸福成为最高善。

亚里士多德继而区分了外在的善、灵魂的善和身体的善。他认为最主要的善应该是灵魂的善。这同说幸福的人就是生活得好和行为好是一致的。具体说来,他认为幸福是优秀的品德,是正确的,并强调要不但有灵魂善更要有实践善。因为,没有后者便无法体现前者的存在价值。他并进而强调外在的善同样重要。因为一个丑陋、孤寡和出身卑贱的人是不能称为幸福的。关于命运和幸福与否,他认为,命运是常变的,而幸福应该是牢固不变的;一个人如果听凭命运摆布,便只能一会儿倒霉,一会儿幸福,这样的幸福便像空中楼阁。

亚里士多德不但是实际的、调和的、等级种族性的,而且充满了逻辑混乱与狡辩。他把伦理自身的价值系统完全变成了一个个人功利福祸的计量器,从而完成了第二次背离,造成了伦理的利己主义一元化追求。当亚里士多德为其外在的善的丑陋等进行辩解时,他当然不知道东方孔圣人的容貌丑陋,他似乎也没有联想到他的祖师爷苏格拉底的形象不佳。或许是柏拉图与亚里士多德自身与家世条件过于优越,以至于才造成了其伦理学上的如此沾沾自喜。

　　大仁大义、大富大贵、大恩大德,不是亚里士多德笔下的宽宏大度,不是那种盛气凌人式的施舍,不是那种由上向下的俯视与怜悯。东方的仁义与西方的善福不是一回事,也非一个层次上的东西。而西方民间与百姓中的自发的互助与善良德性却是同东方的伦理智慧相一致的。这显示出人性、德化的普遍性追求,但由于后世制度与文化的界定与强化,东西方各自走上了不同的伦理之途,幸福观与价值也就大相径庭了。

第七章

公 正 论

从古今中外的历史与现实来看,人们普遍认定政治肮脏却并不认为战争肮脏;人们认为妓女与妓院下作,却不认为其肮脏;认为商业不地道或肮脏,金钱肮脏,却以马上封侯为荣,以国家名义下的谋略、征服、残杀为英勇、智慧、大计谋。造成这些价值判断与情感或是非判断上的差异的原因固然十分复杂,难以给出一个简单的分界线,但所谓"明火执仗"式的对局或公开性的博弈或过程中的公正竞争性在其中起着十分重要的作用。对于公开、公平交易结果,或在力量对比与智谋基础上的公开征战结果,人们不一定就百分之百心甘情愿地接受,但在情感天平上并不更多地掺加一些憎恶或厌恶之情。战争的残酷无情,同商场上的肮脏与不义,形成了鲜明的对照。

据美国学者认为,同世界其他国家相比较而言美国伦理水平较高。而在这个国家里,在20世纪90年代的一项调查中,64%的美国企业总裁认为,他们的企业是道德高尚的工作场所,但仅有27%的员工感到如此![1]

现代社会发展之中,政治丑闻大大减少,政治中的性丑闻、花边新闻则时有发生,并且人们对政治肮脏兴趣索然,对民主权利的行使之兴趣也在衰减,同其相伴的是参加教堂、信仰上帝的人更是在大量减少。西方民主国家用鲜血与生命换来的选举权,人们却对其珍视不起来,对神圣永恒

---

[1] Gene R. Lacznick, MarumW. Berkowitz, Russell G. Brook, and James P. Hale, "The Ethics of Business: Improving of Deteriorating?" *Business Horizons*, January-February 1995, p40.

的造物主上帝也热爱不起来，但却在良知与内心深处，对经济伦理、企业道德有着清楚分明的判断，究其缘由，到底为何？

倘若人们普遍获得了政治权力与参与，其自然会把注意力与资源转移和投放到更要紧的问题之上；倘其将追求的价值看得平淡无奇，其也可能会作出消极的反应；倘若在现行框架下，政治运作基本上在可预期与可控范围之内，人们也会对政治参与淡然处之。上述三种情况，应该是兼而有之，除非中产阶级生存发生了危机那就要另当别论了。若此情形出现，届时就有可能诱发改变政权或至少是改变权力分配与核心利益分配的政治要求。这种基本格局的出现，为期不会太远。根本原因就在于，亚洲的崛起与国际竞争基本参照轴的改变会完全打破西方统治世界的基本国际格局和国际财富分配。

由于前现代经济与文化结构是在道德或宗教一体化统合之下运行的，商业文明、经济伦理，尤其是企业道德并不构成社会的主要问题领域，除了国家、教会、领地，就是庄园、采邑和家庭，巨富、巨贪、豪霸要么乐善好施，尽量成为一个道德上的好公民，要么成为恶霸强盗，为社会伦理与大众所唾弃。经济伦理无论在完善思想学说，还是社会伦理架构上都是具有从属性的，是和社会主流形成一体化建构的，但现代化彻底改变了这种格局，从而经济伦理与企业道德成了信心之域。当家庭既是经济单位，即直接的生产经营单元，又是道德伦理单位时，经济组织伦理几乎是不存在的。而伴随着现代化的多元文化、政治建构主义与市场运作秩序而来的是，社会与人们的经济观、权利意识与价值准则发生了革命性的变化。不但使物质主义，而且使消费主义、金钱主义、享乐主义几乎成了不证自明的个性与理想主义的同义词，价格公平与交易公正，即起码的形式等价或经济往来成了基本道德判据，在这样一种潮流与结构之下，伦理地位，尤其是公正基石成了社会维系的根本支柱。

正是在这样的时代与社会背景下，罗尔斯构造了他的《正义论》之公正学说和《政治自由主义》的政治建构主义，以期以此来取代康德的道德建构主义，西方的伦理哲学发生了重大转折。

一、比市场无形之手更重要的公正无形之手

当斯密敏锐地观察到资产阶级公民社会崛起之时,他就把分工的魔力一同加给了市场,给出了在国家与社会二元性两分结构之下的市场无形的手的调节这种理论。在这个国民财富与社会福利增长与提高的系统里,斯密基本放弃了其《道德情操论》里的同情心,主张任由自爱、自私原则加以调节。尽管斯密认定市场非慈善,但他在《道德情操论》中早已注意到公正美德的社会之基石作用。其实斯密并未意识到,市场经济依旧不得不在正义管辖之内。公正及其整个道德体系,是远比市场无形的手更大、更细、更基本的无形之手。

首先,市场只调节直接的物质利益关系,而且仅仅是在市场交易圈里的物质交换、流转关系,其甚至不介入家庭、亲友、朋友等的经济、物质往来,更不介入人们的社交与精神往来。公正无形之手却是普遍地渗透到社会构成、生活甚至人们心灵的一切方面。

其次,市场关系同样必须是一种公正,或至少是形式上的等价公正关系。市场实行的是在货币面前人人平等的原则,已经体现了废除经济与消费特权,即只要有支付能力,消费是消费者主权范围内的东西,社会无权干涉与剥夺其正当权力。这种公正是不彻底的,因为其保护了资本强者和货币大户,但却在废除封建专制与特权方面,走向了市场形式化的规则与程序公正。

最后,尽管从总体关系上,公正与市场,或公平与效率之间构成一种互约双规关系,即在社会公共理念重叠意识下,国家朝代伦理或主导意识形态之下的最基本公正基础上的效率最大化要求,或反之的最起码的效率基础上的公平校正,但当公平与效率发生对抗性冲突时,根本性的社会天平依然指向社会公正与公平。

那么,公正或广义社会核心道德价值是如何构成这种无形的手之运作与调节机制的呢?

第一,公正是以社会大厦基石的形式存在的。这就是斯密所观察到

的公正通过加害、损害之同等甚至多倍惩罚警戒，达到对不义、罪恶、大恶或一般性的伤害的制度性防范。斯密是从人之天性出发，论证若无公正警戒，人们参加群体性晚会，就如同堕入了狮子洞穴，会在身体、财富等方面，随时遭受意外攻击。这是自霍布斯以来的自然人状态的典型西方式的论证。这种状态仅仅对于氏族部落及其部落间的冲突来说是适用的。在人类任何一个已有的文明体中却是基本不存在的。也许在早期的原始人群中，确曾发生过人人相残的状况，但其究竟是遵循氏规而动，还是个体攻击所为尚无法得到确证。无论那种凶险可怕的自然人状态存在与否，人之公义、正当的良知以及心灵与社会伦规等，都是社会得以平顺、良序运转的基本轴心与支撑，是一种比上帝、廉耻、法律更直接、更广泛有效的社会约定与社会干预。

第二，"正义之神"是人人心灵天平上的天使。忠义英武、光明磊落是大丈夫气概与为人处事之安身立命之本。"格物、致知、诚意、正心"，而后方能"修身、齐家、治国、平天下"。前者中的诚意与正心，尤其是正心无疑是公正为本、诚善至上。有了前者，后面的学业与成就才是可望与可求的。在西方源头的古希腊，苏格拉底是把正义、至善同真理与审美放在一起的。柏拉图、亚里士多德是把伦理、善心作为城邦、社会或共和国的政治建构连在一起的。这是一种集体性的正义。不幸的是，西方文明最终由于对过度的统一神性之反叛，而走向了个体、本体的自由主义。即便如此，西方的决斗、骑士精神等也无不体现着正义，尽管这种正义是以除暴安良的个体英雄行为完成的。关公之所以成为中国人千年传颂、顶礼膜拜的英雄偶像，不但在于其是武圣，更在于其武德与仁义。中国的新富或近代史的那些西方大王们，似乎走了相反的路，先有了家业与财富的辉煌，从而，似乎正义对其无关紧要，但随着财富越滚越大，缘何新富们多半越加感到不幸福呢？越加感到无聊空虚，失去了追求与价值呢？不义必不仁，不仁定无情，无情自无趣，无趣当无聊。花钱买名声，购买来的赞誉同发自内心的敬佩不是一回事。

第三，公正是制度存在与社会结构稳定和权力运行的基础性原则。阶级统治、阶级压迫出现之前，社会政治伦理是广泛性的社会公正。因此,才有了三皇五帝那种中国政治最高的伦理辉煌,当阶级统治与压迫产生后,中国的尧舜这一正面文化母题,就同桀纣这一负面文化母题发生不断的冲突与斗争。再好的明君也跳不出家族、家世王朝的圈子。甚至并非人君伦理降格,而是阶级人格化伦理必然得到反映。在向无阶级与高度发达社会过渡的转型与发展中,三皇五帝的崇高又开始出现了人世间的真身。毛泽东、周恩来无疑可视为当代中国乃至世界的尧舜。其开创的伟业在几代传承下到了胡锦涛、温家宝新政,只要把握得当,当会由基本丰裕,长驱直入而进入中国的黄金时代,成就千古伟业,真正的主力军将会留下万世敬仰之英名。从权力公正到职位、岗位公正,从应得公正到分配公正,从创业公正到就业公正,从社会公正到教育公正,从文化公正到礼、序、德、伦公正,从财产公正到产权公正,从地位公正到身份公正,从法律公正到道德公正,从舆论公正到学术公正,制度公正构成了一个庞大的社会正义网络体系。这一系统不但是社会大厦的基石,而且是全部社会大厦的结构性支持与运转的调节手段。

第四,"正义之神"不是直接作用、调节个体成长与行为的,而是在根本性的制度之外,形成显性或隐性的大众或公众正义舆论,在造成道德审判、美德压力、朝代或潮流伦理风尚方面,甚至在制度公正及其伦理的改革与发展中,起着独一无二的作用。一个不义的伪君子,或许在案发前不会受到法律制裁,道德也无法强制其履行其应尽的义务,但人们的眼神往来、大众背后的无情议论等,甚至社会公开的舆论呼吁,均会造成巨大的无形压力,使其坐立不安,备感良心上的煎熬与折磨。人心、民心、党心,以及民意、社意、国意,民情、社情、国情会交互作用,形成无形的压力网络与监督网络。

二、两种无形之手的比较、作用范围与伦理界面

市场无形之手是一种利导,公正无形之手是一种义导,依照传统中国儒家思想,孔子业已清楚表明,前者只能适于小人,后者方适用于君子。这些论点都是有局限性的。

如前所述,作为基本逐利而导的市场无形之手,并非完全建立在不义非礼基础之上。消费者主权是经济主权的一个最基本的层面。公平价格、公平交易、两厢自愿等,都体现了市场公正。在这样一种成本效率、分工效率、配置效率的基础之上的利导,既有正义构成,又含有效率基础。因此,同强权、强势、强霸的直接掠夺与占有相较,市场公正,尤其是平等界定下的市场公正,已经向前迈进了一大步,但与此同时,在认可财富或禀赋来源无关的前提下,在能力与条件不同情况下的市场利导规则,导致了资源配置的宏观浪费和收入财富占有不平等的加剧,尤其导致了重商—重物—重金主义的伦理倾向。并且更为要紧的是,市场无形之手的利导,由于上述的公正基本制度建构和运作法则,造成了人们对市场利导的本质无视,进而在形式与程序公平基础上对人性恶,即自私贪婪、扩张的完全认可乃至推崇与追求。

因此,市场无形的手,由于模糊了本质公正与形式公正之间的差别,混淆了个人物质利益原则与私有资本主轴之间的差别,把私欲、私域、私有制、私营作为价值趋向上的绝对与永恒,把公正、集体、社会、国家作为阻碍自由主义运动的异化物与构成,先是通过二元社会与国家的分域、分治、分理,进而发展到把国家乃至一切政权和手段,作为保护私利发展的手段与屏障,把个体目的性加以无限夸大,造成了社会伦理的彻底倒置及社会公正的根本性颠倒。以马克思、恩格斯为代表的科学社会主义,不但继承了空想社会主义对资本主义这一罪恶之手进行的彻底揭露与批判,而且找到了它的替代机制,尤其是实现未来社会的路径。就连孙中山也通过对西方资本主义社会制度与文化的了解,提出了不同于西方资本主义的三民主义,并强调针对资本坐大及其带来的不平等和不公平,要节制资本。

所以,当人们不再把谋私、为私作为永恒与人性基础,在公私兼顾甚至大公无私的伦理追求之下的市场参与和利用情况下,市场无形之手并非只适于小人。尤当以实业、就业、产业之国际竞争而报国惠民,就更可以造成双重意义上的大家出现:大实业家与大慈善家。这种组合在商场上统帅千军万马,为员工、投资群体与社会谋福利,又树立社会正气,为社会不幸群体排忧解难,提供机会与支持,给了社会以向上与积极的推动。反之,若不是以此为心境,在绝对的利己主义意识与伦理主导下的市场无形之手,在本质上就永远仅仅适用于小人。那么是否全体社会员工均为小人?非也,因为在以就业职场中的极高位角色作为谋生最高标准的情况下,市场参与者的绝大多数就只能在家庭与人伦层面展现其君子之德,而这部分是人性的主体与核心。即便就资本家群体而言,其资本家之本性也非人性使然,而是马克思早已指出的资本之人格化。换言之,市场小人乃是制度迫使与教唆,非个体恶性之膨胀而所为。当然,市场利导网络下的真君子,仍能通过上述的双重大家而展现出一定意义上的出淤泥而不染的风范。

公正之无形之手在本质伦理道德境界上的确适用于君子。这些真君子会识破纯粹的私利占有,以公众或上帝理财人的身份与形象,把实业、经营与谋利润,同利他惠民乃至救世统合起来。

有了良心公正,企业家就不会过多地夸大自我的英雄地位,更不会以此来作为向企业、社会索取的资格;就不会在商场上竭尽卑鄙无耻之能事,黑道白道一齐上,为谋私利而不惜铤而走险;就不会始终以上帝、君主自居,向下俯视员工,过度强化老板意识、地位与形象,成一业霸主,做一方土皇帝;而是尊重自己、善待他人、感念社会、与世无争,在成功与荣誉面前更加兢兢业业,虚怀若谷。

有了社会公正与制度公正,良心公正才有实现的根本基础与保证。马克思的历史唯物主义早已证明,人们的社会存在决定人们的社会意识,整个社会若以私利价值与物质主义、享乐主义为轴心,良心公正即便不完全丧失殆尽,也几乎会是沙漠中的建筑、空中的楼阁。任何社会都离不开君子之风、圣雄之德,但任何社会若没有秩序与本体公正,没有制度与制度上的社会公正作为根本保证,单凭几个完人与几个圣主是无能为力的。这就好比人们不解如此领先、卓越、发达的古代中国,在人才济济的情况下,却让落后的西欧后来居上,开了科学之先河,成了自然科学的摇篮。宋朝时中国占70%的世界科技发明为何没有使中国成为近代自然科学的发祥地?根本道理其实很简单。整个社会的人才核心指挥棒由科举制度主导,国家成了人才的雇主,朝廷成了主要的高级人力资源集中地,饱学之士和经学大家统统涌向科举为官之时,自然科学家的地位与社会规导远不可同以官为本的士大夫阶层相比,这种德性伦理与社会奖赏回报、制度公正怎会造成中国自然科学的丰厚土壤呢?落第士子与真才实学者也只能在文学艺术、思想学说中寻找自己的寄托,或在山水美景、两情恋海中抒发自己的感怀,消磨个人的人生。

社会公正与制度公正无形之手与其说是道德伦理自发演进的结果,毋宁说是社会根本性的制度创新与开发的结果。这里离不开社会设计与思想人伦规划。罗尔斯的政治自由主义,是同西方建立在完全的个人主义基础上的自由主义的产权结构、市场结构、民主政治结构、文化多元结构相适应的政治建构主义,是一种已有社会结构的理性自然推移,是必然的政治秩序,尤其是程序游戏的折中与妥协,即便如此,其依旧无法摆脱各种强势性、完备性学说与思想的优越影响,甚至它们的导控。

三、公正分类及其在公正结构中的地位

从领域分类角度看,公正可以区分为政治公正、经济公正、社会公正、法律公正和伦理公正。这里没有涉及军事与战争公正,而是将其大略归于政治公正;也没有涉及良心公正、舆论公正和文化公正,而将后者分属于不同的公正之中。从根本上说,上述五大公正构成了一个相对完整的公正体系,其中的结构性可以表述为:政治公正是根本,经济公正是基础,社会公正是形式,法律公正是保证,伦理公正是灵魂。

1. 政治公正是根本

亚里士多德充分意识到了公正在国家或城邦构成中的作用。亚里士多德是把伦理学作为政治学的需要来加以考察的,但亚里士多德在思想层次中却把正义基本上作为美德或个体行为品性来把握和加以展开。这无疑大大限制了其思想,而且由于亚里士多德的伦理价值之本追逐到了个体幸福,从而使其无法在本质或最宏观层级上把握正义结构的支撑性

作用。亚当·斯密意识到了正义之基石作用,但却未能像其揭示市场无形之手那样,把公正与德义在思想体系与社会机制上做合理的推广。相反,中国哲学家与思想家之理念、道义、德伦、仁爱从源头就被直接界定为社会宏观层级的制度与秩序性的东西。这或许同东西方的历史渊源有关。因为在老子、孔子时代,中国以传说、神话和史记中的三皇五帝之伟业光彩,同春秋争霸以来的权力更替、各国连年征战相互兼并、盟主轮替往复等形成了鲜明的对照。换言之,中国的快一拍的历史发展要求"早熟"的政治与伦理,从而造成了东方智慧的领先状态。

政治公正的根本性作用首先表现在中国普通智慧中的"上梁不正下梁歪"上。东方智慧有别于西方智慧之处是,东方不但知晓大厦基础不牢,一切便无以立足和存在;同时也注意到上梁的规导、示范作用。上行下效绝非官本位、专制体制的专利,任何社会结构中,权力与上层不公,都会导致腐败与堕落。而这种不公与不义,由于政治的普遍与显著作用,会迅速传导到各个领域,造成广泛的跟进与效法,从而迅速地腐化与败坏整个社会。

政治公正首先表现在阶级统治公正与节制上。阶级主导与统治在阶级社会里是必要的恶,是过渡性的手段。因此,就需要对其加以节制与规导,阶级统治公正的首要原则就是实行阶级专政时的人道主义原则。这就要在基本人权、人性与生存乃至生活中的人道平等与尊严上进行保护。阶级公正还要表现在阶级领导与执政方面,在意识形态主导、核心领导权把握、行政管理与其他非政权性质的权力分配与界定上的资格、资历与能力标准上尽量公正。在不涉及政权与国家利益的情况之下,量才录用应是基本原则。在涉及国家性质与政权性质时,德才兼备、又红又专应该是基本原则。换言之,唯才是举,有利于造成广泛的统一战线基础,促成全社会的和谐与繁荣,而且更能凸显统治阶级的全局胸怀与统治气度;同时,德才兼备具有广泛的伦理基础。阶级统治若非公正,造成统治过度,就将直接破坏阶级统治的伦理基础,从根本上动摇统治的合法性,带来社会无序与灾难。

政治公正其次表现在核心利益社会角色体系的系统性界定与分配上

的公平合理。除非某些行政权力与特权许可，政治，通常并不直接介入经济与财富分配，也不直接介入民间文化资源与社会的具体评估，但政治却通过阶级统治、等级制度、经济运作制度、国家财政制度安排，通过金融、货币、就业、增长等一系列政策与手段，决定与规划着社会角色集团的根本活动空间。政治公正甚至不直接调节这些方面的技术细节，而是通过政治力量交互妥协，通过其代言人及其权力框架与人选的变动，来为主要政治合作框架与结构的改变预做铺垫。这其中，广泛参与的公正、平等决策的公正就变得十分重要。

政治公正最后表现在政治干预方面。正像笔者不认可波普尔所谓国家是必要的恶一样，笔者也不认为政治是必要的恶。相反，政治可能是积极的善，也可能是消极与必要的恶，这完全取决于政治如何被使用、掌握在什么样的政治集团手中。像长官意志、官僚主义、命令主义、权威主义都是不公正的政治干预。政企分开、独立经营核算就是要在宏、微观组织运作中，解决这种行政命令式的过度干预。干预过度与干预不足，都会造成政治干预的不公正和干预不当。那么，干预适中是否就是干预公正呢？也不尽然，因为所谓适中的干预，有个效率适中和公平适中问题，若两者均符合，那还要看中长期的适中，即要考虑结构演进与优化问题。因为干预的中长期效果，未必是短期运作所能表现出来的。例如私有化，尤其是大规模私有化的长期透支负担、经济结构失衡和未来效益，同十余年内的短期结果是不相同的。

政治公正不仅是社会长治久安、长期稳定繁荣的根本，而且是社会健康良序、社会幸福和畅的根本前提；否则，动荡不安、混乱不已，甚至冲突与动乱，将导致社会失序与失衡。

2. 经济公正是基础

经济公正是基础。这首先表现在社会角色基本适合生活保证和基本生活品质的提供上。社会存在的前提是社会各界、各业人士的基本生存与生活保障与秩序安排。安居乐业、货畅其流、物尽其用、人尽其能是社会个体与群体存在的基础。经济公正就是要通过就业公正、创业公正，来保证人尽其能;经济公正主要通过交易公正、投资公正、分配公正,来保证物尽其用、货畅其流。非公正的价格不可能是一种激励价格,也不可能是均衡与市场出清价格,否则它们会抑制生产与创造,造成供求失衡。

经济公正是基础又表现为其财富创造与财富形式存在及其结构方面的决定作用。换言之,它决定着社会物质技术基础与手段,决定着社会分工体系及其相应的角色界定。富有当然不绝对地意味着文明、优越、先进,但贫苦与不足却不容易,甚至很难成就全面繁荣与自由发展,并且国民财富的水平与实力直接决定着国家在国际事务中的位置与权力。"弱国无外交"尽管是实力外交的价值推移,但弱国难以引导潮流与传播价值却是难以改变的事实。随着人类文明的演进,国际正义有理由像亚当·斯密在《道德情操论》中纵论对大人物的敬佩和对待贫穷等的美德无关的蔑视一样,提出和发展国际平等与正义伦理,但国家的富足与繁荣,尤其是尽可能公平、平等的富足与繁荣,却是社会文明的目的与基础。经济公正而非市场或资本魔力是繁荣的保证。

经济公正是基础又表现在其既是造成可能的阶级社会存在的基础,又是决定能否向无阶级社会演进的根本。经济公正的前提来源于政治公正。政治制度一旦确立起了阶级存在与演进的社会权力结构,相应的阶级社会中的阶级经济角色就在理论空间上相互被大略确定下来。经济公正就是一方面在无阶级社会中确保全社会性的超越阶级的财富及其转换、占用的公正,而另一方面在阶级社会里确保统治阶级的经济根本利益实现和各阶级经济利益的相对合理。在阶级社会里,掌控阶级剥削的力度与节制,是经济公正中的核心与根本。历朝各代,各种政权和各个文明共同体,若论及其最后的垮台,都是源于不公正的经济剥削与剥削过度,从而激起民愤,引发民暴,造成政治生态分布的颠覆性变化。

经济公正是基础还表现在,从根本上说,政治是经济的集中表现。经济的核心与根本利益体现,需要通过政治表现出来。因此,经济公正在普遍的意义上就为政治公正铺平了道路。当然,经济的相对公正并不必然意味着政治的相应公正。在高度垄断与集权情况下,放松经济与文化管制,牢牢把握和控制政治架构是可能的。这样做的基本前提是核心统治集团的相对狭小；否则，统治充分、广泛的舒适要求是无法实现的，结果各种权力腐败就会逐步改变经济公正局面，以至最后彻底葬送一切公正。

3. 社会公正是形式

社会公正是象征、体现与形式。然而，形式上的公正同样十分重要。社会生活是经济活动以外的人类基本活动层面。社会公正指的是除政治公正与经济公正以外的其他社会活动公正。

具体的诸如居住公正、社区公正、社会团体发展与活动公正。社会公正同经济公正与政治公正很难完全严格区分开来。社区建设同福利、税收、商业、就业、教育等都密切联系在一起。

社会公正的核心是上述的居住公正、社区公正与社团公正。一个始终存在着种族隔离或种族自然分居的社会或国家，并不容易真正做到居住公正与社区公正，社会不能强制性地混合种族和拉平居住成员的社会生活标准与消费档次，但社会居住公正与社区公正却要求或者以充分自治、独立与繁荣的民族文化特色社区与居住而实现空间社会和谐，或者以相对充分融合的形式造成有效和令人满意的混合居住。社团活动公正有三种主要的病症倾向：其一是过度的社会或国家控制；其二是商业运作过多或文化与其他价值性活动的分量太轻；其三是特殊利益集团过度不均衡的自由发展与控制或其影响的过度不对称发展。

4. 法律公正是保证

法律公正的保证作用体现在两个方面：其一，法律公正及其本质是惩治与警戒方面的公正。当然，仲裁与审判公正也是重要的构成部分。这种公正，不是伦理道德公正的最高要求，但却构成了一切公正赖以存在的前提与保证。一个盗匪横行、法纲不度、法纪不明的国家与社会，根本就无公正可言，任何道德与文明的宣扬，都只能是纸上谈兵，都会流于空谈泛论；其二，法律公正以等利等害相交换为出发点，为进一步的包括宽容、原谅、仁慈、以德报怨等美德性（或是基础上的）公正或公正的超越与升华，提供了最为基本的保障和出发点。

5. 伦理公正是灵魂

伦理公正是德行公正、道义公正，是公正的美德。伦理公正是灵魂，主要体现在伦理公正是一切公正的核心价值规范、来源与依据，甚至是公正的源头、元原理与起始根据。伦理公正提供了判据与标尺，提供了源头思想。伦理公正是灵魂还体现在伦理公正构成了公正的最高境界。只有源自自律、自主、自在的公正约束，才是最高与最后的约束，也自然构成了公正的最高境界。伦理公正是灵魂最后体现在只有伦理公正才会构成公正目的本身。其他的种种公正，都是在为实现伦理公正充当条件与手段，都是为确保社会利益协调与和谐的一些具体实现手段，而作为美德存在的伦理意义上的公正，才因成为人类高贵品德中的目的性追求而成为一种根本性的价值取向。

四、公正基本原则及其派生原则

公正是个极为复杂的伦理结构的基石，其因而也可能从若干个角度对其进行把握与透视。这些多视角的透视便会形成系列的公正原则，这些原则从不同的方向与方面体现与界定公正，从而对应不同境遇，借以实现相应的公正要求。

1. 公正第一原则：一律性原则

公正第一原则是一律性原则。这就是一种统一性原则或一致性原则。这种原则着力体现公正的无歧视对待或无差别待遇性：法律公正（诉讼公正、审判公正等）、市场货币公正、公民权利公正、社会道德公正（或公民善德公正）等均是如此。这是一种超越阶级、党派、阶层的公正，是在主权、法律与文化圈里的普遍有效性的公正理念与公正实施。然而在阶级社会中，在现实社会里，阶级统治与社会层级永远是客观存在的。因此，只有在无阶级社会里，阶级伦理的对立才会彻底消灭。在这种情况之下，一律性原则将表现为：首先，对诸如可以超越阶级的那些公德与普遍伦理倾向,要求严格地公平对待每一个伦理行为个体,意即王子犯法,必须与庶民同罪。而像中国古时候的那种刑不上大夫,礼不下庶民就是一种公然的阶级差异对待,完全违背了一律性原则。其次,对体现核心价值利益的根本原则问题,为保证阶级统治、专政、镇压等只适应于阶级反抗,要求对同一阶级层运用一律性原则,而不允许在同阶级圈子里的多种待遇存在。在同一社会中,一般而言,必须公平一律地对待每个成员,但仅有的例外是当其中的某一个体,其特定的资源、才能、知识等对整体利益具有重大战略价值的时候,社会可以根据现实需要给予其以特殊的对待。这就超出了一般性人道、礼仪原则。

2. 公正第二原则:无私性原则

公正第二原则是无私性原则。私心、私欲、私利的介入,总体上均会破坏公正的存在与实现。我们不能同意那种传统的西方公正意识与理论,即认定公正如同法律,是对各自独立的私利的保护与平等交换。这是对公正的歪曲,是公正里的低级的、功利主义意义上的下限界定,但其根本不是公正的本质内涵和最高境界。这样一种伦理意识与理论倾向应当仅仅适用于法律与市场经济最基本的层面,并不适应具有普遍性的伦理要求。无私性原则,首先要求公正驱动力和公正执行决策的无私性。把个人私利、私欲,甚至私人偏好带入公正确立、决策甚至评判上,例如对他人成就、事业、职位的审核与评判,是不可能导致真正公正的。换言之,领导者、决策层、仲裁人的心胸、道德境界,均必须超越一己之利;否则,其与民争利、与人竞胜的结果,只能造成权力滥用、公正失序与失衡。其次要求介入事务、事件等的当事者,尽可能设身处地为他人着想,不断进行换位思考,在善待自己的同时更要善待他人,尽可能跳出自我的狭小圈子,从大局、全局、长远来着眼和把握。

无私性并非要消灭自我性和个人物质利益要求,而是要公平对待自身与他人的一切利益,包括物质利益和各种其他权益,在对策性地舍弃唯我、仅我、独我的狭小天地的前提之下,尽可能达到公平对待乃至不计前嫌。

3. 公正第三原则：公义差异性原则

公正第三原则是公义差异性原则。这是在上述的一律性、无私性基础上，对应于特定的对象而须在道德保护倾向性方面进行进一步的分离与处理。无论是道德还是公正，在很大程度上都是由于对社会伦理个体实际不平等的禀赋及其可能的迅速演化的灾难性后果的道义上的社会理性防范，其要求社会通过一切手段抑强扶弱。恃强凌弱几乎是人类文明中的一个不幸的规律。道德存在的这种意义被尼采看到，但他对此却是嗤之以鼻，表现出其对超人、强人的疯狂地推崇和反人类的思想惯性。然而尼采等却忘记了，若失去了弱势的存在，没有了真正的强势和全社会对弱势的关爱与帮助，高尚、伟大、公正之价值与意义又何在？伟大的艺术风格、高贵的精神创造难道就是为了炫耀人类的智力？或者表现艺术家的才华？或者显示人类可能超越的潜力？

公正差异性原则是指在一定的历史时期、文明或文化境遇与界定之下，在一定的法律规范、社会力量与机制作用之下，所形成的公共意识中的、公义确立下的那些补偿性、帮助性、优先性的差别对待。

对退伍、转业、复员的老兵，对现役军人，对军烈属，对英雄家眷，对老弱病残等，各个社会都普遍地实行优先性特殊照顾。一些较为发达的国家对突出贡献者实行特殊奖励。因此，公义差异性原则并不仅仅体现在对弱势提供更多的社会关爱与帮助上，也表现在对具有重大战略价值与意义的杰出贡献群体的特殊奖励与保障上，但这两方面的照顾都有个适度问题，超过一定程度就会导致新的不公平。

一律性原则主要是要防止和解决统治例外、强势特殊、特权特顾等问题。因此，在面对那些最为普遍、平常的事宜时，一律性原则要求在这些层面上要确立起牢牢的人人平等、不得例外的公平意识与价值趋向。无私性原则是对当事各方对待的要求，旨在消除偏袒自我的狭隘，要求在心灵与判断及其处理上保持忠恕，即"己之所欲，亦施于人"，"己所不欲，勿施于人"。公义差异性原则是要对在此基础上的特殊群体，以非特殊、非世袭、非专制的存在制度和公共价值意识基础上的朝代伦理，对弱势和突出贡献群体给以优先性安排。

五、公正体系：意识、取向与手段（机制）

从认识论到结构论学科角度看，必须先有公正判断，才能进而由个体微观公正判定，到达集体宏观公正判定。在公正意识采取朝代公正伦理或意识形态约束下，社会须构成各种公正道理防范与实现机制，从而完成其制度建构与可持续性的存在，进而形成由思想到制度，由个体到群体，即从微观到宏观的公正体系。这样的一个体系，主要是由公正意识、公正取向和公正手段体系结合在一起的。

微观个体的原发思想公正动力来自于两个层面或对立性的视角：其一是一种自利性的、自我保护性的功利性，甚或贪婪性的要求，其中的功利性的防范是担心遭受攻击或歧视对待、亏欠，甚至虐待等。这就要求一是要受到其普遍性的同等待遇，从而使自己在往来中不吃亏；二是一旦遭受损害与伤害时，要得到必要或同量的补偿。其中的贪婪性的要求会格外体现在对进一步获得的巨大差异性的权力的保护、认可，甚至是必要的鼓励。当社会用企业家代替了富豪，用实业家权势、权威与财富代替了马上英雄与马上封侯时，社会公正意识中的宣导性的价值肯定就会在意识层面上发生作用。其二是一种利他性的大公无私意识，前者是一种自爱，甚至可能导向自私自利的风险防范和利益界定与权力要求，后者是一种天下为公，以集体、他人、公义为出发点与规范准则的意识启动。这种意识在本质上是仁慈、关爱、利他的圣人、英雄的领袖思想品格。这其中也可区分为两方面：一是对公害、公敌、极端私欲的憎恶与憎恨，二是对公义、公德、整体利益的高度关心。

这两种发端刚好对应了人性两极学说，即性恶与性善说，也是东西方的集体主义与个人主义两种原发公正价值体系的基础，同时也是两种元伦理主义，即利他主义与利己主义的个体意识的某种体现。从根本上说，基于第一种意识的起源基础上的公正，只能是法制性的公正，是一种他律性的公正，从而是一种换算克制性或约束性的公正，从而永远达不到伦理自觉的公正；后一种公正却与此相反，是一种从内向外的公正，是一种自觉、自律、自醒的公正，从而不会是一种妥协、均衡，也非一种由于期待回报而需不断进行换算、计较的公正，而是彻底的和可能达到最高境界的公正。

公正意识是公正形成、启动，进而形成公正价值取向，并在制度建构和公正规范约束中发挥作用的基本前提。在足球比赛中，我们知道射门意识十分重要，没有射门意识，无论临门一脚的脚下功夫如何，也不管足球技巧如何娴熟与高超，都是几乎没有多少功效的。公正意识是形成公正判断，从而完成公正舒适空间的确立，并在其中造成稳定而持久的公正价值取向，并在这种稳定性的、系统性的公正思维与心理态势基础上，参与和不断完成公正制度性建构。有了这些公正标尺之后，在面对人生与社会的具体事宜时，公正意识又会积极唤起自我良知，参与现实的公正评估和公正贯彻。这种认识与实践或知行合一的反复，形成稳定的正义善德或正义伦理品格，这就好比各种不同的性格一样，成为人生立事主要的评判与处事依据。

公正意识的反复、动态性地发展与演化会形成上述稳定的公正舒适空间。在这种舒适空间里，公正价值取向逐步形成稳定的自我存在与表现机制，出现了正义美德或公正伦理品格。一个具有高尚的、全面的公正或正义美德的人，其公正价值取向一定是远远超越护己的、防范自我风险的狭小利己的天地的。在这一点上，连哈耶克都能够在概念与思维世界上悟到集体个人主义这样的内涵。极端的种族主义就是这种公正价值取向的一种。在这种集体性公正价值取向里，集团性的、种族性的，或某个特殊群体性的权力与利益，成为至高无上、超越一切的追求与标尺。这就是说，公正价值取向的自然升华会走向利他，而利他主义同样具有层次与正反之分。小集团性的利他主义在本质上是集体利己主义。其在国家政治与国际关系上，有可能发展成种族主义的帝国主义、殖民主义、大国沙文主义。换言之，即便阶级统治集团中的人物，也会有人格高尚与低下的不同代表人物。

公正价值取向是一种包括了立场、情感在内的深层的公正观念倾向。其背后是自觉或不自觉的人生乃至社会哲学派别与体验归结。立场是阶级从属、社会地位、代表角色择定与职业习性等的综合反映。立场中同样包含着民族、国家与文化的东西。爱国主义在严格的不走向上述殖民主义、帝国主义与大国沙文主义的情况下，必定把国家利益放在国际往来公正的首位。然而当涉及国家非正义性战争与国际掠夺时，或进一步当涉及地球与宇宙伦理时，则所谓"天民"或世界公民立场，人类价值与立场就应该取代国家利益至上的立场。而就情感而言，博爱与差爱是要加以平衡的，过度的博爱对家庭其他成员同样也是不公平的，除非在民主氛围下或伦理深层中形成家庭全体意识。这种纯粹大公无私的公正，常常会造成主要行为者对亲人之深深的愧疚与良心谴责，尤当因同自身全身心地投入到社会工作与事务中，而无心顾及自家，导致生活伴侣与主要家庭成员之人生悲剧时，这种忏悔与自责就会更甚。

在公正价值研讨中，已经涉及个体行为的公正实现手段与机制，这就是在人们内心深处的公正舒适定向与正义美德。这两种机制共同作用，界定出个体之日常的和重大的公正实证分析、公正价值判断和公正行为调整。除了个体伦理品格上的这种公正实现手段之外，社会还须建立一系列的公正实现机制，才能完成和保证社会公正。首先，社会公正公德相当于个体的正义美德与公正舒适空间，其界定了公共性的公正核心价值追求与规范；其次，社会通过将正义公德及一切公正原则渗透到全部已有的社会运作机制与机构之中，例如，市场交易公正（价格公平、雇佣公正、消费者权力等）、法律公正、政治公正等，全面构造了一个公正实现与保障的完整社会体系；再次，社会根据公正的矫正力度要求，新增设与加注特殊的、专门性的法规，借以强化和引导社会公正向合宜的方向发展，例如，美国为保护少数民族利益而专门制定的正义行动计划就是如此。

此外，社会运动，尤其是革命性变革，通常是实现公正跨越式发展的根本性途径。历史上的文艺复兴、宗教改革、启蒙运动，现代史上的美国民权运动、女权运动都是这方面的典型例证。中国历来的天下大乱达到天下大治，马克思、恩格斯认为的新的暴力革命是新质文明的助产婆，在公正实现机制上都具有这层含义。政治革命、思想革命、经济革命经常会发生某种联动。伦理革命通常最慢，但无论出现伦理革命与否，伦理朝代与伦理意识变动,都会带来时代公正性的变化甚至进步。

六、从邪恶与不义反观公正

中国古智慧强调,礼义廉耻,国之四维。礼者,表面看来,是指礼貌互尊,礼尚往来,实质上是指秩序,尤其是尊卑长幼秩序,也即等级上下、尊贵卑贱的秩序伦纲。当然,当废除阶级与社会等级制时,礼还可以还原成礼节、礼邦之道。义者,指公道、公理、公正、公平、良知,其为正义、正直,进而引出无私与合情合理、不偏袒、非强霸、广泛性平等。廉者,指廉洁奉公,两袖清风,不贪赃枉法,无收受贿烙,不贪图不义之财。耻者,指明鉴下作、无赖、阴谋之勾当,光明坦荡,绝不苟且,干些偷鸡摸狗之勾当。孟子强调仁义礼智,但在王道与浩然正气中它们却得到统合。其实,仁义本难分割,合于一起,才能构成一切源端与基础。这或许是陆王心学的一种基本思维定势。只要致良知,万事皆通。这无疑是有道理的,但却不无偏激。心、思、灵、智、情与行及其制度,交互作用,动态变化,人性内在矛盾形成全面交互作用,能对此举一反三、一通百通者,堪为凤毛麟角。

当混乱与无序统治社会时,人们期许正常秩序的恢复。人们更渴望与追求平安无事、安居乐业,更希望建功立业、繁荣昌盛,从而在发展与享受丰富的体验、创造之中,成就业绩与人生辉煌。然而,社会进入一个稳定态势后,和平的财富创造与生活丰富多彩及其享受,又迅速地带来种种社会不公,出现人心不古,呈现世风日下。

中国从三皇五帝时期以来的德明、理倡,到春秋战国时期的狼烟四起,春秋五霸更迭,大小国连年征战,尸横遍野,民不聊生,更有秦王朝而后的兴勃亡忽的黄宗羲定律的反复验证。西方则不但有王朝更替,战乱与征伐不断,而且几乎没有一种古文明得以延续与传承,在一路混乱与兴衰起伏中走来,更是充满了王朝、教权争斗,骨肉相残的悲哀。

难道是历史衰退论主导?是人性的永恒堕落?是邪恶与不义为大?抑或是柏拉图的相论(理念论)永恒?看看柏拉图与亚里士多德是如何利用自然现象类比和柏拉图的相之完美理论来解释这种现象与过程的:

第七章 公正论

先从善、恶的概念说起。《理想国》中,"善"曾被解释为"能保存有助益的一切事物",而"恶"则被解释为"能毁灭或能破坏的一切事物"。在柏拉图看来,完美的形式或理念先于那些摹本、那些可感知的事物,而且它们是一些如同变动世界中的所有变化的始祖或是起点一样的东西。至此,我们已经看到了后来黑格尔绝对精神的主要思想起源,但从此而后,柏拉图之思维轨迹就同黑格尔的大相径庭了。前者走上了历史衰败论之途,后者驶上了历史辩证上升运动之轨。

波普尔将此一般化为:"假如所有的变化的起点是完美的和善的,那么变化只能是导向远离美与善的一种运动;它必定趋于不完美与恶,趋于衰败。"①

事物总是在变化中的,从完美出发,每一步都使其远离完美,因为无论变化多么微小,都具有降低其原来的相或形式的近似性。"从这一点上看,随着每一步变化,该事物变得越容易变化,且愈益腐坏",因为它变得距离亚里士多德所说的,作为其"固定不变和处于静止的原因"的形式愈发遥远。②

柏拉图在其《法律篇》中,作了更详尽的描述,"所有含有灵魂的事物都在变化","……而它们变化之时,它们都受天命的秩序与规律的支配。其特征的变化越小,它们在等级层次上开始时的下降就越不显著。但是当变化增大时,邪恶也在增加,那么它们就坠入了深渊,进入了人们所说的阴曹地府当中"。③

波普尔马上提到,柏拉图提出了另外一种通过与美德相连而得到自我拯救的途径。这当然可以打破这种下沉衰败规律,但问题自然是其社会普遍性到底有多大。

事实上,柏拉图的社会衰败论,甚至被他自己进一步推广到了人类与物种起源。在《蒂迈欧篇》,柏拉图表明,男人作为动物界中的最高等级,

---

① 波普尔:《开放社会及其敌人》,第四章《变化与静止》(http://www.shuku.net:8080/novels/zatan/kebpezpj/kfshjqdr/kfshoo.html),第1页。
② 同上书,第2页。
③ 转引自同上书,第2页。

是由诸神创造出来的;其余物种是通过一种衰败和退化过程从他生发而来的;某些种类的男人——懦夫与恶棍——退化而成妇女。那些缺乏智慧的人进一步退化成低等动物。鸟类是从过分相信其感观的无害又过分懒散随便的人们转变而来的;"陆地动物是由对哲学不感兴趣的男人变来的",而各种鱼类,包括有壳的水生动物,是从所有男人当中"最愚蠢、最迟钝和……最微不足道的人退化而成的"。①

剔除柏拉图这些显见的主观臆断与极端化的理论褊狭,我们可以看到黄宗羲定律的更普遍性的展示与归纳。东方智慧对此不但有完全不同的发展观、演化观、动力观,而且有完全不同的解决手段与态度。老庄哲学与孔孟之道,或游方之外与游方之内,墨、法、杂甚至阴阳、小说各系各派,甚至兵家、经学,均不同于西方的这种一元性、绝对性、唯一完美性的思维定向。

但对衰败与腐败的关注与治理,却是普遍的事实和重大的人生与社会挑战。首先,自然生命或衰败腐朽,同社会兴盛衰败有内在的必然联系,并非所有的人为延长与逆性变革都是伦理向善性的,反动统治越是被延长,其对社会变革与进步的阻碍就越大。

至于邪恶与不义,则是一种伦理上极力复杂、难以把握的现象。辨证性思维范式与定式早已告诉我们正反永远相对应而生。因此,社会不可能彻底消除邪恶与不义。从人们之共同利益考虑,哪怕从最基本的防范风险与为不幸预作铺垫,人类亦应当远离邪恶与不义。人们普遍憎恨邪恶与不义,缘何又无法清除之呢? 原来,邪恶与不义同正义永远不是那种一分为二、泾渭分明的。阶级与社会利益会在立场上制约着人们的公正与不义的界定,认识与心境会在认识层级上影响人们对此进行客观公正的把握。

在任何一种社会秩序规范界定下,演绎带来的不同结果都会迅速使社会分化,商业文明或世俗化追求情形下就尤其如此。古代社会在由无

---

① 波普尔:《开放社会及其敌人》,第四章《变化与静止》(http://www.shuku.net:8080/novels/zatan/kebpezpj/kfshjqdr/kfshoo.html),第2—3页。

剩余到有限剩余的情况下,便至此开始采取了严格的制度与伦理宗教等级的社会秩序结构,从而形成了牢固的金字塔形的二元社会结构及其统治基础。结果,邪恶与不义被荣誉、强权、天经地义掩盖。当真相败露,社会便以起义、暴动、造反、革命的形式重新洗牌与排序,但由于相对有限的剩余物质、技术等方面的制约,社会秩序进步的根本瓶颈已经造成,结果,统治衰败的轮回一再发生。现代社会由于科技、资产与城市群体的特殊组合,出现了剩余创造的飞越,其本质上来源于社会广泛而深化的分工结构与系统运作,从而造成了人类创造力及其饲服系统的几无节制的使用,带来了物质上的高度繁荣。与此同时,统治集团财富的保存、享用、增值,发生了根本性的变化,结果中产阶级的基本物质丰裕及其保障有了可能。这种巨大的社会变革所带来的结果有两个:一是造成了人类历史无法出现的相对广泛性的物质丰裕公正;二是引发了普遍性的物质至上、实用主义价值倾向。这无疑在进步之中已经埋下了衰败堕落的种子。

然而我们同柏拉图和赫西奥德的悲观的发展规律,即历史衰败论不同,我们不认为历史必定且只能堕落,其中我们对邪恶与不义的作用又有新的把握视角。从历史辨证角度看,大恶与洪水猛兽往往不是坏事;否则,正义与光明既不显著,也无法唤醒沉睡中的人们。只要那些最卑鄙、残忍、邪恶的东西得到较为充分的暴露,温文尔雅、脉脉温情的善良的人们才会大梦初醒,才会意识到自身的命运与险恶,并且义无反顾地投身到除暴安良、伸张正义的洪流之中。德、意、日法西斯的残暴和"9·11"袭击都曾经造成了上述这种人情舆论与民心所向的逆转,但布什班底并不懂得上述两者的区别,更不知晓美国在两次世界大战期间的历史使命与国际角色,同今日其在世界格局中的战略利益与角色已经完全不同。

七、公正类型及其各自与相互界定

公正的复杂性导致可以从多个角度对其进行分类并加以把握。首先,从简单与复杂角度看,可分为简单公正与复合公正;从公正的作用与完全性看,可分为基本公正、根本公正和完全公正;从公正过程角度看,可分为过程或形式公正、结果公正和机会公正。公正全方位的把握应当是：公正与正义在英文中基本上是一样的，就是 fair、just、impartial、equitable、fair-minded。简单公正显然是指对应于上述的某一种情绪、某一类事件、某一种判断的公正。例如，价格公平、交易公正、就业公正、录用公正（或岗位与职业公正）、学术公正等，但有些时候像上述的某一类公正本身又同时是复合公正，像学术公正，往往会涉及学术研究与发表的自由与公正、学术评定与晋升的公正，前者通常涉及学术与政治、学术与社会影响、学术与文化活动之间的公正把握，后者通常涉及学术界自身的评判与处理的公正。

1. 简单公正

简单公正，一般说来具有公正的单方面性、单一性，通常相对易于达成共识，较容易加以把握和实行。并且，社会公正进步的历史通常是通过一个具体的简单公正向前推进的。由于公正的实现与进步同任何社会进步一样，总是需要相应的社会资源的配置跟进，而资源相对稀缺性同利益冲突总是放大资源稀缺性。通常实现简单公正的资源配置预算较易把握，从而就容易获得先行通过。

简单公正又具有明确的弱点和缺点。由于其单一性、特殊性，简单公正的实行就可能造成公正片面性或者公正过度。例如，福利制度设计中，对少女妈妈的家长式的支持，非但无法造成婴孩的社会公正待遇，反到客观上鼓励了少女性放纵乃至性解放，并同时给少女妈妈这一小群体自身的发展带来不利。又如犯人公正与人道，导致了西方社会的普遍的死刑废除。结果，给罪大恶极的公敌以庇护，给社会大众造成了越来越多的困扰与麻烦。同样，像美国对罪犯的过度公正，导致了美国监狱人满为患、良好供养罪犯的本末倒置现象，从而从根本上践踏了公正原则。

2. 复合公正

复合公正指的是多方面、多角度、多重公正迭加在一起的一种公正。事实上，社会的种种公正很少不是复合公正型的。像就业公正就既涉及产权—所有公正,又涉及雇用公正,还涉及国家干预公正以及产业、行业竞争公正与国际贸易公正。一个国家若处在较柔弱的国际生产的竞争地位,其在价值链创造中就会居于在国际市场上打零工的地位,其就业就可能受到国际市场与贸易的冲击,这种复合公正,通常会涉及国际竞争、国际谈判、国家对外经贸战略、国家产业结构调整、国家就业政策与法规等一系列问题。

土地伦理与环境公正就是一个典型的复合公正问题。其既涉及社会伦理,包括对无生命与动植物伦理的人类道德推广,又包括增长与发展的一般性社会公正,甚至同社会生存权相连,使得问题本身,从社会各阶层到国家政策,从国家利益到人类利益,变成了一个极其错综复杂的社会伦理问题。

复合公正问题就要求由复合性的公正机制与公正原理加以解决,而通常的将复合公正问题,通过简单分解,化成一些或一系列简单操作的一般性公正问题的做法,其结果就会不尽如人意,甚至可能会适得其反。前者如对种族歧视问题,通过种族隔离、一般性民权运动、正义行动计划等均被证明是一种用简单公正方式来解决复合公正之问题,结果只能是些表象与皮毛性的解决。后者如反恐问题,因为伊斯兰和阿拉伯世界的恐怖主义是一种带有宗教、种族、文化等多重问题的政治恐怖主义,不是那种简单的财富掠夺和恣意妄为的扰乱社会、对抗与反人类的无赖式恐怖活动。因此,单纯的反恐战争通常并能不解决问题。美军与美国政府战略班底需要好好学习毛泽东著作,尤其对其的"长征是宣传队、播种机",对中国军队身兼战斗队、工作队的双重乃至多重责任的观点要有深刻领悟,同时,在最高层次要明白中国战略学中的不战而胜、正义之师、知己知彼的深髓,否则,美军只能是瞎子摸象,永远得不到要领,最后会出现越南和朝鲜战场上同样的结果。

过程或形式公正指的是对社会过程进行规划及其方式的公正界定。市场经济就是一种典型的过程和形式公正。言论自由、结社自由、创业自由等都是过程公正,即对进行过程和形式规则采取公正公平方式。

过程公平和形式规则公平无疑具有相当的进步意义与历史作用。当一切形式的特权、专权、世袭权以天然等级,造成了社会隔绝与封闭,形成了天然统治与富有,同天然被统治与贫穷发生直接的对立时,过程与形式公平在实质上就会自动打破这种天然身份垄断与等级结构。然而,人们很快就会发现过程与形式公正并没有保证和带来期望的结果公正。社会严重的两极分化只是以另外的形式出现和加以表现。

无论是从伦理目的,还是社会安全角度看,结果公正无论如何是根本性的和实质性的,是值得追求的和具有重大价值的,然而,直接的、绝对平均主义式的结果公正,带来了新形式的官僚特权阶级阶层,同时,也造成了僵化、懒惰与社会发展问题。结果,人们把伦理目光又投向了机会公正。人们由于能力、意愿、意志、偏好、努力等方面的不同,不再追求结果公正,而只是要求获得与完成的机会公正。只要享有公正地获得机会的可能,其他的就是可以接受的。

八、公正价值的历史演进

公正不是一种可以静态观察和具有永恒性质的。毋宁说公正始终是一种历史的动态演进的结果与反映。公正价值的历史演进同主要的历史发展形态是一致的。在《超现代经济学》中,笔者已经提出和界定了新的经济发展阶段与形态。其为原始共享赠予经济、强势经济、交换经济和赠予共享经济。对应于这种经济—政治阶段形态,即社会历史的发展阶段,产生了公正价值的历史演进:全面公正价值、统治烈度公正价值、产权与交易公正价值和自由发展公正价值。

对应于最初的氏族部落乃至部落联盟的是一种绝对的公有制:共同生产、共同拥有、平均分配。社会的完整性在当时的情况下具有社会存在之生命线性的重大战略价值。在当今世界上一个个体若不满意自己所处的社会与小世界,可以更换各种东西,甚至可以移民,但在当时的交通、通信条件下,这几乎是不可能的。而在任何一种需共同对付大型野兽的情况之下,每个个体的存在及其力量投入,都会使获胜的可能性增大。在这种情况下,个体是集体不可分割的有机组成部分。于是,公正价值就会实现全面公正,即在领导或领袖选择、管理与组织岗位、分工协作及其最终成果获得上,实行全面公正。结果,是那些最有能力的、众望所归的人被公推到各种关键性位置之上。而处于指挥与管理层级的人,非但不以此来获取超过他人之个人所得,反倒会比普通民众贡献得更多。战利品及使用工具,则通常归主要角色拥有。这或许是由于工具与个人技能和能力原本就是连在一起的,或许是由于人们情感上的缘故,希望这些人拥有他们得心应手的工具,以便能更荣耀地为公众服务。

全面公正并不等于没有惩罚与戒规。由于迷信等原始信仰与传统习俗,一些特异病残者或许干脆就被剥夺了生命权,这无疑是带有动物性残余的东西,其中的理性同优生优育相去甚远。全面公正显然非但没有影响社会的发明与创造,反而产生了包括文学、绘画、雕塑、陶器、石具、建筑等的一切人类文明的萌芽。全面公正也没有影响所谓的工具体系的发展和另外意义上的资本积累,只有死后的随葬或许打断了工具的传递,但财富与工具的随葬在私有强权经济上更是令人不可思议。

到了强势与强权社会,意即社会轴心价值建立在战场法则、弱肉强食的丛林法则基础上,结果是被统治群体,尤其是处在最下层的奴隶与农奴阶层,基本上被充当会说话的工具与牲畜,他们已经完全失去了人的资格,根本没有最起码的尊严,更谈不上人道主义待遇。作为主人的财产与实现任何目的之手段,他们的生命本身,都是操纵在主人及其家族的手里的。许多古代文明里的女奴不但要劳作,而且以为主人生儿育女为荣,就是到了近代中世纪的欧洲,庄园与采邑的农家女,也是要把初夜奉献给主人方能出嫁的。

在这样一种统治秩序之下,社会公正已经根本演化成强权公理。在此条件下,可能的社会公正价值就会仅仅在统治烈度适度的这样一种公正下出现。统治阶级方面的优秀人物,会在长治久安与急剧衰败的两种权衡中,选择非暴力统治;而那些暴君恶魔,则会醉生梦死,急功近利,杀鸡取卵,以致激起民变,导致造反,被从统治位置上打翻在地。

东方古代社会的长期繁荣和西方古代社会的长期落后与文明不断解体、"失传",基本上就是由于这种统治烈度公正性造成的。古欧洲包括六一汉、什一税，包括教权、君权、地权同时并存的情况，剥削与统治烈度是可想而知的。六一汉水平意味着 1/6 的所得归己所有，其余的全部被拿走。这就难怪黑暗的中世纪会长期停滞。因为人们只能在严格的听天由命的宗教麻木中苟延残喘。而近代资本主义崛起早先之所以成就了荷兰这个风车之都，主要是由于这片欧洲的低地在历史上被统治者遗忘。大量的自发移民形成了一种新兴低度统治与剥削的社会建构，人们在其中进行自由的开发与创造，从而社会发展充满了活力。美国早期也是基本如此。美国比荷兰更加幸运，无非是得益于其无限广阔的土地与资源供给。严格说来，这当然是战争与征服得来的。美国这些欧洲殖民者的后代们何日能在此基础上反省其对印第安人的不公，何时能开始对西方文明之根本性、结构性上的缺失有真正的了解，其才可能真正了解与认识整个世界。

统治烈度公正基本上是一种强盗公正、霸权功利公正，不会是一种和平与美好公正。因为其在本质上是对统治利益的核算及权衡利弊。至于被统治阶级的反抗，则很难从根本上改变统治路径。因此，自阶级社会以来，几乎始终存在着官方与民间的二元公正评判系统。有时调和得相对缓和一些，则两者的冲突会减弱些；反之，则两者会剧烈对立，甚至公开冲突。

进入市场和交换经济主导的近现代工商社会，则产权与交易公正成了公正的基本轴心。在这种公正伦理系统之下，形式化和程序化规则游戏公正，全面的价格、服务、交易公正及其相应的公民权利公正、法律诉讼公正等，成了公正的主要内容。

经济公正、商业运作公正、产业发展公正、社会福利公正、就业与教育公正、大众娱乐与文化公正、选举公正、知情公正等，被不断提到议事日程，被逐步系统化，并被配套建立起来。在这样的公正氛围下，相对于强势统治，有两点相对重要的公正变化：其一是由于中产阶级的崛起与出现所造成的相对广泛的物质充裕以及机会公正，给了现代社会以较大的社会冲突的自动缓解，但这种公正之物质技术基础却绝非仅仅来自于发达国家自身的发展，其也包含了伪装的国际剥削。这就又引出了国际公正问题。其二是对弱势群体的相对优先的照顾性公正。其中不但体现了一贯的人道主义精神原则，而且为其创造了较好的社会伦理发展环境，同样，这些方面巨大的财政开支，也包含着伪装的国际剥削的再转移，即通过中产阶级的税收的再转移。

近现代工商社会在高度的物质技术与科学手段基础上，在广泛的教育文化水准之上，在大规模的城市化下，一方面，推进了相对广泛性的公正；另一方面，只要是资本主义市场经济体系，其本质公正依旧是资本公正，资本公正是一种隐形的强力公正，其通过形式自愿与选择而表现出来，一切都在自由选择空间下完成。在资本公正主导的大格局下，不可能存在实质上的自由与公正劳动，但在强有力的国家干预和国际剥削下，发达国家可以达到相对的和谐。然而，当发达国家国际竞争力开始进入迅猛降低时期，则中产阶级的优越与广泛的福利国家会发生实质性的改变。20世纪90年代以来西方世界的新一轮新自由主义游戏已经将此演化得有声有色。在巨大无比的信用经济支撑的泡沫经济中，一场远比1929—1933年大危机要深刻得多的经济大恐慌正在积蓄能量，等待爆发的时空契机。

产出公正已经向所有资产证券化的全流动性公正方面转变。人民资本主义已经远远超出了小额股票的持有，而是一切动产与不动产的基金式、资产支撑式、机构式的证券交易之形式公正。这种公正，由于买卖资格的放松与广泛的金融代理与劝说，已经变成充分的机会公正。与此同时，大规模的消费信贷又把耐用品系列与人们的几乎全部值钱资产统统纳入到高度流动性的资产交易网络之中。短期的账面回报或许出现，被低息贷款借贷支撑的消费活动与资产积蓄在进行着，厂家与消费群体各得其所。然而，风险的承担却日益从商家与金融机构转移到消费者身上，整个社会处于巨大的金融与经济风险之中。这种风险承担的巧妙转移是资本公正的又一巧妙升级，是其从商业资本转变为工业资本，从工业资本转变为金融资本，又从金融资本转变为信用资本的伦理跨越，至此，从实物走向彻底的虚拟，资本已经将所有的社会资源全部统合与捆绑到资本战车之上。

当进入未来的高级赠予共享经济社会时,自由发展公正将会成为公正的主旋律。在自由联合体和大同与准大同世界里,在高度发达的科技与社会伦理条件下,一切可以造成人际间之统治与剥削间的异化力量基本消除,人人成了真正的社会主人与自身的主人,从而公正不再是一种主要体现风险防范和局部机会的东西,而是人心之本身意义上的真我、本我的自由发展。创造性、自主性、成就感、荣誉感等成为人们展现与追求的核心。一切基于身份、地位、等级的人为层级拐杖被彻底铲除。

各尽所能,按需分配(实际上是自取),劳动成了第一需要,并且创造成了劳动的主要内容。社会分工当然不可能完全消失,但人们奴隶般地服从旧的社会分工被消灭。为了谋生而委身于资本的雇佣劳动被消灭,为自己、他人与全社会的主人式的创造性的劳动,成为生命的本源。人们在尽现自我的游戏般的陶醉与忘我的境界下完成劳动与创造。

制度与组织文化难以用现有的架构来推测和想象,但丰富的创造与广泛的多样性竞争可能会出现,类似于法律规范的严格的公德与习俗是会存在的,但绝不采取国家强制执行的手段,而是绝对的自主遵守。不准备接受与不喜欢的人士会自动选择其他适于自己的方式,社会与世界呈现高度开放与活跃的形式。

九、利己主义与利他主义公正观之比较

公正和正义具有普遍性。利己主义甚至自私自利并非没有公正,而是也需要公正,并且会选择相应的公正。利他主义的公正无疑不同于利己主义的公正。

利己主义是一种自我为中心、标尺的思想意识。利己主义的公正观是建立在自我保护、防卫、利益获取之权衡利弊基础上的一种往来标准。利己主义的本质功利性要求,导致了等利(等害)交换的自然要求。利己主义也可能在特定情况下要放弃等害交换,例如,在自我复仇、惩罚要求所需要的巨大时间、精力与心灵成本的压力之下,选择原谅与遗忘。利己主义会将复仇、嫉妒、贪婪视作人类的天性。当其在进行自我利益与获取

核算时,当出现更利于自我的价值判断时,利己主义公正并非时时处处要求等害或等利交换。又比如,利己主义在进行慈善活动时就可能以吃小亏占大便宜的心态来捞取声名与其他利得。

在利己主义基础上的公正观在本质上有悖于公正伦理。因为,其所有的出发点与归宿是自我中心。其公正就不可能不打上自我偏爱与偏袒的烙印。因此,利己主义的最高公正,只能做到自我保护的等利(等害)交换。而一切例外的,则都是更有利于自我的交换。尽管在具体的时空上的活动有可能以赠予或其他形式出现,赠予的骨子里是社会施恩。而后者则是在心里与其他方面获得更大的满足。

利他主义的公正必定包含谦让与为他的公正。这种公正在本质上带有大公无私的核心价值取向,一切以公众与他人之幸福为着眼点,自我利益相对不免会受损。这种公正是包含奉献、自我牺牲、舍己为人的公正。那么,这种公正有否自虐、缺乏自爱、给自己与亲人带来不公平,从而,从另一角度造成不公甚至不幸呢?

这是极为复杂的伦理问题,难以得出令人满意的答案。在目前情况下,只能做出下述的较为实际的规范性把握:假定利他主义者之生活伴侣与整个家人及其家庭氛围,都是由利他主义伦理主导的,那么,利他主义公正就基本不算对自家不公正,因为亲人的核心价值取向是一致的。在这种高尚的价值取向下,幸福与美满是充分性的。同时,假定利他主义者的亲人都具有相当的能力,即高于平均人之水平,并且具有普遍的利他主义伦理倾向,则利他主义公正就会更加放大和提升公正效益。反之,假如利他主义者的亲人是利己主义者和能力较弱的群体,则利他主义者的公正就应相对调整,以免引致巨大的家庭冲突与个人悲剧,从而也是减少社会不必要负担的一种手段。

婚姻中的志同道合,主要是指这种人生与道德境界上的认同。因此,选择相同价值倾向的伴侣十分重要。就连基督教徒通常也需要寻找同样的生活伴侣。

利己主义的公正观建立在等价(等害)交换的基础上,价值规范基础是保己为我、风险与灾难防范,是功利个体核算,是个人幸福至上;利他主义公正观是普遍合宜,公德正当,公利他福优先,类(人类)福至上。但利他主义公正又同仁慈不同,其强调普遍性的责、权、利挂钩,其要求必要的、普遍性的义务与贡献。其不主张单纯的输血与无偿捐赠。其强调互助互利、互爱互敬。因此,同慈善相比,要求相互性和任意方的相应责任性,因此利他主义工作同样排除懒惰、投机与任何的坐享其成。

显而易见,利己主义公正不可能超出形式公正,利己主义公正永远达不到实质公正,因其出发点是保护自我私利与己有;利他主义尽管强调普遍的贡献与责任,但并不要求对等,更不要求事后补偿的对等,因此有可能追求实质公正。

十、公正境界与作用空间

如前所述,公正价值是随社会历史的发展而不断演进的,在同一社会文明历史阶段,不同伦理个体的公正境界也不尽相同。由于公正境界的不同,其作用范围空间也会不同。

一般说来,公正境界有下述三大层面:第一层,也是最低一级的公正,是抑强扶弱公正。其本质在于打击邪恶、不义,纠正恶性不公,矫正社会不义,给弱势群体以平衡和可回旋的余地;第二层是进一步的普遍公平,即不但解决显著不公,而且顾及普遍性的机会与收益,或普遍性的权利与义务、收益与贡献的广泛公平,从而造成广泛的信任与和谐基础;第三层是大公无私的公正,是最高境界与层级的公平。社会与伦理个体均以公德公义为准则,舍弃完全的自我视角,从集体与全局及其未来着眼,在最宏大视野与格局下建立与寻找公正平衡。

第一层与第二层公正境界是利己主义公正观可以接受和达到的,其可以在私有制和任何阶级社会得到承认和被加以实现。当然,第二层境界在不同的阶级社会里的实现程度是不同的。私有制条件下,整个社会的伦理架构自然是私有意识。马克思早已深刻揭示了全部的经济关系,甚至于单纯的产权,即人与物的关系。人对物质与资源的权力,表面上看是人与物的关系,实质上是人与人的关系。一些数量派的经济学者对此大惑不解，一些缺乏哲学修养与思辨能力的人，只能在数据与数学公式中寻找自我的理性安慰。其实，这种人与物的关系之本质体现的是人与人的关系是如此显而易见，只要换个角度思考，就可以把握。比如说，我拥有一栋住宅与两辆汽车，还可能拥有其他的家用电器、家具、金融资产。这些财产显然是指我对这些物资的所有权、交易权或转让权、享有权。那么，这些权利的界定实质是什么呢？无非是一种排他性的我有、我用、我支配。这就是说，权力的核心是一种排他性的界定，从而是我与他人的关系的归属界定。财产本身通常既不会反抗，也不会挣脱。财产的界定就在于拥有者同他人交往过程中的归属把握。

而在私有制经济下，不仅财产，而且自身的存在，即劳动力也都私有化了。从而在私有意识上，形成了普遍性的排他性的利己主义要求，试想，在一种利他氛围与控制之下，有私有存在的必要吗？在利他主义的赠与共享的家庭中，私有制不是荒唐可笑吗？利己主义的私有进一步要求抑强扶弱是被迫的和形式主义的。卢梭对此具有超常的反叛认识。他认为私有是一诈，一诈生二诈，即法律。也就是富人的利己主义的公正要求则是对已有的进行必要的社会保护，否则，其就会日日夜夜生活在恐怖与不安中，不但会出现有随时遭受攻击、失去财产的担忧，甚至会有失去生命的恐惧，但与此同时，利己主义的私有公正，只要法律与强制可能，其要求强势扩散扩张的形式公正与社会良心认可，甚至对其加以美化。而这种微观的无限扩张的形式化公正，每每会受到理性的宏观利益的制约。因此才会有最高统治着的统治烈度公正，出现以汉谟拉比法典为代表的统治公正的矫正。

抑强扶弱、除暴安良是所有社会群体的基本公正要求，私有经济下的利己主义公正观，通常要求后者，但对前者有保留与矛盾性的一面。其权衡利弊时，只有在影响社会稳定、造成社会动荡和危害长期利益时，才会被迫接受一定的抑强扶弱。私有经济的利己主义公正观，在这些条件满足下，会最大限度地要求市场强势扩张并将此提升到全社会福利的基础，共和党的所谓向下渗透哲学，就是这种公正伦理基础，即富人积累财富，开业办厂，解决穷人的就业与生计问题。然而。这除了公正的小业主之情形外,多数情况都是一种倒置逻辑。

因此,社会进步理性要求普遍公平。这从消费支撑经济的角度符合资本扩张要求,因此成为发达国家普遍性的公正理念。如前所述,这种普遍公正理念是以国际剥削为背景的,没有这一点,自动扩张是不可能通过高消费信用完成的。换言之,发达国家的"资本让利"是建立在巨大的国际价值占有基础之上的。

只有在充分的公有经济条件下、在充分发达的公有意识基础上,才能发展出稳定、持久的大公无私的公正境界。在社会主义建设时期,当然可能形成构建新型社会主义道德及其社会主义新人的可能。这种政治、经济、文化与道德互动共推的可能性是存在的,但不能超越历史,过度夸大和任意拔高。在这个历史阶段,必须保留相当的私欲和允许并鼓励相当的私有经济,这是社会解决高度发达与就业等问题的必要的公正补充与修正。然而,核心伦理、公正价值却并没有必要张扬利己主义公正观。公正伦理的适宜跨越性发展不但是可能的,而且是必要的。这就是社会主义公正伦理时期主旋律与和弦曲的辩证法。

十一、公正:社会良知与公德界照之基石

社会是多重复合体的集合。社会是由万千品性、操守各异、利益目的不同的各种集团与团体构成的。从人性到群体,从集团到机构,从认知到制度,充满了多样化,充满了冲突、对立与矛盾。社会从来就没有,而且永远也不可能全由君子圣贤组成。过度的德治与伦纲期许是不现实的,或者就是虚伪的、压抑性的。在种种崇高、伟大、神圣的对立面,存在着卑鄙、渺小与世俗,更存在着无穷无尽的角斗与博弈。如前所述,只有在正常与和平的环境下,随着人们对特异困苦与境遇的忘却,恃强凌弱很快就会在表面公正下成为文明发展的铁律。为了达到与维护长治久安,社会就必须把公正作为社会良知与公德界照的基石。

法律基石、市场和经济基石都是必要的。正义之神与无形之手还需通过宗教与文化公正来广泛传扬。但公正之本却在于社会良知与公德

界照。

　　社会良知是广泛性的社会良心,是群体、良心的集合与反映。个体良心与良知只能在小范围与近距离社会关系中发生作用。社会良知是整体性的善良、美德、意识的体现。

　　社会良知是社会伦理舒适空间的主要界面与活动控制机制。公正的社会良知会在社会上发挥巨大的作用:首先,社会良知公正会时处处警觉、发现和纠正社会不公与不义,成为社会具体行为者自行约束、自动纠偏的自律机制;其次,社会良知充当社会公正的警报器,面对黑暗、腐败、堕落,其会在行为者内心深处、在社会有良知的正直人群中,掀起伦理风暴,造成伦理呼吁,形成社会呼唤,从而唤起人们的心灵意识,唤起广泛的社会关注与同情,引起社会相应的调整和必要的正义行动;再次,社会良知又会对朝代伦理产生直接影响,从而对国家意识形态公正、秩序公正与制度公正产生影响;最后,社会良知构成了包括学者、百姓、决策层的公正观念的知识来源,并充当了意识与逻辑公正检验的基本标准。

　　人们大多希望社会充满关爱、互助与仁慈,但人们只能期许并不能要求它们存在。然而人们不但可以期许,而且应当要求社会良知公正。一个社会若丧尽天良,不知公正界定,则社会离崩溃乃至毁灭也就为时不远了。

　　公正在社会公德界照中,同样充当着至关重要的角色。如果说社会良知是社会伦理的内在理念,社会公德界照就是现实地运行着的社会公德与真实公共道德的体现。人们不但要求与期许公正在社会良知中存在,更要求其在公德界照中充分体现。

第八章

微观伦理基础

伦理可从微观、中观与宏观三个层次和视角进行把握。微观伦理就是伦理行为个体之伦理。其是对行为个体之价值取向、价值判断与行为规范进行研究与加以束缚的伦理。微观伦理就是个体道德行为之理论与实践的总和。通览亚当·斯密的《道德情操论》会发现,斯密是把微观与宏观伦理合在一起的,并在其概念意识中,偶尔表现出对宏观伦理的思想意识,其微观伦理则远远超出道德伦理范围,而把行为之妥当和得体统统纳入到了微观伦理体系之中。孔老夫子的礼,实际上包含两部分:一是指国家社会系统部分的等级尊卑贵贱秩序,另一部分是所谓礼尚往来。从君子之德角度,礼仪修养亦当为伦理的构成部分,但在严格意义上,除非冒犯和侵犯了他人,非道德价值上的礼貌通常不是伦理学的范畴。

一、情操与个性

个性是个人性格的简称,在本质上属于伦理学范畴。在荣格心理学之前,"我们知道的最早的这方面的尝试是东方的星象大师们的所谓气、水、土、火四大元素在十二宫中的三分—对座。在星象图中出现的气宫组是由黄道带中'属气'的三宫组成的,即玉瓶宫、双子宫和天秤宫;火宫组则由白羊宫、狮子宫和人马宫组成。根据这一古老的观点,出生在这些宫中的每个人都共同具有气的或者火的天性,并会表现出一种相应的气质和命运。这一古老星象学体系正是古典生理类型的始祖。按照这一生理类型理论,四种气质对应着人的四种体液。最初用黄道十二宫代表的四种气质，后来借用希腊医学中的生理医学术语，于是我们有了粘液型、多血型、胆汁性和抑郁型的分类。"①这从东方智慧发展出了一种完整的性格说。

而荣格则把人们的心理类型直接归纳为外向与内向两大类，又进而根据心理的四种功能：感觉、知觉、思维、情感，将心理类型进一步区分为外向感觉、外向知觉、外向思维、外向情感和内向感觉、内向知觉、内向情感、内向思维八种。

人不但有心理性格和类型，更有伦理道德性格和个性。一个人的品格操守，即道德情操同一个人的伦理个性形成直接对应，并同时同其心理个性发生相互作用，从而决定着一个人的特质与行为特征。道德情操当然不会改变人之内向与外向性格特征，但它可以使一个人更有内涵，追求更高境界，内在更为丰富，从而在一定的场合下变得更加富有人格魅力与性格特征。

在一般性的场合下，人们通常会以健谈、热情、好客、开朗、大放、体贴、细腻等良好性格特征来判断一个人，但当遇到重大事件与危机时，则沉着、冷静、足智多谋、坚持、勇敢等会成为闪光的个性。虽然没有理由证明英武、富有胆略者都是心地善良、光明正大之人，但终日在阴暗心理下的人却难以具有上述品格。而更为重要的是在利益诱惑与陷入个人困境时，能否把握道德防线，不诬陷好人，落井下石，更同人之心理品格直接相关。

人之个性是自我的集中体现与高度浓缩。正是一个个具体个性区分与界定了大千世界的芸芸众生。面孔、身体、相貌乃至声音与名字会有无数重叠与相似，唯有个性千奇百怪、各不相同。这是根本性的自我界定。

如果说一个人的知识修养与礼貌风度能外在化地体现这个人的外在观感风格，那么，一个人的道德情操则决定了这个人的伦理品格与人格。如前所述，一个人的伦理人格决定了这个人有无心灵美，心灵美既能使外在美更加光彩夺目，又能补偿与替代外在美。这是人类审美中的最为特

---

① 荣格：《荣格性格哲学》，李德荣编译。北京：九州出版社，2003年版，第66—67页。

殊的地方。

情操给人以内涵,给人以深沉。情操会像内在礼仪风度一样,给人以自信、充足、丰富,从而使人谦虚谨慎,虚怀若谷。

情操教人以章法,给人以规矩,从而使得合宜、舒适、走向完美的个性得以自由挥洒地体现出来。

二、品德与修养

人的品德是其根本品性操守与集中反映。高尚的品德带给人生持久的、稳定的精神能量与心理动力,并不断地界定与处理人的行为,以便约束和纠正动机与行为的不当。

道德情操、人品操守与人之品德原本在日常概念中是一回事,都是指人之伦理水平与涵养。这里将情操与品德作一简单区分,旨在进一步强调其微小的差别。情操在此指更广义的伦理品位与伦理人格,品德则指更系统化、内在化、个性化的伦理人品与操守。

人的修养来自于多个方面的积累、学习、经历与升华。修养同历练分不开,甚至可以说是历练的直接产物。历练同困境与考验是一回事。困境与考验要在重大的经历、风波乃至危机中展示与体现。孟子之"天降大任于斯人也,必先苦其心志,劳其筋骨,饿其体肤"说的就是这一道理。一切成就大事者,无不具有过人的精力与胆识、超凡的经历与体能、卓越的心智与才华,而这一切无不是天赋同后天的锻造与磨练的结果。

通常,生来天性无畏者难以直接成为勇猛威武的虎将。野性的唐突与狂躁、过度的鲁莽与直线思维会导致其每每过于冲动、血气方刚,缺乏冷静与老练。其结果充其量是"初生牛犊不怕虎"。勇敢不应是无谓的牺牲,真正的勇敢应是大智大勇,是"士可杀而不可辱",是泰山压顶不弯腰。

通常,生性聪慧者难以成为最终的圣杰大师。聪明反被聪明误是大千世界芸芸众生的普遍现象。小聪明、小得意、小技巧骗了无数过客。多数人就在那自命不凡、自以为是、孤芳自赏,在家人、小团体的欣赏、吹捧中,被捧杀而了却残生。而决定人之成就与心理的那种在天生美玉基础上的艰难的打磨，才会成就最终的大智若愚。

通常，生性反叛者难以最终成为伟大的革命家。自以为是，自命不凡，不受任何约束，凡权威必反，遇约束就破，结果只能是孤家寡人或做个山大王，成为"宁为鸡头、不为凤尾"的草头王和"黑社会帮主"。革命不是意气用事，老子为王。革命是社会内在运动的政治集中爆发，是社会大潮的急剧发展与政治生态分布的根本性逆转。革命家必须以历史规律、大众意愿、未来方向为标尺与准则。

人之天赋与天性仅仅提供了锻造、锤炼、出炉的质料，根本不是最终的成品，而后天的历练与培养才是根本，最终结果要依赖环境、机遇与条件，但自身内在心性修养，却不但可以大大强化后天作用因素，而且在很大程度上决定着全部后天作用的系统化与可能。这里必须强调内因为主导、外因为变化条件的基本哲学观。当然，在心理断乳之幼儿时期和人生的每每重大转折时期，知遇之恩般伯乐的选拔与栽培，始终是人生事业的至关重要的环节。但无论是良师益友，还是同道志朋，良好的心性与品德才是造成被赏识与发现的基础与前提。这一切都来自于终身的学习与修养的提高。

修养是身心共理，是心性心智的提高。心性主要指的是人之品德，心智主要指的是人之学识、见识与智能。两者之间有区别，指的是不同的锻炼；在一些人身上可以分离，但在大多数情况下两者是一致的。道德并文章就是中国古智慧对这种结合与一致的经典概括。道德者，心性、品性、操守者也，其泛指人的一切精神境界与心灵美好；文章者，才学、知识、智慧者也，其泛指人之才华与心智。道德为先为主，文章为后为辅。遂引致历来的德才兼备之说。

那么，天才多孤僻或孤傲又当何解呢？这同道德文章是两回事，指的是天才之性格，而这种性格更是由于其品性操守，难以容忍不学无术、碌碌无为、思维混乱，而当论及伦理人格，则真正的天才多半同时也是道德楷模。

修养之本在于正心。正心即规导心灵，致良知，形成公正意识与心境。没有合理公正观，就不可能搞清天下利弊，就无法界定利害损益，从而形成清楚的动机起始与内在驱动。除非是儿时游戏，人们不可能终生无价值判断地充当老顽童，不食人间烟火，不涉及价值判断。皇宫中长成的帝王，确有这类养尊处优、不明事理的人间废物。这类帝王基本上是历史的垃圾。多数人在大多数情况下，只能达到除暴安良的最低公正境界，亦即只能对那些明显的害群之马，形成处置之公正意识。其基本动机是自我保护。在一般情况下也能初步达到普遍性公正要求，即在自我要求与利害关系不存在直接付出与受到损害情况下的普遍性公正。但鲜少的人可以升华到大公无私的公正最高境界。正心之本的最高级，就在于这种达于无私忘我的一体性公正境界。这将在下一部分详细展开。

修养之基，在于善心。善心即提升心性情怀，致仁慈，形成关爱、同情、善良与心境。没有合理的仁爱观，就不可能理解天下真情实意之源，就无法界定爱、情、谊、利的关系，就无法从根本上体验人生意义、价值、归属与目的，就会在茫茫人海中极度孤独、犹豫。善心当然不是以善对待一切。爱之对立就是恨，极度的情感就是憎恨与愤怒。善良的爱同时也意味着对公敌、大害、邪恶的憎恨与厌恶。仁慈在通常意义上说是无条件的爱，所谓无条件指的是无期望回报、交换对等要求的爱，是没有契约条款、约束条件的爱，但无条件的爱不是指丧失立场、不分好歹、不分敌我的爱。在这个意义上说，充分的爱必须和必要的恨有机结合在一起，才能体现善心与仁慈；否则就是丧失原则，就是娇惯，就是纵容，就会导致一切因不应该的溺爱导致的人间丑恶与悲剧。

修养还包括一些必要的知识、才学的获得，也包括一切优秀品格的形成。毫无疑问，道德并不必定保证文章。一些才华横溢的人也是道德上的小人。像英国的大名鼎鼎的培根就是这类人。伏尔泰在早期也是集恶劣、卑微、丑陋于一身，卢梭也不具有健全的人格。但伟大、高尚通常是同天才、优秀连在一起的。像希特勒这样的魔鬼，无论具有多么特异的才华，也是人类所痛恨的。

三、美德与境界

优秀的、完美的品德构成美德。优秀即为杰出,就是超众与不同凡响,完美就是恰到好处、精致、完善以至让人赏心悦目。在这个意义上,亚里士多德的确把美德的完美性含义抓住了。"每种德行都是两个极端之间的中道,而每个极端都是一种罪恶。这一点可以由考察各种不同的德行而得到证明。勇敢是懦弱与鲁莽之间的中道;磊落是放浪与猥琐之间的中道;不亢不卑是虚荣与卑贱之间的中道;机智是滑稽与粗鄙之间的中道;谦虚是羞涩与无耻之间的中道。"①

这就显示出了美德的恰到好处的完美状态。单纯的胆大并非勇敢。勇敢,作为一种美德,是那种深明大义,懂得利害,知道代价与牺牲,在必要与关键的场合下,敢走出来,敢于牺牲,但不仅仅仰仗牺牲,敢于蔑视一切艰难困苦,勇于胜利又善于胜利的品质。

单纯的反应灵活、思维机智、巧于周旋、善于应变不是智慧。智慧是大彻大悟,是胆识与把握本质要害,具有普遍的穿透力的思维能力与思想状态。智慧给人以灵活变通,但灵活变通未必就是智慧。欺上瞒下、满嘴谎言、四平八稳、八面风光,不是智慧而是投机钻营,甚至是背信弃义。智慧者必光明练达,光照千秋。

由此,美德体现了一种人生的追求与境界。人生境界与美德品位互生互长。人生境界的提高依赖于人之美德的养成与提升。人之美德的形成与升华,依赖于人生境界的提高。冯友兰划定出人生之自然境界、功利境界、道德境界与天地境界。按照冯先生的解释,在自然与功利境界,人生基本上与美德无缘,仅仅是生活在自然本能、冲动与世俗功利算计之上。只有达到道德境界,人才能谈得上伦理约束,并进而上升到美德。而至天地境界,则在冯先生看来就是超越道德的超道德境界,其价值判断就受制于超道德的支配。这实质上是一种误解。不存在超道德的价值判

---

① 罗素:《西方哲学史》,何兆武等译。北京:商务印书馆,2002年,第226页。

断,包括宇宙、天地境界,都是人生的一种推移。完全地从自然宇宙反置人生,仅仅是人生境界的一种升华与豁达,并没有离开人类价值。一切脱离了人类伦理价值的土地伦理、环境伦理、动物伦理、宇宙伦理,都只能最终走进死胡同。这里不是赋予人类以宇宙中心与统治者之地位,也非置人类于绝对的权力中心,而是一切智能、情感伦理活动之价值归宿,从而目的意义归属,都取决于人类自身,而非超人类的其他宇宙存在。天地境界与宇宙伦理是要人更加客观、明达,即丰富心境,提升心灵。换言之,纵情山水与自然和谐,尊重自然,在于保护人类而非相反。也就是说,陶冶情操,美化自然,旨在美化人生,而非为美化自然而美化自然。

孔子曰:仁者乐山,智者乐水;仁者静,智者动;仁者寿,智者乐。不论归纳总结得是否合适,但表明了两种类型的追求与志趣的差异。那么这种不同是否有优劣高下之分呢?这种偏好倾向仅仅体现了不同类型的兴趣把玩,其无疑会影响人生行为与选择,并最终导致生命旅程的各异,如一类长寿,另一类则快乐。但这些差别不代表人生境界与美德水准的不同。事实上,区分出仁者与智者这样两类,也没有任何科学、伦理与社会学根据。否则,孔圣人、亚圣孟子属于哪一类呢?还是兼而有之?事实上,多数人是复合人。

对于人生,如同世间一切的观察与把握一样,没有完全客观的观察与分解,所谓主、客观两分法,完全是西方机械理性思维的结果。海德堡测不准原理是普遍性的。一个完全独立于主体或可从客体与他境中分裂出来的可控的物理、化学、生物等世界是极为有限的。绝大多数的真实是普遍关联与联动连体。因此,人对其把握与观察,永远离不开观察者之状态与心境。因此,对人生的透视,心灰意懒者看到的是一副苦海无边、罪孽昭昭的景象,而志得意满者看到的却是一幅生机勃勃、希望无限的景象。人生之境界与美德,就是给人以美好、可靠的视角与参照,从而使其从内到外洋溢着幸福,挥洒着自信,体味着果敢,经历着丰富,从而在困境与挑战中找到自我迷恋与超越的阶梯,在荣耀与辉煌面前不飘飘然,不沾沾自喜、忘乎所以,呈小人得志的中山狼态。

有了人生境界与美德,一个人才会在学海之中苦作舟,官海之中当知畏,情海之中当知险,欲海之中当知俭,仁海之中当知难。只有那种境界才是值得追求的,只有那种境界方显英雄本色,达到真正的出神入化,才能永远立于不败之地,挥洒自如,充分驾驭人生。

曾国藩的人生境界确实不低,但其操纵人生依旧是在自我功名与江山社稷之间游走。作为一个近乎绝对的封建君主专制与绵延数千年之封建伦常下的士大夫,完全摆脱这种两难境地则几乎是不可能的,这只能看做历史之局限而非个人之缺憾。从普遍的历史经纬看,成大事者,依然有三种境界:其一是识时务者为俊杰;其二是开天辟地的拓荒立业者;其三是利民惠他的救世圣雄。只有当人们把有限的生命化成无限的奉献与美好和存在,人生的至高境界才能达到,人之美德才会得到开发与展现。

四、微观伦理的基本理论

微观伦理指行为个体间的伦理关系与构造。人生哲学、伦理学、政治学、社会学、经济学、宗教等,从不同角度对其进行把握和立论。不同的学说与思想家,也会有不同的主张。归纳起来,微观伦理的基本理论,可归纳为下述几种:正义论、善恶论、良心论、因果报应论、比照人伦论。这些理论无非是要体现微观伦理的基石和本体结构作用。换言之,其他理论可以由其引导出来,人与人之间的基本能力关系可由这种基本理论给以界定。

1. 正义论

亚当·斯密显然是正义论者,罗尔斯更是正义论者,而且他们的正义论之伦理基础远远超出微观伦理,是构成一切(包括中观与宏观伦理)伦理之基石。孔子无疑可被视为仁慈论者(或仁爱论者),孟子则可被视为正义论者,其王道霸道说、浩然正气说,同其舍生取义是相贯通的。老子、庄子可被视为道论者,董仲舒可被视为是天道论者,马基雅维里可被视为是权谋论者,康德可被视为是自由论者,黑格尔可被视为是绝对精神论者,马克思可被视为是社会存在论者,毛泽东可被视为是矛盾论者。这里所说的这些不同论者,主要要强调和依据的有两点:第一是从其思想和理论体系中推出伦理之来源与形成;第二是社会人际个体间伦理关系界定的主要基础为何?

罗尔斯的正义论试图表明,在民主国家与多元文化情况下,没有任何一种完备的理论学说(无论是哲学的、政治的还是宗教的学说)可以充当伦理或社会建构基础。因此,社会架构只能从康德的道德建构转向政治建构,就像在宪法中人们所选择的那样。通过相互可以接纳、认可的公共重叠共识,达到基本的正义规范,获得可以运作与前进的公共政治约束与建构。这种政治建构一旦形成,就转换成政治、文化与伦理方面的约束。因此,正义原则与理念就构成了全部社会,包括微观伦理的基础。

一般正义论者要求的是普遍性正义或至少是除暴安良性正义。这种正义是一种维护社会治安与稳定的基本前提与保障。人们从来就不曾企求绝对的正义,社会也永远不可能提供绝对的正义。就像完全一致、一致赞成、一致通过不可能一样,不可能存在人人满意、人人合理的绝对正义。因此,正义只能是相对一定历史发展阶段的、最主要的社会存在方式的基本公正。

正义论就是要求以正义论好坏,以正义辨是非。一切正义的,都是好的,值得肯定的,需要追求的。人际关系的出发点与重点自然就是看其是否符合这一标准。但正义与亲情、正义与仁爱有可能有冲突。正义未必能达到其他美德的期许,正义的实现同样是有代价的,应否不惜一切代价去实现正义?就像事实有可能伤人,故而有时善良的谎言成了比诚实更好的选择,完全的、单纯的正义也可能走向极端。

正义论在中国具有十分深厚的沃土,究其原因,应当与中国的历史传承与基本国情相适应。中国几千年流行的"均贫富、等贵贱"就是一种平等正义的基本诉求。这样一种基本伦理精神,一再地成为历朝各代农民起义的追求,包含着深深的中国伦理情结,这种伦理情结,一是因中国传统文明起始就在道义制高点上,永久地、深深地树立起了"三皇五帝"的美德架构,并进而形成了尧舜—桀纣文化母题。其通过如此鲜明的正反、褒贬对照,立起了平等公正、普天同享的伦理大旗,使得一切背离此轨迹的选择与行为，成为大逆不道和违背天理。二是中国古代通过制度与伦理，较好地完成了合宜秩序、开放社会结构、普遍自由（例如宗教宽容、法律公正、人身自由、财产自由、职业自由等），从而不像欧洲那样"铁板"一块，人们被牢牢地束缚与禁锢在一种思想、宗教乃至社会阶层上。由此，西方崇自由，中国要正义与平等，是有着各自历史原因的。

按照日本学者对中国公私概念的解释，中国的公与私，有自己独特的含义。实际上，尽管皇本主义在本质上是皇家之族本主义，但由于秦汉以来的家国一体化结构，皇家从真龙天子到家财家私，甚至于王公大臣家产的国家化可能与倾向，导致了精忠报国的社会正义价值观。换言之，入朝为官，为皇帝分忧，就是为国替民排忧解难。这就使士大夫，甚至包括乡绅在内的社会各界，在正义取舍上从一开始就是以天下社稷的国或公为准，而有别于西方的家私与雇佣关系。

而当地方恶霸横行、朝廷昏君当道、外戚宦官弄权、恶势力与黑暗横行、邪恶与不义畅行之时，百姓对那些忠义之士、明德之人就会由衷地赞赏与尊敬。他们会通过立碑树传、送匾赠书，传扬这些人间正义之神，抒发他们的感激心情，传扬他们的正义之魂。

2. 善恶论

善恶依照古希腊语就是好坏之本意。中国的善恶就像中国的称谓语言等，有更进一步的精化，仅仅指伦理中的符合道德的与违反道德的好坏，而非所有含义上的好坏。仅仅在效率上有助益的东西与作为，若同伦理德性无关，则既不为善，也无所谓恶。当其有助于道德目的实现或构成道德实现的手段时，方成为善，相反就变成恶。因此，柏拉图的至善成了伦理最高峰，而其至善又由于希腊之好坏与善恶的混用，而变成了柏拉图的共相，从而一切变化都导致衰败，远离柏氏之完美，从而走向恶。结果，历史便只能是衰败论，这同泰勒斯的宇宙是永恒的活火、万物皆流、生命在于变化完全相反，同老子的宇宙源于道，而演进出万事万物也完全不同。

由于亚里士多德意识到其老师的这种伦理善恶同好坏间的上述主观

唯心一元论导致的困惑,他就对善与恶进行进一步追踪,以幸福作为道德目的与终极,抛弃了柏拉图的共相至善学说。

老子的德,孔子的仁,孟子的义或孟子的仁、义、礼、智之四端,其恻隐之心、羞耻之心、辞让之心,构成了中国善与向善的思想起源。佛教进入中国后,大乘之中国化的佛学与佛道,把积德行善广泛传播。这同中国历史上的母题文化的根本性的德政与人伦价值取向,形成了完美的结合。这一切又在君子之风、君子"好逑"之代代科举进士和民间义人的世代追逐,包括贞节烈女之美德示范下,形成广泛的互动,加之中国数千年的德育普化教育思想,带来了强烈的善恶是非意识与伦理规范的全社会的灌输。

那么,中国人的随意吐痰,公众场合大声喧哗,旁若无人,中国城市与居住地较明显的脏、乱、差,同善恶修身又有什么关系呢?旅美学者、哲学家杨晓思有其独到的理论视角。杨晓思根据人与人间的关系距离,归纳了四个层次的人际关系:人同自我为零距离关系,家庭内部为近距离关系,国家为中距离关系,天下或世界为远距离关系。在他看来,中国人长于家庭与天下,西方长于个人与国家。换言之,中国人的公德、社会意识不强,但家庭与天下思维与责任感高度发达;西方人则善于把握个体与国家两个层面,而中国的家与天下则成为西方文明的盲点。应当说,这提供了一个非常有见地的思想把握新天地,并在一定意义上解释了上述问题。

善恶论表明个体之间行为伦理完全基于善恶标准。人之行为准则就是要行善避恶,就是要积德行善。不同的道德伦理信奉者之善恶观有所不同。对佛教徒而言,不杀生就是行善,甚至烧香上供、求助菩萨保佑也是行善。当然,不论是宗教,还是世俗伦理,一般之行善均是指慈悲为怀、仗义除恶、助人为乐、兼济天下。但同时也必须指出,对各种宗教而言,世俗的善通常均非宗教的最高的善,如对基督教而言,最高的善指的是对上帝、神之敬畏爱戴关系,故这经常会埋下宗教战争的种子。

3. 良心论

陆九渊、王阳明的心学当然是一种哲学体系,甚至主要是认识论、心理学,也可推广到包含本体论,这就上升到绝对的主观唯心主义,即陆九渊的"宇宙即我心,我心即宇宙",但其同时也是一种伦理学思想体系与方法,并且是以伦理学统领的认识论。结果是,所有的价值与规范,所有的展开概念,都被归结为致良知。这可以从王阳明的家奴的一件轶事中得到印证。

传说有一次其家奴夜晚听到响动,发现有一贼闯入宅中。家奴抓到盗贼后同贼大谈人之良知。不想贼听后哈哈大笑,竟反问道:"我的良知在哪儿?"因为在贼看来,像我等终日鸡鸣狗盗之徒,哪有什么廉耻与良知。同我辈等纵论良知,岂不纯属对牛弹琴?但贼却没有料到家奴因室内太热,就令他脱去上衣,贼照令而做,却依旧觉得室内燥热,家奴接着又令贼退其下裤,不想贼这时反问道:"这怕不好吗?"此时家奴正言道:"这就是你的良知。"

这就是说,无论是土匪、地痞流氓,还是恶棍无赖,只要是人,都会有良心、良知。这是一种人内在的善良是非概念,是人们的意识,尤其是潜意识中的伦理底线。良知论者主张全部的人类行为应在良知基础上界定。但这只是说明底线的良知,并非良知的全部。事实上,高尚的人有高尚的良知,低级的人有低级的良知。高尚的良知将集中和展示出人类道德的高峰,使得他人与后人有高山仰止之感;低级的良知也仅具有一定的负罪感与羞耻心,从而在其恶行与兽性发作时,有相当的约束与反制。

良心存在并不能自动产生良知驱动与善心举措。在恐怖、变形、伪装的社会压力下,良知会被压缩到一个狭小的空间。因此,从良知的形成到良知的提升,再到良知的展现,同样是个社会动态演进过程。不存在一个先天的良知美好世界,也不存在一个恶魔统帅的天然地狱。美好世界会自动障显德兴光明,阴暗地狱无法腐蚀与遮蔽美好世界。因为,认知还要受社会风气与教育,尤其是社会示范的影响。

看一看第默尔·库兰在《偏好伪装的社会后果》一书中的下述描述,对此会有更清晰的认识。"《纽约时报》并不是对美国政治进行评论的第一个出版物。而且,拥有各种说辞的政客都曾经抱怨,用诚实的方法对重要问题进行评价,风险太大。"①位于波士顿的肯尼迪图书馆对这些抱怨作出了反应,决定首先设置勇敢人物奖,以奖励那些有良心的公共事业官员。"想象一下",一篇社论评论说:"在华盛顿,良心已经如此稀罕以至于必须拿出奖金来进行奖赏吗?"②

在这个社会意识与伦理层级上思考,陆王心学就有了极大的局限性。其局限绝对在于其近乎绝对的主观唯心主义认识论。把知识、观念、认知等,统统变成近乎于宗教感悟的那种灵魂闪现与飞跃。其是对科学认知的灵感生成环节的过分夸大和绝对化推广。更重要的是单凭良知本身解释不了世界,也救不了世界。良知是且仅是全部人力系统的一个环节,而伦理道德也是整个世界系统的一个环节。但陆王的向内感悟,以心为镜为尺,把端心正心作为人之首与人之本,也是有启发和积极意义的。解决不了立场、情感问题,仅有观点与方法,通常是不够的。这就如同海德格尔在解释真理时,把柏拉图的洞穴理论发展到了光的照耀与除蔽两部分。若心田是封闭的、实体的、歪曲的、固执的,则无论光是何等明亮与美丽,也是无法得以进入与从中穿透的。

4. 因果报应论

因果报应论是老百姓和最朴素的公正意识愿意接触的伦理规导。种瓜得瓜,种豆得豆,一分耕耘,一分收获。直接朴素的自然与社会观察,建立起了人们善良朴素的因果报应观念。种种宗教、传说与神话,又加上种种人们想象加工的神话故事、生动传说,还有各种超自然现象,把整个宇宙的奇妙怪诞,通过大手笔的跳跃,形成因果链条与循环往复网络,"善有善报,恶有恶报;不是不报,时候未到;时候一到,一切都报"成了超越民族、宗教、文化的共同的信仰。末世论、最后审判论、地狱天堂论、来世轮

---

① 请参阅 Richard D. Lamm:"敏感性政治:在冒犯恐惧下批评政策观点的溃烂,"载 *Los Angeles Time*, May 28, 1988, pt. 2;同时参阅 Michael Ross:"挫折下美国法律制定者的动摇",载 *Los Angeles Time*, April 13, 1992 pp. Al, 16-17;以及 Timothy E. Wirth:"不足以报出全部",载 *Los Angeles Time*, June 17, 1992 p. B11。

② 参阅"严峻的时刻,平凡的政治",载 *New York Times*, March 25, 1990, Sect. 4, P. 18。

回说、前世造孽说等，都是这种因果报应思想的反映。

因果报应论在本质上是一种个人功利主义的道德计算。其善行与美意的行为驱动不来自于行为者的道德准则或正义理念的认知，而来自于其对非如此之可怕报应的惩罚之恐惧和可预期的良好结果的换算。而在事实上，社会伦理界定，从根本上说根本没有那种善善相换、恶恶相抵的直接的因果对应关系。最原始的正义论要求人们接受等利（等害）交换，这多半表达了人们的这样一种普遍性的报恩与复仇的愿望。通过法律公正与良心公正，在一般的情况下，自然会演化出多行不义必自毙的丑恶自毁逻辑轨迹。但因果报应本身既没有必然的因果关系，也没有必要的社会实现支持机制。正反面的例子均比比皆是。支持因果报应的例证有很多，好人有好报的事例不计其数。但马克思说的"种下的是龙种，收获的却是跳蚤"也是时有发现的，社会这架复杂的机器千奇百怪，其结果经常会让善良的愿望始料未及。

但应强调指出，基于朴素的善恶因果报应论对基于法律惩罚之规矩的人生还是有益处的：其一，这种朴素的报应毕竟是具有恶意基础，其在行为起始时未能成为直接动因，并不见得在反复的伦理行为过程与意识中不会得到提高与升华。而且，在善行的反复与惯常性举措中，我们的确看到了许多习惯成自然过程中的潜移默化所带来的突变与飞跃。其二，这种因果报应的警戒与诱导，不必像法律那样需要庞大的社会支出与机构。

5. 人伦论

一些西方学者认为，就像印度是形而上学与宗教的发源地一样，中国是人道伦理与哲学的故乡，因为儒家、道家等名扬世界的中国古哲学，都是伦理学、道德哲学的典范。实际上，这是一种片面与误解。中国不乏形而上学。从世界第一奇书《周易》到《老子》，再到程朱理学，宇宙论、起源论、本体论，甚至知识论、认识论等，就是在《大学》、《中庸》或五行家、阴阳家乃至董仲舒的天人感应等著述、学说中都极为丰富。中国的辩证思想与学说是贯穿一切领域的。但同时亦应看到，无论是道家的游方之外，还是儒家的游方之内,在骨子里都是寻求入世与出世的平衡,都是在为社会与人类获得某种标尺与参照。若断定老庄的顺其自然是忘却人类与世间生活,那无疑是对老庄哲学的真正无知,其放任之无为,目的在于而治,而非无治与混乱。

在明确了这样的基本存在后,可知中国哲学与智慧的主旋律是围绕人生与人道,无论其受法于地道、天道,还是直接比照人伦自身。而在人伦论中,大体上应该分为儒家的等级差别、人伦纲序和墨家的"兼相爱,交相利",即前者有条件的、有等级的爱与后者的博爱。事实上,基督教也是博爱伦理,因为既然在上帝的眼里,基督教教徒都是其子民,四海之内自然就皆兄弟,兄弟手足自然要互敬互爱,互相关怀。

人伦比照就是利用人际关系直观区别于动物习性,直接产生社会伦理角色行为标尺与规范。孔子的君君、臣臣、父父、子子,就是利用这种人伦关系而互相映衬比照,为父要慈祥疼爱其子,为子要恭敬孝顺其父,上尊下卑、天主地从等一系列伦理比照关系得以确立。孟子所谓的杨朱"无父无君,禽兽也",更能看出这种人伦比照的思维轨迹。

人伦比照是理性人文主义、理性人道主义的真正的起源,也是现代化和现代性的真正的直接思想来源。人类文明的绝大多数历史时期是生活在自然崇拜、超自然崇拜、神灵崇拜、鬼魂恐惧的理念与心理之下的,启蒙与理性、文艺复兴与宗教改革是造成思想解放与伦理现代化的基础。这是走出宗教神性束缚,完成人类自我确立的基本前提。中国古代智慧的人伦比照具有伟大的启蒙意义与现代性精神。当然,像孔子及其稍后时期的柏拉图、亚里士多德的近乎绝对的人类尊卑、等级伦理,是彻底的历史糟粕。

孔子更把人伦比照发展到了极端。其定义的忠恕,即"以己所欲,亦施于人"、"己所不欲,勿施于人",就是从直接的自我良知出发,以感受他人喜好疾苦,界定出行为方圆。这种偏好心理的猜度比较,具有微观、中观、宏观意义,对上至国际关系、中至企业厂家、下至家庭人际都具有普遍的启迪与意义。

中国现代的革命大家庭、爱厂如家等,也是这种人伦比照的创造性发挥与运用。其实,柏拉图的《理想国》,无非是用正义之网代替了社会人伦,其有机整体论在本质上是人类有机体比照。

人伦比照具有直观性、自然性。天性母爱、父慈,具有人之自然属性。家庭又是天然和谐,以爱为情为轴心的强有力的纽带,提供了爱的丰厚沃土。这就使得人伦比照具有一系列好处:丰富的社会实践、广泛的社会存在、自动的社会习俗、众多的社会范例。

但人伦比照同时也具有不利的一面,那就是具有相对性与非标准化。这也是宗教进入与道成肉身的原因之一。人治让位于神治,原因之一就是人与人之间的不服气。而同神的沟通,通常又须人的介入。例如天主教借助神父进行忏悔。结果,人们就发展与选择了新教,从而可以通过死后升天的圣子,直接同圣父进行沟通。这既有了永恒与绝对标点,即神性之绝对公正与神圣,又免除了一切世俗之人、之力的中间介入。这是西方人的"孤独的个人主义"的必然选择。东方中国百姓的实际,还是愿意有自己看得见、摸得着的"观音菩萨"。这是东方集体主义的伦理理性使然。

五、社会角色伦理

社会角色不是自然角色,自然角色是人与动物共同具有的。自然角色在本质上属于无师自通,由本能与习性决定。当然,包括生存技能在内,也无不是在观摩、模仿、嬉闹中逐渐掌握,并在日后的独立生存中获得长进与提高的。自然角色没有道德伦理界定,没有知识智慧传承。社会角色不同,它不但是一种分工角色,而且是一种伦理道德角色,其中包含着广泛的社会价值判定与选择。微观伦理在很大程度上就是社会角色伦理。

早在中国古代《考工记》中,就有百工之说。现代社会职业分工何止成千上万。不过这些技术、工艺、知识、技能造成了岗位、职位、职业的区分,并不构成具有伦理价值的社会角色。从人生在家庭、社会组织中的个体位置与角色,可以大体确定出下述社会角色伦理:为人伦理、为学伦理、为官伦理、为兵伦理、为工伦理、为商伦理、为医伦理、为教伦理、齐家伦理。

1. 为人伦理

做人为伦理之本。一切都以做人为轴心,一切均来自于、导源于做人。懂得了做人,也就明了了真正的自我和世界,也就有了成为一切其他社会角色的可能。

人们通常以为做人易,成圣(或仙)难;为人易,变鬼难;维性易,成兽难。其实,这多半都是偏见与糊涂。做人实在难,甚至难于上青天。君不见多少知名人士、著名人物,在其行业与岗位上光辉无比,但在家庭或个人私事方面却时常失败。

做人难,首先难在做人是全方位的要求。做官不难,有言道,越大的官越好当,这当然是偏见,但也包含一定的道理,即越是底层、具体矛盾也就越多,关系越复杂,可动用的资源也就越少。因此,做人要求具体全面。这一角色是多种社会角色的集合。一个全面、正常的人,一方面要做学生,进而可能成为学者或专家,技术工作人员或一般职员,或教员;另一方面要成家立业,为人父、为人母、为人妻、为人夫,并同时也就为人媳、为人婿;而在同时,甚至之前,首先就要为父母与子女。无论是帝王国君,还是泰斗大师;无论是社会精英,还是平头百姓,都先必须是这些多重复合的角色。

这些角色无疑有共同点,但差异或不同却远远大于共同点。例如,简单地说男女、阴阳,在角色意识上应该是几乎完全对立的,由于自然、生理、心理与社会原因,造成了男女分工的极大不同。但身为男儿身,若仅仅具有阳刚、勇武、果敢、坚毅的一面,而没有温存、体贴、灵活变通等,就难以成为一个好丈夫、一个慈父;反过来,身为女儿身,若仅仅万般柔情、细致入微,而没有沉着坚定、百折不挠,就难以成为一个贤妻良母。男子汉必同时有情意绵绵的一面;女强人必有善解人意的一面,否则,就难以成为较为成熟的全人。

做人难,其次难在自我与他人(群)的关系界定上。做人无原则,就会成为老好人,做人就会变成了和稀泥;做人过于原则,缺乏宽容与谅解,又会被误解为太自我,自我感觉过于良好。丧失了自我,或原本就没有自我,无异于失去了个体伦理存在的价值。道德伦理的目的性是个体目的价值与群体目的价值的一致性,而个体永远只是群体完成的工具。因此,一个高度完美的德序社会,应该是个体在共同促进群体进步繁荣的过程中同时获得幸福、自由、平等、创造性价值实现。鉴于如此的伦理悖论,做人的最高境界就演化成中国的"严以律己,宽以待人",从而以高尚严格的自我约束榜样,赢得他人的尊敬与信赖,并在无原则的、无是非的事宜上,"能饶人处且饶人",与人方便。例如,打人不打脸,揭人不揭短;你敬我一尺,我敬你一丈;遇事礼让三分,从而与世无争、与人谦和。

然而,做人难更难在难得糊涂,而不是是非不分、良心泯灭。由此,在上述的超出一般性的往来与非原则性的是非面前,出现良心与理智、良知与利益的直接冲突与对立。家庭鲜少是个伪装的场合,因此,人在家庭里就会经常和真正地生活在真实的世界里,而这种真实又往往造成很多家庭受到伤害。直白与真言对极少数的人而言是良药,对多数人来说会被视为不友善甚至挑衅。结果,家庭与亲人间的无意识的伤害,比来自外人的有意识的伤害还要大。

因此,做人既须讲原则,又要灵活;既须谦和严己,又要仗义执言。做人是门艺术,在这门大艺术面前,人人机会均等,个个等价齐观,有成功的喜悦与欢乐、失败的悲伤与苦闷,更有成为俊杰模范的机遇,正是在这个层次上,孟子讲"人人皆可为尧舜"。

2. 为学伦理

做人自当从学做人、学知识开始。人之成长并非只依靠自己即可。许多动物,由于生存环境的恶劣,一降生就要独立,而人要学会走路,学会说话,更不必说学会接人待物,都需要外人和长辈的呵护与教导。但人一旦掌握了学习技巧、知识、科学、语言、文化等,其举一反三、灵活变通、超常的创造性就远远不是动物所能及的。

《中庸》《大学》中以十六字概述学习与成长心路与业境轨迹,其中的格物、致知、诚意、正心,即其中的一半,说的就是人之为学之理与要求。为学无疑涉及认识论、知识论,更涉及方法论或思想方法。中国古智慧在这方面绝非仅仅提供了"头悬梁,锥刺股","三日不见当刮目相看"等苦读勤练的死读书方法。孔子的"不耻下问","三人行必有我师","知之为知之,不知为不知,是真知也","学而不思则罔,思而不学则殆"等无疑提供了一个全面的求学启示。而《大学》里提出的下述系统要求,更是中华认识论与知识论的千古精典:"博学之、审问之、慎思之、明察之、笃信之",这把学、问、思、辨、行统合在一起,形成一个完整的认识系统。这是世界其他文明中鲜少见到的认识论的早熟。

从"学精于勤,荒于嬉",人们似乎以为中华文明不像西方文明那样崇尚天才、推崇大师与灵感。但这其实是误解,中华文明对圣贤、大师历来敬若神明、崇爱有加,甚至有些不敢越雷池一步,为尊者讳。但中华文化又在认识论与学业上坚决摒弃投机取巧、玩弄小聪明,把学业与功底看得如人生之奠基。这就造成了中华学术或士大夫之勤奋功名的传统,天才加勤奋变成了中华智慧传承的不败的修行法宝。

虚心好学成为中华美德。这就使得学子将自身变成了一个巨大的知识储存器,犹如海绵吸水一般,将知识统统纳入自己腹中。谦虚是要人们放下自命不凡的架子,踏踏实实,敞开心扉,让他人的智慧与历史文化积淀,无阻挡、无干扰、充分地进入到自己的知识库中。面子、自我、偏见、浅薄等都会成为知识吸收的障碍。

为学伦理的最大困境就是学业到一定程度后的亚里士多德困窘:先师可否突破?真理与爱师之间应当如何选择?这些问题在理论上甚至伦理上均易于区分与把握,但在情感尤其是政治社会利益关系上实难把握。遇到伯乐式的恩师,自然易于化解这个难题,甚至师生可共成佳话,但在其他情况下却可能形成世世恩仇。

这里不妨提出下述几种原则:第一,"吾爱吾师,吾更爱真理"是根本原则,是普适与通行的一般原则,但非社会伦理技巧性原则;第二,彰显真理不允许以此介入政治、权利与社会利益的损人利己获取,遇此境遇,宁肯推迟真理、光明的展现;第三,"青出于蓝而胜于蓝"在多数情况下指知识阶梯,并不涉及人格、智慧水准,晚生与后辈应当警戒自己切勿恃才傲物,慢待良师益友;第四,充分、准确地肯定前人、他人功绩,经常会使问题简单得多,真正的历史大师是要经过历史反复筛选的。

为学伦理,通常人们以为其仅仅是对应于孩童与青壮年时期,当过了而立之年,尤当进入不惑之年时,就只剩下方术之把玩,这实在是极大的误解。真正的大师,真正博学、完美、高尚的人就在于其善学、好学、彻学之品性,学到老不是指那种形式化的职业教育,更非街坊邻里、故友同事的情报传递与诀窍交换,而是那种对真知活学的痴迷与醉心。

善学者亦绝不局限于书本,良师益友是人生之关键与要害,知遇之恩是人世间的最大恩典。

3. 为官伦理

伴君如伴虎,权力斗争的你死我活,政客的八面玲珑、谎言一片,给了人们政治肮脏、做官不稳的印象,"无官一身轻"又让人体味了一种如卸重负、做官非常人所能适的感觉,其实,人人具有领导才能,人人都会在特定的情况下成为无法推卸的"长官"。

父母非官,但父母之命多半大于天,严厉批评、必要家法、关禁闭等成了许多父母教育孩子的常用手法,但教训了孩子、无奈打了孩子的屁股后,自己反倒要辛酸数度,难过好多时日,这样的为"官"确实不易。

从公共理念与制度演进看,为官发生了很大的甚至实质性的变化。在远古、上古、史前与可信史的相当长的一个阶段,为官经历了第一次的重大变化,即从卓越超群的天然拥戴、自然选拔、能者多"劳",转变为强者为王、胜者成王、赢者通吃、得者世袭。这样,为官就从德才兼备、才能卓越、示范引领,转变为家世身份、世袭罔替和以权压人。这大抵通行于所谓蒙昧、野蛮的时期到文明的早期,尤其是在文明早期所经历的奴隶和封建社会中。

然而,当国家政权确立后,无论是奴隶主、贵族集团专政,还是封建家族王朝统治,政府组织与权力机构都具有了公共性质,从而"忠君"便同"报国"连在了一起,民生成了国家之自然构成。结果,公正与良知的为官伦理就会在正义逻辑规导之下,由一代又一代清官、明官、好官开发、展示出来,这些人的为官之道、营官之风、修官之理、立官之德,成了宝贵的政治遗产与官学财富,并大量地渗透到民间与做人伦理,给了天下百姓与各业人士以榜样和启迪。这种高尚、伟大的为官之伦,同荒淫无道、残暴无度、鱼肉乡里、强男霸女的暴君贪官,形成了鲜明的对照。那些身怀济世经邦之学之技、聪慧过人、品学兼优、高雅正直的国家与政权之栋梁,更成为千古传颂、万世追崇的人间典范。

进入所谓的近现代社会,人类自身的解放成了埋葬等级制、世袭制、特权制、身份制的历史洪流,与此同时,科技与教育,尤其是大众化之普及,造成了自我意识与理性选择、参与的普遍性,人道主义政治体现与统治开始让位于领导,领导逐步更多地同管理、服务连在一起,官与民的角色互动、互换出现了经常性变动。其中,人民主权与政权合法性,使民众的选择经常化、程序化,从而结束了权力角逐、权力转移的无序与混乱。

对比西方文明与东方文明,可以大致界定,西方文明至今未能从统治者与被统治者之伦理中逃出来,英国的大宪章与光荣革命是统治阶级内部的权力瓜分与角逐,其同古希腊、古罗马之共和制、元老院,并没有太大的实质性区别。法国大革命在理念上大大向前推进了一步,但也未能达到巴黎公社的政治理想境界,美国独立战争与宪法,大大推进了西方民主,但其人权建构都历经了几百年的沉重演进,直到 1968 年,马丁·路德·金博士被暗杀,依旧是困境重重,如今从人权到女权运动,又面临着惯养"过度"与走向反面的社会潮流压力。

事实上,从"绝对的权力导致绝对的腐败"并不能推导出"权力即腐败",从人性恶、自私出发的市场经济与利己主义伦理,只能走向"权力只能用权力制衡","权力寻租"只好靠权力对立加以解决,这就使得为人之理、为官之道变得毫无意义,而其结果只能是行政与管理成本日益加大,文明成本的沉重负担拖垮了文明体本身。

为官者可以是国家元首、政府首脑、行政长官、统帅将军、总督总裁,或各级干部、地方官员等,现代的为官者,把战略决策、重要营运、日常管理与技术协调大体演化成不同决策与执行流程,通过职业角色体系与岗位进行细分。

为官伦理指的是下述几个方面的价值规范:第一是解决为官与体民

之间的伦理,为官若父母,责任大,须亲民,为官若不能爱民如子,则可能尽管官运亨通也只是留下一个千古骂名。当然,为官绝非刻意奉迎、讨好民众,不但要经常"为民做主",而且要统军出征,尤其是要承受包括自身与民众之必要牺牲的巨大心理折磨。第二是为官与上级尤其是顶头上司的伦理。这或许是为官伦理中最难以把握、运作的部分,绝大多数的官吏选择了"伪装自我"、"讨好奉迎"的半奴才做法,这就是老板文化缘何如此猖獗的原因。而这种官场堕落的泛化,会造成宦官文化的普及,给社会文化发展,尤其是道德衰败提供了沃土,忠厚刚正、以民为本应是基本、永恒的选择,干部推荐、评估、选拔之民主化及其舆论监督是老板文化矫正的制度性保证。西方社会的彻底经济民主,才能打破为官独裁的种种恶迹。第三是为官与"同道"的伦理,即横向伦理。高级职位的有限、同级能力的旗鼓相当,经常会导致剧烈的同行相残、严酷竞争,同时,也会出现那种利益休戚与共、互相提携、相互照应、官官相护。君子之交淡如水、出污泥而不染、少趟浑水,并非明哲保身、但求无过,而是竭力保持一份宁静与远距离的优雅,在必要与原则问题上留下巨大的回旋余地。

4. 为"兵"与为"工"伦理

为兵本意在从军,由作为基层的服从命令的群体构成,为工本为非农业谋生,尤以技工、员工为重要组成,两者是有区别的,但从根本决策地位与执行角色看,基本上是一致的。

"军人以服从命令为天职"仅仅限于战场之上、战斗中、生死攸关的境地下,同时盛行"将在外军令有所不受",但这两者之间极为难以平衡。然而,最高的伦理境界与最大化利益原则却要求两者的统一,这或许正是拿破仑要求每一个士兵要把元帅的短杖放在其背包里的根本用意所在,而中国的军队却通过独特的政治思想教育,通过懂得为谁打仗、为什么打仗、如何打仗,而变成了能动的军事主体,这是中国成就陆军之王光荣的根本所在。为"兵"、为"工"伦理的第一要义是完成以"官民"到"公民"的转变,并进而完成从"公民"到"天民"的转变,前者是现代性的要求,后者是超现代性的要求,前者在于摆脱专制与奴役,成为爱国主义者,后者摆脱狭隘的民族主义者,成为国际主义者。换言之,为兵与为工是公民应尽的义务,也是公民生活的基本权利,但为兵与为工都不可视为局部存在与雇佣方的工具。第二是要形成"行行出状元"的心理诉求,对本业与基本技能精益求精,成就本行当的卓越与伟大。第三是从主人公的心境与意识,以朋友、邻里思想,对待受托责任与义务,认真、妥善地将其完成。第四,永远保护自主与独立及其尊严,并经以个人自由发展以完备的心理准备与知识技能支持,当出现更适宜的环境、行当时,在不违反各种伦理规则,例如欺友、背信、阴谋等情况下,义无反顾地追求自主幸福与更好的机遇。

在现代社会与伦理下,不存在主仆、尊卑关系,但存在上下、长幼、男女、师友、亲邻等关系,这无疑会构成横、纵向关系,一个过分礼序的社会会是一个虚伪僵化的社会;一个过分随意的社会会是一个混乱少教的集合。人在合宜的礼序人伦中获得的不是虚空的礼敬、尊爱,其不但会通过和谐与默契提高效率,而且会产生巨大的财富替代效应,带来巨大的社会满足乃至心旷神怡,这是未来社会取之不尽、用之不竭的幸福源泉之一。

5. 为商伦理

为商已是现代社会如此重要与复杂的一个环节,单纯的一个小节是无法解释清楚的。企业家代替了将军,富豪替代了王公贵族,社会发生了天翻地覆的变化,为官同企业、公司、厂商联成一体,故而将在中观部分专章论述。

6. 为医伦理

"医生也是人",此乃现代医护人员在公众对其冷漠与少德作为发出异议时做出的振振有词的辩护,但他做这等辩护时却忘记了社会缘何给了那些救死扶伤、兢兢业业的白衣战士以"白衣天使"的名称。天使者,善良、正义、无私、大能之人类"庇护"者也,当来人为自己的不仁不义之医疗而"据理力争"时,却恰恰忘记了为医从业的不同之处。

第八章 微观伦理基础

辩护者们,你希望把自己的孩子交给一个品行操守低下、格调乏陈的"精神园丁"吗?若答案为否定的,则"医生也是人"的论辩就没有任何意义了。人类演进一路走来,把许多重大的事项托付给了"超人"、"圣人"、"完人"、"伟人"去完成,医生是人,但医生在从事关乎他人生命存续的重大医疗使命时必须要求自己承受"超人"的精神、心理与技能要求。

从中国医圣张仲景到享誉海内外的大医学家孙思邈,命贵医重之价值观念是一致的,这些千古大医不但以其人格操守、精湛的医术、伟大的人生实践,而且以他们不朽的论作,成就了人类医学、医德的辉煌。孙氏之《大医精诚》与《大医习业》中突出强调了优秀医生必须具备高尚的医疗道德修养和精辟的医学理论、医疗技术。其德集中体现在其价值判断上:"人命至重,有贵千金,一方济之,德逾于此",故而将其书定名为《备急千金要方》,这同时下的收红包、吃回扣、急于从病患身上发财致富形成了何等鲜明的对照。

为医伦理的第一要义在于医德在"生命等贵贱"中的体现,举凡医圣、大医,无不抱着"只有病患,没有富贵贫贱"的理念,不但在救助、医疗上没有高低贵贱,甚至在医药与护理上采取慈善性帮助与处理,这就不但要有崇高的心灵,而且要求有完备的医术。现代医疗器械与诊治手段日趋复杂、昂贵,但凭借过硬的医术,替代性、低成本的处理手段还是大量存在的,对不同经济条件与服务偏好的患者采取不同的处置方式,既体现了"市场"公正,又救助了贫者,医德圆满。

为医伦理之第二要义在于,精心呵护,人文关怀。常言道,凡病三分药、七分养。调养与理疗,甚至医药作用,在很大程度上取决于病人对医生之信任、对护理之满意,善解人意又医术高明的医生,其医疗效果是冷酷医生所难以比拟的。

为医伦理之第三要义在于置个人得失荣辱于度外,以挽救生命、恢复健康为主旨。医疗的关键在于早诊、早断,在于时机甚至时间,医治手段永远存在着风险,医生永远承担着巨大的压力与风险,风险评估的轴心不应该是自我保护,否则,医生就会见死不救,摆脱一切责任。

7. 为教伦理

在教育被分化成独立的社会职业以来,从《三字经》上看,教之责在于父与师:子不学,父之过,教不严,师之惰。父母是孩子的第一位老师,其言传身教几近塑造了孩子的一生,只可惜,现代家长几乎不明白这一点,以为教育是可以像市场上的商品一样,只要一手交钱,就可以一手从"教育产业"中买来学位与学历一样。

从教学相长看,为教、为学是个互动、互助的过程,人们不单单体会了"养儿方知父母恩",而且在与一个纯净的心灵的长期对话与往来中,学到了宽容、体量、互爱。

从孔子的游学到柏拉图的学园,从中国的太学、国子监、翰林院,到岳麓书院、白鹿书院,再到欧洲中世纪的大学,一直到当今遍布全球的幼儿园、小学、中学、大学、研究生院、科学院体制,教育园地始终是一方世外桃源、大千世界的一方净土,其宁静、淡泊不亚于寺院道观,尚文尚礼与崇尚人才及智慧成为教育的主要文化氛围,这是人类靠宗教力量以外的又一个同过度世俗化相抗衡的"圣地",但当科学变成了理性的上帝之后,随着实证主义畅行无阻,由于资本、财富、物质主义力量之组合,教育的心智与德行开发变得越来越淡。现代经济学更是把实在的获益之道推广到自然天理的神坛之上。

敦教后学,启迪民风,开化新潮,恪守"圣道",成了无数辛勤园丁乐此不疲的终生夙愿,家园千顷,良田万亩,哪比得上桃李满天下的醉人与动心?"一日为师,终身为父"的尊师重教给了老师以庄严、神圣,为人师表成了代代名师大儒自尊自爱的动力。

人类灵魂的工程师,这样一称谓道尽了教师的荣耀与尊贵,"老师"比"教授"更普及、上口,更含真情实意,"先生"更蕴含了华贵与尊敬之美意。老者,智慧尊严之称者也,老师比爸爸、妈妈、爷爷、奶奶、阁下、长官丝毫不差,甚至比后者更亲近、尊贵,因其没有利害关系,不存在血亲关联。

为教伦理的第一要义是教书育人、为人师表。教书不是要做一个单纯的教书匠、知识传播者,教书的关键在于寓理于教,启迪人生,开发心智,使学生爱科学、敬真理、守德序、树良知,成为可选之材、有用之人。

为教伦理的第二要义是有教无类、因材施教,这是教师能够把握的教育公正。教师无权、无能为学生营造一个良好的家庭环境,甚至无法决定学生的天赋遗传,但教师能够在既定的条件下,依照不同学生各不相同的条件,付出适于其成长的教诲与关爱。一规无法适万物,一教也不能适万人,因材施教,既提高效率又符合公正,当然需要教师更多的心血。难道艺术家不愿意自己的作品各异,各个争妍斗奇,个性特异,而是要千篇一律,千孔一面吗?艺术家的职业伦理既如此,塑造灵魂作品的老师可以两样吗?

为教伦理的第三要义是教学相长、互通有无。师道尊严来自学生发自内心的敬重是可以的,但若来自老师的刻意追求则是愚蠢的,富有学识、人品高洁的为师者,自然会赢得学生的敬重,但教师的虚怀若谷、海纳百川更能从敏锐的学生思维中得到启发,尤其是学生不受污染、没有规矩、信马由缰的思维。

为教伦理的第四要义是给学生以安身立命的方法与眼光,尤其是思维与学习方法,而不是固守在知识的一城一池之得失之上,知识无涯、学海无边,因此,行者无疆、智者无界,眼光比方法重要,方法比战略知识重要,战略知识比系统知识重要。当然,必须寓眼光、战略于知识之中。

8. 齐家伦理

事业、爱情、友谊,人生三大支柱,缺一不可。离开了事业,人生少了目标与理想,失缺了成就感与创造舞台;离开了爱情,心灵空空如也,少了温暖的避风港,失去了人生之动力与目的,故有百年修个同船渡,千年修个共枕眠;离开了友谊,人生没有了诙谐幽默,失去了欢乐的共享、痛苦与风险的共担、事业的共创。

齐家就是爱情的永续与人生的延续。家庭在自由爱情主义者与"一杯水主义"者看来是爱情的坟墓,在爱情机会主义者看来是围城,但在两情相悦、灵魂伴侣者看来是爱情的归宿,灵与肉的永久结合与升华。在高级人类智慧里,情比性丰富、重要,常相思比多热恋更动人心弦。

齐家伦理的第一要义是共同追求、心心相印。家不是政治实体,与经济组织相比,家不能遵循共同纲领,家是一个舒心、放松、坦白的地方,若没有高度的默契与心有灵犀,家之绝妙与基础就成了问题,家庭不允许有半点的谎言与隐瞒,家要用合力支撑。

齐家伦理的第二要义是彼此尊重,给予对方足够的个性发展空间,一般意义上的家不是说理的地方,家是讲爱的地方,爱就意味着给予,就意味着彼此支持。

齐家伦理的第三要义就是利益共享。家庭就意味着一个有机结合、一个牢不可破的共同体,这个有机体一旦加入了其他条件,就会留下阴影与日后的复杂。

六、个体行为伦理

社会角色与个体行为很难互相区分开来,但社会角色伦理强调的是角色规范,个体行为伦理突出的是具体行动约束,前者可视作抽象归类的职业道德,后者是一般行为伦理。个体行为伦理可以从下述的方面进行大体把握:消费伦理、投资伦理、工作伦理、交易伦理、财富伦理、饮食伦理、服饰伦理、往来伦理、言谈举止伦理、天伦伦理、天年伦理。

1. 消费伦理

消费似乎是无师自通的,然而,大量的消费又是学习而来的,消费者的自发观摩、彼此交流、示范是个自我消化学习成本与信息成本的过程,消费者在当代消费社会、福利国家之氛围与环境中,通过旅游、广告、报告、讲解、展览、逛商店、观看表演与演示、品尝与试用,在消磨、娱乐中完成消费学习,积累消费技能,掌握消费知识,塑造消费性格,甚至完成消费转型。

消费品似乎日益复杂、难以驾驭,要求一定的知识与"技巧"才能试用与"享用",但傻瓜相机的趋势却又是普遍的。有傻瓜相机,自然就有傻瓜汽车、傻瓜家电。事实上,从机械使用的机械性、"艺术性"把握角度看,现代机器由于电脑信息自动控制与调整已经大大降低了其使用的复杂性,但也降低了使用中驾驭的乐趣,这就是真正优秀的驾驶人更钟情于手动档汽车而非自动档汽车的原因,人在电脑和全自动化导致的与直接物质世界的断裂境遇中,已经变得越来越傻了。

不光是消费学习与广告宣传在影响甚至决定着消费潮流,事实上,整个文明倾向、国际与国内社会变动、价值观念与社会制度,都在影响与决定着消费趋向与方式,在同这些社会环境与存在交换与交流过程中,消费个体建立了消费伦理个性。

消费伦理个性是个体人之主体伦理品格的一部分,是其消费舒适空间的核心存在,消费伦理个性决定着消费者的享乐品位与追求空间,决定着消费个体节俭与奢侈的生活界定,决定着消费个体的生活品质乃至影响着消费者的生活追求。

首先,慈善性消费还是炫耀性消费体现了一个消费者的消费伦理情操。财富多少与地位高低并不代表一个人之消费品格与境界,财富的获得与其后的享用方式与指示目的,在伦理上显示出了人格之高下与品位之高低。一个旨在追求炫耀性消费的财富主人彰显的无非是自我成功、驾驭外界、拥有一切、应有尽有的自大与猖狂,更以炫耀性消费作为进一步猎富的诱饵;而慈善性消费是一种共享共乐、还富于"民"、助人为乐的消费追求。

其次,健康节约型消费还是奢侈铺张型消费体现了一个消费者的消费伦理品位。自信、充实、美满的人生,完全无须排场、锦衣玉食、豪宅深院、门庭若市、车水马龙来张扬与显示,正所谓:真水无香,真龙无迹。满汉全席的美味佳肴给不了食欲荡尽的"主子"以味觉享乐;豪门深似海无法哺育一个健康活泼、优秀的心灵。离开了社会,不懂得同普通人同欢共乐就找不到欢快的因素,人之享乐离不开社会的开心,孤独者独占独享,没有真正的欢乐可言。

再次,量力而行、量入为出,自觉周济调换,朴素中不失典雅,平凡中透着高贵,变化中展示着创造,平衡中体现着全面,就是良好的消费品位与习俗。美在自控与能力范围中体现,个性在平凡的变化中展示。

大吃大喝,婚娶彩礼狮子大开口,大兴豪华坟冢,过度的祖先与名人庆典,都属陈规陋习之列,其中多半是可用合宜、健康的个人消费习惯伦理加以改正的。积累财富而非糟蹋性使用,不仅是资源与环境保护伦理所定义的善,而且为后人积财积德。

这里无疑提出了一个消费公正与市场公正问题。在一般意识下,市场公正与法律公正界定了消费者的主权范围,意即只要是合法收入,货币主人就天然拥有尽情享乐的权利,法律必须止于家门口。这其实是一种错解,随意拥有枪支,进行有潜在危害公众可能的消费,当然是不允许的。这里当然涉及的是消费者在社会存在与认可的消费系列中的偏好选择。人们似乎早已厌倦了消费中有政治,美化一下造型:买一件漂亮的裙子、烫一下头,就成了资产阶级追求,就有了新的阶级斗争倾向,等等。这些当然是极"左"、反人道的,但消费中有政治,而且有大政治却是千真万确的,卧薪尝胆不仅是一种理想追求,也是一种生活方式乃至消费方式,其能开国建业;万恶淫为首,性欲情乱必引致好逸恶劳、腐化堕落、人伦颠转,从而腐败堕落丛生,罪恶迭出,不公处处会引发社会动荡与灭亡,所有的帝国与文明的崩溃盖出自这种统治黑暗过度、不公不义过烈。所以说消费中有政治,且可能引导出国破家亡的大政治来。因此,消费要有度、有界,更重要的是要有价值取向。追求穷奢极欲与醉生梦死的文化只能得到魔鬼之城佛罗伦萨的结局。

2. 投资伦理

积蓄自古以来就被崇尚为美德,节俭从而积蓄家业与资财被认定为良好的伦理德性,然而投资却并非如此。在人类历史的早期,"投资"是一种集体行动,当时的投资基本上就是整体人力资源与技能在时间与空间上的投入,除了修建大型的帝王陵墓与宫宅等,举凡涉及各种水利、运输、防灾、基建(如道路、驿站)、军工的工程,都是社会投资,其中的回报就是社会外部经济或宏观经济效益与国防安全,当时的投资自然也包括食物、工具、用料,土地则基本上是"免费的"。

在较为彻底的私有制情况下,私人资本的实业性投资是受到严格规范与限制的;私人资本、商业性投资,尤其是商业性运作,在除了西方文明的几乎所有文明中,都是受到相当严格限制的;私人资本,也包括国家或公共资本的金融性投资,在所有的文明中,包括西方文明,都是被禁止的,意即利息是不允许存在的。

先是利息,后来是高利贷的进入,带来了很大的社会不公,但经过时间的推移,商品经济的冲击、资本主义的兴起已经成为不可阻挡潮流。结果,利息的产生与承认成为资本逻辑的必然要求,利润与利息就会成为资本回报与资金价格而被纳入到整个社会经济体系之中。

那么,问题在于如何界定资本主义剥削?如何看待食利阶层?如何把握个人投资伦理?

完全靠食利而不劳而获,并且享受着超级豪华生活并扩张食利能力的投资,基本上被认定为不道德的剥削,社会通过高额遗产税等各种方式,禁止这种奢华的代际传递,社会同时通过广泛的手段,包括法律手段、慈善与税收手段,促进捐赠与给予,引导私人资金的公益性、福利性、社会性事业投资,这类投资机构与组织属于非营利性的。

对于为子女高等教育、意外防范、养老退休等的私人储蓄而进行的投资,社会不仅要求人们消除投机赌博心理、积极进行风险防范、避免被金融欺诈等,而且承认其合理性,并鼓励公众投资。社会闲散资金在被集合之后,通过媒介公司的转化,成为社会投资,产生投资回报,投资个体理当获得合宜利息、红利与租金。这种收入是正常的、非剥削性质的,并且是合乎伦理道德的,因为其是经济相对论基础上的公正分配与所得。

中小型私人投资,在遵纪守法、善待员工、丰富市场等前提下,获得社会利润与利息奖赏,无论是集资还是独资,其收入与回报也都是合理的、非剥削性质的,在伦理道德上是合宜的。

大型与超级企业和公司,无论是家族式的,还是集资性质的,除非是股权充分分散,不存在超级大股东主导,否则,主要部分无疑是具有剥削性质的核心股东,其若能以社会理财代理人道德约束自己,将主要财富继续在社会再生产与社会慈善事业中进行不断的周转与运行,则剥削性质不产生伦理责任,否则,就具有道德问题。

3. 工作伦理

私有产权基础上的市场经济之下，工作基本上变成了雇佣劳动，这是一种特殊的交易，是一种复杂性承诺，这种承诺不同于组织家庭、成立社团、形成一次性作业的联合等，而是一种在本质上不对称的买卖。

但工作又是一种职业天地，是一种人力资本的积蓄与投资，是人生作为的主要场所与舞台，美国人的自己动手与家居改进之所以如此兴隆，除了人力资本的昂贵、私人房屋改进投资的多重收益之外，主要还是由于无聊的工作和微乎其微的创新机会。

正业之外，人确应有其他爱好与不同的修养，但正业不正，仅仅成了谋生和养家糊口的手段，自然会造成人力资源使用的浪费与主次颠倒，这就会导致事业与职业分离的个人痛苦与工作伦理。

工作伦理，首先要干一行爱一行，人之可塑性与天赋潜能是多方面的人，人之爱好与兴趣同样不是一成不变的，干一行爱一行，就会从中出现新的兴奋点，自我能力也会因此而得到开发与提高。只有发自内心的爱，才能有动力与精力去应对、去探索、去学习。

工作伦理的第二个方面就是敬业精神，仅仅靠爱一行是不够的，爱而不敬有时也可能会流于一般，心理学上的注意力规律告诫人们，人若不严肃、认真地对待某事，就不可能具有独到的见解或练就特异的本领，只有敬业才能焕发出这种执著与认真，才能造成有效的兢兢业业。

工作伦理的最高姿态与境界是主人翁精神，无论是私有制还是公有制，无论是资本主义市场经济还是社会主义市场经济，管理绩效的最大源泉都来自于全体员工的主人翁精神，这是任何制度在效率水准上都需要和冀望达到的，但在雇佣制资本主义产权结构下，从根本上说是不可能产生雇佣劳动主人化的制度基础的。社会主义公有制市场经济，只要责权利关系理顺，则是完全有制度基础与社会理性保证劳动者的主人翁精神存在的。前者的根本性障碍在于资本剥削与利润导控，后者的可能障碍可能来自于官僚主义与绝对平均主义。

工作伦理最困难的一点就是本事与关系的处理问题，这涉及管理公正、晋升、成就感等一系列问题，本事与贡献常常会被关系掩盖，水平差、技能低的一些机会主义者，反而可能通过圆滑的人际关系而在职位、权力、回报上获得很好的奖励，这是社会现实普遍存在的不公。社会通过反歧视而提供某些法律保护，但社会更通过硬技术与技能的行业与国家级明星，提供给那些杰出专家以优异的特殊的表彰，从而在价值引导下弱化机会主义分子的小聪明回报。至于个体选择，则应因人而异，根据性格与为人偏好，不宜强求一律。

4. 交易伦理

交易在现代化商业环境下大体上已经程序化，公平价格、合理交易是基础原则，欺诈成了个案，其将在商业伦理中加以涵盖。

5. 财富伦理

财富伦理可叫做富有伦理，其不光包括生财之道、理财之道，也包括用财之道，从而同投资伦理与消费伦理发生交叉。

富人、穷人是全世界普遍性的分类称谓，人们以为同这种称呼直接相连的是外在一目了然的标志与区分，腰缠万贯、珠光宝气与穷困潦倒、衣不蔽体，或传统的脑满肠肥与面带菜色，或者现代时髦的健康古铜色、健美的身材与无日光浴的苍白、肥胖，但这些实例均非本质性的区别，美国大多数的百万富翁似乎在吃穿用上比那些讲究的中产阶级更不济，美国知识经济的所谓新型富翁，更是像以比尔·盖茨为代表的那样，同夫人大吃"垃圾食品"，穿牛仔裤工装，鲜少打领带，一幅不修边幅的模样。

亚当·斯密引进了国民财富概念，开启了以财富之创造、增长与保留为学问的专门性学科研究，这好像大大冒犯了中国古智慧的圣贤之书与君子之道，说钱论富，当数利得之小人之好，就连柏拉图都对其一名学生质问几何学之使用价值而大为不满，即刻以嘲笑的方式吩咐家奴给这位学生一个金币，以使他可以对学几何学之功用问题不再烦恼。铜臭味看来是中外君子所不大喜欢的，然而，读圣贤书的穷酸秀才们之"书中自有颜如玉，书中自有黄金屋"又是指的哪般呢？富有与财富看来还是一个好大的关口,"英雄难过美人关"还得再加上"士科难抵金钱惑"。

财富伦理的根本问题在于拥有财富是否为富有,富人是否真正富有,或者何谓真正的富有、富人与富足?物质贫穷要定义,那么知识贫穷、精神贫困呢?如果说人之最根本的满足来自于受人尊敬、赢得尊严,那么那些不择手段暴富的人能获得真正满足吗?如果说富人并不必然幸福,那么财富的价值又在哪里呢?

人生是解不开的谜团,生活是永恒性的困惑与考验,寻找简单的解决办法和一元性思路都是注定要失败的,生命的可贵在于经历与圆满,阅历之丰富与生活之圆满在于不断迎接挑战并走向心安理得,单纯地追逐财富、寻找真爱、期盼刺激、等待大任降临、洪福升天,都是要落空和失败的,戒欲、禁欲、转欲等都是借酒消愁愁更愁,抽刀断水水更流。

财富、富有、生财之道、理财之求只有被大彻大悟地纳入到人生这种情境之中,才能开始获得合理定位与真正价值。因此,财富只有伴随壮丽辉煌之人生才有价值,而当立于此境之时,财富之有与无几近没有什么意义。

6. 饮食伦理

民以食为天,这是真正的国情与国粹,美国人真的不怎么讲究吃饭,世界上鲜少有哪个民族与文明像中国这样如此地喜爱饮食"美味"。如果饮食文化、诗词曲赋同茶酒文化,可以给人带来如此之大的享受与快感,世界的能源与环境危机就有救了,饮食高度发达与完美究竟是我们农业文化的落后,还是耕读文化源远流长之超越与领先呢?

饮食伦理包括吃相吗?包括精食细品、孔老夫子的食不厌精吗?这些无非是礼貌与个性特点的不同。

饮食伦理历史上存在着"朱门酒肉臭,路有冻死骨"的社会公正问题,这个问题在南北发展问题或发达与贫穷国家关系方面依然还是个十分严峻的问题,这个问题更引出了与宠物相关的数百亿美元的产业和许多国家贫民百姓依然面临饥饿威胁的对立。

在发达国家与发达城市,现代的饮食急迫问题却变成了饮食过度,导致肥胖问题。本来,食物消费是个人的市场化选择,属于消费者主权问题,他人与社会均无权干涉。然而,当肥胖增多,各种服务设施不得不加大加宽,增加社会运作成本;肥胖引起一系列并发症,带来巨大的医疗成本,并导致国民体质的普遍下降时,饮食就已经不再是个人问题和消费者主权范围内的事务了。

饮食有度、享用有风就是更高的要求了,饮食待客并不易把握,愈是不富裕的家庭经常愈是大方好客,反之,则势利、功利得多,从而有了鲁迅的愈有钱愈小气的说法。但如果是借债待客,中国老百姓的话讲的"打肿脸充胖子"是否就符合伦理道德规范呢?应该不是的,因其不符合量力而行的原则。穷富亲戚之走动应依据各自的能力,而非对等交换。但对恩重如山者,倾其所能给以招待,不但是属于伦理报恩的,而且亦会是有好报的。

7. 服饰伦理

常言道:"人靠衣服,马靠鞍",合适的服饰不但是礼仪规范所应,而且是人之气质、精神、心态乃至性格之外在展现。

干净、整洁、适宜(可体、衣料、颜色、做工乃至品牌适合等)是基本要求。服饰是一种交流,是一种语言,是流动的人体美术,是展示的"人体美学",不能认为只有裸体,只有麦当娜似的"卖弄"、汤加丽的写真,才叫人体艺术,含而不露、引而不发是更高级的美,是更完美的"诱惑"。服饰之精品可以达到裸体完全难以企及的效果。

服饰在起始应该是与人之羞耻感或对性的"掩饰"有关的,在早期原始人尚未有完整的成衣概念与服饰能力的情况下,会用一块兽皮围捆在腰间,这就是性文明的起源,从此以后,人类的性活动变成了一种隐私而同动物公开、张扬的方式区别开来。

服饰一经发展,则实用性功能出现,蔽寒、散热、遮阳、护肤、方便等随之出现,但当阶级与社会等级出现后,身份象征、富有程度则成了主要的展示功能,龙装玉带、西装革履都是不同文化与社会等级的显示。

当然,在所有这些基本与特殊功能出现的同时,美化的功能始终是存在的,自从私人裁缝让位于批量机器成衣后,个体化、顾客化成衣受到了较大的限制,名牌与杂牌、机制与手工制作成了区分富有与贫困的象征,或社会阶级地位的区别。

8. 言谈举止伦理

语言是人类的利器,语言文化被笔者界定为文明基础设施的核心构成部分。马克思把语言作为人生斗争的一种工具,毛泽东认为语言是一门学问,非下苦功不可,斯大林强调"语言是思想的直接现实"。语言分口语与书面语,中国的"文如其人"道尽了语言自我介绍、自我展示的玄机。

就语言的杀伤力而言,历来有"人言可畏",毛泽东更说过某人用笔杆子杀人。一对恋爱中的情侣能得到对方一个亲昵的称谓和爱意的直白表达,就会通体兴奋、飘飘欲仙;一个逆境中的人,听到一通善良的肺腑之言、由衷的开导之语,就会打消轻生念头,振作起来,开创新的人生辉煌。

语言须善用,而不可滥用,滥用的后果甚至不堪设想。那么,如何界定言谈举止伦理?

言谈举止合在一起,强调的是人之整体性的仪表、风度,这方面人人是专家,个个有着深层的体会,不想多叙,只把重点放在语言伦理上。

首先,语言的政治社会伦理功用甚大,领袖与专家必须在言论自由、创作自由、思想自由与社会引导与功用上,作审慎的把握。希特勒晓得"群众运动就是演讲艺术",充分发挥了他那魔鬼般的天才演讲术,结果造成人类历史上空前绝后的战争灾难。不同国度的民众,其对公共媒体、官方舆论的反应与信仰程度不同,各国的信号与决策系统亦不同,因此,作家、记者、艺术家与学者们就须慎重对待自己的成果与思想产品,尽量完整地把握整个情形,而非语不惊人死不休。

其次,真诚的友谊应该是开诚布公的,避免虚伪与客套。良言逆耳,但朋友理当直言相告,好言相劝。在对方陷入低潮、见不到光明、走进死胡同时,朋友也当循循善诱、因势利导,给以支持与鼓励。

最后,语言的恰宜鼎显了一个人的品学与修养,表达能力、语言天赋或言语之感染力不同,但语言大师不取决于这些方面,准确、生动、直白、晓之以理、动之以情是多数人均可以做到的。

当然,最要紧的是做老实人,才能说老实话。中国古语"病从口入,祸从口出",确是金玉良言,但做老实人就可保证说老实话,说老实话不一定能完全避免灾祸,但却可以经常避免。

9. 天年伦理

天年伦理之要害在于贵生与长寿。贵生之要害不在于苟且偷生,而是人道的赞歌;长寿若不能同正义、谦和、天伦之乐等联在一起,或成就其他人生境遇高峰,则不宜作为直接的道德目的,为活着而活着非伦理也。

故而,天年伦理之要害在于少儿努力,晚年幸福安康,包括天年伦理、往来伦理、天伦伦理,均涉及更多方面,故在其他相关章节中展开。

第九章

中观伦理基础

微观伦理基础界定的是个人之间的道德系统与方位,中观伦理基础确定的是组织、团体、机构、企业、机关、单位之间及其同个人与社会,即群体系统之道德系统与方位。由企业到产业,由厂商到市场,从而产业与行业伦理也应当包含于其中,但对那些具有社会普遍性和极为重大的"行当"与领域,则应放在宏观伦理基础部分加以研讨。我们又不想对具体行业的厂商、企业、兵营、机关的伦理作技术性处理,而只是希望通过对那些相对普适性东西的把握,理清其中的中观伦理脉络。故而,本章集中在管理伦理、商业伦理、教育伦理、科技伦理、产业伦理、社区伦理这样几大部分。

一、组织、法人、行当(含产业)伦理概说

道德伦理之行为主体是自然人,然而行为之群体性与群体之结构性带来了社会伦理与国家伦理,即集合的制度性的群体与社会结构的道德约束与规范,从而,从自然人到法人的伦理确立就是理所当然的。

组织作为一种公共约定与集体框架原本是无生命的,但由于其行为与存在是由具有意识活动,并有头脑与主观动机的行为个体来完成的,并且无论从其目的、存在形态上看,还是从其直接构成上看,都是自然人的放大与某种意义上的复合,因而也就有了组织的目的性、动机性、行为关联性,从而有了生命活性,组织因而也就具有了伦理行为主体特性。

法人是自然人的推移,是法律系统对非自然人群体的法律行为主体

的逻辑推演,从而使得法律约束主体有了一切法律对象体的人之特征。

而行当(包括行业和组织)却与法人不同,其是一种松散的集合或联盟。行会与产业联合会均不具有实质性结构与基础,但其作为人员与小社会的集合,同样涉及道德约束。

有关组织、法人、行当道德中的职业道德部分与成员间的个体伦理约束,多半应在微观伦理空间里加以界定。因为,其一定会遵守人与人之间共同的、一般性的原则和规范。而涉及企业、厂家、组织、单位、机关团体等对于员工、职工等的道德界规及其组织产业与行业行为以及社会行为的道德伦理,则属于中观伦理基础范畴。

二、管理伦理

在现代社会以前的人类历史过程中,管理伦理是不甚重要的。社会生活与活动在宏观层面上是阶级对立与上层统治问题,在微观与中观层面上是家庭、家族劳作与生活问题。前者涉及的是统治或政治伦理,后者涉及的是家庭孝道。然而,现代社会几乎彻底改变了上述社会结构。即使发达国家依旧存在着大量的中小企业,不发达国家仍然有大量的个体农户,但发达国家的中小企业多半也涉及小群体员工与合伙制经营,后者也涉及村庄、农庄或股份制运作,并且军队、学校、国家机关,甚至党政社团组织等,均涉及大量的管理工作与组织关系。这就引出了所谓管理伦理。管理伦理涉及诸多方面,这里集中考察晋升与机会均等、聘用与解雇、工作尊严、亚文化价值等问题。

1. 晋升与机会均等

管理绩效可以来自于强制、命令,但高级与卓越的管理绩效应主要来自于对亚文化的认同,而亚文化认同的最大驱动力在于晋升与机会均等。一些大公司与单位,由于经年累月的政治角色与官僚积累,造成灵活性下降与晋升不公,便发展出灵活的非正式组织之成长与发育文化。这些非正式组织因其灵活的预算、非僵化的沟通与交流、公正与直率的赏罚,带来了大系统中的小气候与小环境,造成更好的个人生长与"发育"空间。

升迁与机会均等是组织、法人、行当之中人力资源配置公平与效率的基本保证。准入公正与去职公正在下面会涉及。由于市场行情波动与人事组织系统工作的有限性,就职公正并不容易保证,但人员进入单位后,对其评估和进行横向比较及其纵向审核却相对容易。提职、晋升的公平与公正,会在团体文化中形成巨大的向上调动力量。

升迁与机会均等主要取决于直接决策者与决策层在任人唯亲还是任人唯贤方面的表现,而在这方面,现代社会制度规章与政策公正层面很少有不符合当代社会伦理价值取向的。人事制度的监督与把关同法律的事后纠正与越线惩罚是一样的,通常都是"小概率事件"。大量的案例与情况发生在政策边界之间。许多的"黑箱"作业在主管人员的自我主张与"同行"的默许下完成。一些貌似端正的主管甚至会由于"卖官敛财"、建立独立王国而走向罪恶与深渊。现代任人唯亲已不再是裙带关系,而是山头主义、小宗派、小团体圈子。这种组织中的派系斗争与内耗,不但会造成大量的排斥异己、打击能人,而且可能带来组织分裂。

毛泽东说,"党外无党,帝王思想,党内无派,千奇百怪"。这有几层意思:其一,多党制衡与"关系系统"几乎是不可避免的,或者说是制度公许的;其二,由于偏好、工作关系,甚至由于认识论,组织、系统中的人员自然聚合是不可避免的,但组织与系统运作却必须合方圆、守规矩。这就是一要光明正大,二在量事用人上任人唯贤。

升迁与机会均等还要尽力消除组织、系统中的嫉贤妒能之氛围与意识。一个容不得能人、干才,对贤人在背后说三道四,并设置障碍的组织与系统,即使贤人被推上舞台也无法施展其才华。

在晋升与机会均等中的最普遍的伦理问题是普遍性的以貌取人。这是人类之心理偏好弱点造成的通病。据统计证明,相貌出众的男女,其薪水通常高于同行5%—15%。人们习惯于把聪明、善良、诚实这样一些美好的德行与字眼加给相貌不凡的人,而把愚昧、自私等不好的德性同相貌丑陋的人挂钩。而除残疾人之外,社会尚未能对相貌歧视有任何特殊关注。用人、选才不是要嫁娶成婚,更非情人相恋,缘何会出现这种状况呢?这是个极为复杂的社会现象,是人情中的性与情、潜意识在作怪。结果,又反而在一些情况下会造成一些优秀的"漂亮"人成为牺牲品。报告文学《昆仑人》中的肖女士就是这样一个悲剧性人物。

晋升与机会均等要求公开性、公平性、有效监督性与动态调整性。就是要在动态性的组织重组与持续的公众评议中,通过种种监督与制约保证能者到位、贤者上台。

那么,仅仅是晋升与机会均等的公正是否就表明组织、系统在这方面已经符合管理伦理了呢?答案是否定的。还存在着晋升与机会升迁的问题。倘若组织与系统利用晋升或其他利益与机会,把最优秀的人之社会公德、良心收买了,使其成为组织与系统实现不公正或邪恶,甚至危害公众与其他团体的最有力的人力资源手段,晋升与机会均等同样是违反伦理德性的,并且可能是表面上越公正,则带来的危害就越大。

此外,晋升与机会均等还是造成组织与系统中广泛向上的积极氛围的助推器。那种团结一致、集体奋斗创新的文化传统比单纯的晋升更重要;否则,晋升有可能变成少数组织中的明显的独角戏。这种公众欣赏、跟进、追随的缺失,不会带来德性升华,反而可能带来两个世界的相互脱节。

2. 聘用与解雇

现代企业中的进入与退出,相较于古代社会的行会、帮会和现代许多社团的加入与离去,都显得过于随便。聘用时的选择与面试,多半是由间接主管与招人的招聘小组选择和实施的,只有在大学里,有时录用教授会让每一位在位教授统统参加面试与投票,其他行业却均非如此。

在现代的就业与职位寻找市场上,人们普遍面临的是一种犹如"相守"的那样一种感觉与心理。这种面试机制及其文化,来自于录用与应聘之间的一种非客观性、实在性的相互感觉。录用方可以堂而皇之地以为,合作比能力或才干重要;忠诚比创造性有用。组织、企业靠的是团队而非单个能人获得成功,但其背后的真实却是普遍存在的逆向淘汰与选择。

经营主管除非在山穷水尽时,即否则自己将遭到解雇的情况下,才会把超过自己的能人请到岗位上来。通常情况下,其一定是处处设防、关关设卡,把自认为的潜在竞争对手排除在大门之外。这种机制的逆向选择就会令人回忆起中国古时候的皇帝靠偶然机会,打破常规惯例,从基层直接选拔优秀人才的意义与必要。

人事机构仅仅成了企业、公司录用主管的"花瓶"与附属工具,仅仅充当一般性的档案、资料、工资、福利、政策的传递人角色。除了一年一度的职工一般性的所谓表达"职员声音"的统计性的反映之外,人事部门对企业"干部"几乎没有任何像样的考评。晋级与加薪评估则年年仅凭顶头上司的"评语"。这一切均大大强化了录用的主管人士之任意所为,给了管理者"山高皇帝远"的任意性,纵容了雇用中的道德缺失。

解雇时的逆向选择更为明显。美国公司的通行政策是两星期通知制,即雇佣双方彼此均有解除合同的无理由权利,只要提前两个星期通知对方即可。当然对那些掌握重大、核心商业计划、秘密技术的人士,其合同会因人而异,时常会要求半年或更长时间不得就业于直接竞争公司等类似的要求,但这会提供相当丰厚的经济补偿。

解雇的"方便性"造成解雇的随意性或解雇的通常选择性。经营不利、效益不好时裁员解雇被作为首选策略。大规模裁员在美国通常不存在道德问题,结果时常出现公司主管们一边大幅加薪,增加其他方面的收入,一边又大规模裁员。在大规模裁员的情况下,具体部门中的中下层管理者之命运同普通员工的命运就没有什么不同,有时甚至会更差一些。一则由于其薪水较高;二则由于其中间管理的软化,即可有可无,反倒有可能在裁员中首当其冲。然而若不是大规模裁员,中下层管理者之操作余地反而会比较大,其通常会利用这种机会排斥异己。

职业经理出现后,所谓激励机制假定的那种放大绩效同所有者直接经营在效益上并没有明显的不同。因此,委托—代理人模式过多地夸大了职业经理人之利润机会主义的猜想。事实上,职业经理人在雇用与解雇上,都是其大行老板权威的地方。而这方面的逆向选择弊端所造成的直接经济损失被规模经济、领域经济或其他经济掩盖;这造成的道德风险及其损害要远胜于直接的经济损失。科学、真理、正义、良知、诚实等都被这种"老板传统"文化给大大地玷污了,理想主义与浪漫追求随着逐步入社会现实而走向坟墓。

对这种负面运动,存在着其他的社会制约,这就是声誉效应。这种假说存在的理由在于,依照权力与德性的上述解释,受雇者永远处于一种"人为刀俎,我为鱼肉"的境地。从而,企业或雇主的声誉会由此而传播与扩散开来,求职者会通过各种渠道对此加以了解并在决定接受聘用时对此状况加以考虑。并且,企业之逆向选择的雇用与解雇,同样会面临着所谓错位成本(dislocation costs)、断档成本(cost of disruption)及培训成本的压力。持有这些压力与竞争观点的人,进一步把工人与雇主之地位描述成对等论争(the symmetry argument),但奥利弗·E. 威廉姆森认为这是不能成立的。

这种不对称及其动态演变与解决是个复杂的过程。一方面通过所谓鉴古知今原则(extrapolation principle),另一方面又可能利用惩罚性措施来替代声誉原则或战略。

克里斯蒂·冯. 维兹塞克是这样描写其所谓鉴古知今原则的:"'鉴古知今原则'是社会最有效地降低信息生产成本的一种机制。用在此处就是指:看一个人的过去,就能预知其将来。这种推导是一种自稳定系统(self-stabilizing),因为它能给别人提供一种'成事在己'的激励……看一个人的过去,就能相当有把握而又无须多花代价地预知其将来……'鉴古知今原则'深深地植根于人类行为的结构之中。当然它也适用于动物界……'两只鸡在争斗时,不只能看出现在谁强谁弱,还能看出它们将来谁胜谁负'(维兹赛克,1980 年 b,第 72—73 页)。"[①]

声誉、树立少数标兵、惩罚性措施,包括杀鸡儆猴、各个击破,都是雇主可资利用的,但这其中均没有道德底线与是非公正,而是方术与计算。这种博弈竞争的动态维护与均衡暂时共处,造成了现代企业内在的、持续

---

① 转引自奥利弗·E. 威廉姆森:《资本主义经济制度——论企业签约与市场签约》,段毅才、王伟译。北京:商务印书馆,2003 年,第 374 页。

的文明张力,使得各个行为角色时时处在不得不设防的加倍自我保护状态。

古代社会并非不存在这种不安与不舒适,但在比武与硬性竞雄评估系统与业绩面前,胜负优劣是一目了然的,即无法作弊,否则是会受到种种风险威胁的。当然,在非战场上的,即非前线的后方与其他领域的权力角逐领域,又少不了谗言,但这是在主战场之外,是宫廷里的把戏。然而,现代西方文明却把这一切纳入到人们的日常生活之中,政治被大大地泛化和普化了。

几乎所有的职位与工作机会,都成了某种意义上的竞争与角逐。人们的幸福指数自然会大受影响。当道德能指挥与协调人际关系时,协调成本与心理成本最小,幸福指数也会最高,除非宏观环境陷入混乱或处于战争状态。当一切从属于法律调节,则诉讼与仲裁成本大增;同时,人际对立造成的相互对立与心理紧张与怨恨,就会造成幸福指数下降。

3. 工作尊严

企业、公司、单位、机关、团体不是人们单纯进行谋生、获利的地方,而也是人们贡献才华、锻炼技能、友好交往、培育情操的地方。孔子曰:三军可夺帅,匹夫不可夺其志也。康德说,其他价值均可替代,唯有尊严是不可替代的。因此,尊严就成为终极价值。由于有尊严价值,人类才会有不同于动物界中的"有奶便是娘",宁可饿毙也"不食嗟来之食"。正是由于中国新型军队中废除了旧军阀的恶习,形成官兵一致、平等,同甘共苦,士兵享有了平等的尊严,才有了不可战胜的"陆军王"之所向披靡。

关于工作尊严可以提高生产力,社会实验与理论学术结果历来是有争议的。其对比的相应方面无非是等级命令系统与高压系统,或者靠恐惧与利益诱导等之结果。这些实验的科学性应当受到质疑。

科学的实验应当是在寻求上述的利益、安全、公正、合宜指挥,并在必要或公正惩罚合理匹配下的全增量控制之下的实验。可以进行比较的应是在同类环境、文化圈下的尊严变量之加入与剔除的结果。人类文明与心智结构,尤其是共同的伦理原则告诉人们,尊严一定会提高劳动生产力。这是有着广泛的心理学、社会学、伦理学甚至哲学支撑的人类智慧共识。

但须强调,工作尊严不是绝对的、无条件的、单方面的。其必须是在系统的、公正的、全面的体系中才既有价值,又提高效率。换言之,尊严必须是在所有方面彼此尊重、各守其道、各司其职下方能体现,而非仅仅是任何一方的要求,如上级对下级的,对权威甚至权力的无条件尊重与遵从,或反之,下属对上级的一切命令、权力、权威的无条件的挑战与共享要求。工作尊严必须建立在社会公德、文化与历史传统、社会法律、人际文明等基础上,建立在高度的修养与礼序基础上,尤其应建立在诚实、坦荡、开放的氛围之中;否则,尊严要求的单方面性与片面性会引发无理的争议与冲突。

但是,在制度规范造成了尊严价值贬值的同时,社会之矫正方向却应当是明确而坚定的。正如奥利弗·E.威廉姆森强调指出的:"我认为资本主义总在贬低人的尊严,因此要经常制定一些保护制度,帮助人们来矫正这种条件。"[①]劳工法专家迫切呼吁实行程序性保护制度,就是这方面的例子。

关于尊严的保护,威廉姆森提出两个层次的问题:低层次是为了计算利润率,并主张对管理者(如一线监工)可以改正的次优业绩进行纠正;而高层次的则涉及康德所说的"道德要求",即谁都不能仅仅被看做一个单纯的工具。这种观点同我们提出的在层级上划分不约而同。同时,挑战水平也如此,道德问题更难以解决。从最高价值系统看,工作尊严不应因其可以提高劳动生产率而被接纳,而是企业之道德需要。否则,功利主义的扭曲总是不彻底的,而且会造成虚伪的企业面孔与管理上的两面人。

尊严是不应当用金钱摆平的。尊严就是尊严,同正义一样神圣不可侵犯。

---

① 奥利弗·E.威廉姆森:《资本主义经济制度——论企业签约与市场签约》,段毅才、王伟译。北京:商务印书馆,2003年。第376页。

4. 亚文化价值

任何组织、企业、团体都会发展出自己的一套亚文化价值。这些价值直接来源于社会基本价值规范,但会被注入明确的团体伦理倾向与要求,并直接同组织原则与公司政策联系起来,构成的不仅仅是道德约束,而且是直接的行为惩罚与奖赏。这就使得团体亚文化价值里道德色彩被大大减弱,而强制与压迫性色彩又大大加强,从而带来中观道德领地的真空状态。具体的亚文化价值有很多,这里集中归纳出下述的这样几个方面:公私分明、团队精神、安分守己、忠诚可靠、牺牲奉献。

(1)公私分明

组织、企业、团体,不论是国家公有、集体所有,还是私有(包括独资、合资、合伙)都会出现一个公私问题,所谓公,在此情形下就是集合态的存在与拥有,所谓私就是个人与家庭归属的资产与其他拥有。即便是自主、自雇企业也存在公私问题,所谓私即自家所有,所谓公就是企业公司所有,后者涉及营业税、资产折旧等。

公私分明之亚文化价值是明确的,即要求所有员工必须把自己、自家事宜同组织、企业、团体之事宜作清楚、明确的区分。

就经济、法律与社会道义而言,要求当事者在公言公,在私方可为私、做私,当然在私为公是更受欢迎的,但公私分明原则并不鼓励和提倡完全的无私。因为其极可能使当事人及其家庭失去平衡与和谐,不利于其正常的心态与发展,从而影响其正常的休息与健康,对组织、企业、团体的长远发展不利。

公私分明价值不但要求财产分割、物资使用与占有上是如此,在当事人时间、精力之运用上亦是如此,甚至包括当事人在公时期的注意力、思想意识活动还是如此。像"身在曹营心在汉"的情况,多数情况下不会被他人发现,但这种上班、工作时休息,保持精力与体力,或进行个人之健康、娱乐活动,下班后、返家后仿佛进入正业是不被接受的。

那么,利用工作,获取个人资本、声望、客户关系,利用在职时段培训自己的技能,形成人力资本与个人社会资源的迅速积累,是否算公私不分呢？这要看动机、本职工作的完成情况和其后的使用。若从动机上就是为自己日后另业铺陈作准备或同时兼营他业,完成本职工作的水平低于平均水准,并在其后主动地选择自行创业,并在事实上形成了与原组织企业、单位的竞争,那么这都表明这种选择属于公私不分,并在利用公家条件与资源,来完成个人的追求,是不道德的。

公私分明是社会公正与组织公正的基本要求。在伦理上是组织系统可以而且应当确立并要求严格实行的工作伦理原则,但问题在于如果存在特殊情况,这种伦理工作公正是否适宜？特殊情况如下：第一,若组织系统处于近了无规和低效水平上,由了权力斗争或无政府主义或管理方面的问题等,造成了某种非正常与非健康的生存和发展环境,在这种情况下,当事人业已完成了本职工作,且尚有余力,可否用于自宜的个人发展与开发？毫无疑问,在这种情况下,答案是肯定的。而组织系统在完成自身合理化建设之前,并没有法律与道德依据要求当事人必须浪费自己的生命与精力,至于是否用所在组织系统的资源,则应依据实际情况进行判断,大量的、显著的消耗与使用组织系统的资源显然是不道德的。第二,若组织系统存在着明显不公,在诸如晋升与贡献乃至工作量安排上均存在重大和原则上的问题,合理的行为应当是通过各种渠道与手段,包括法律手段,使自己摆脱这种不公,倘无能为力,亦应当先洁身自好、恪尽职守,而不应随波逐流。

公私分明也存在着组织系统过度与滥用的可能。这表现在要求职员或当事者经常性地牺牲个人与家庭时间来完成组织系统事宜,或者顶头上司为了获得个人之快速晋升,而要求属下作超过平均贡献的额外努力。

(2)团队精神

组织系统必须永远是个有机体。否则,就不必形成一个系统与稳定的组织,而依靠市场、契约或其他短期合作方式来解决。既然是个有机体,就好像一个人或一个家庭,就必须形成统一的目标,进行有效协调。因此,组织、企业与团体亚文化价值取向一定会寻求团队精神。

团队精神的核心是要形成合力,追求共同目标。这就同建立在个人主义私有产权基础上的价值观发生了冲突,但组织只能通过政策、纪律、惩处与奖励等办法,彰显团队价值,抑制个人的独立价值。

首先,团队精神要尽量弱化,甚至抑制个人英雄主义。个人英雄主义是一种凸显个人作用,渲染个人作为、地位与能力的一种价值宣导。团体中也有竞争,也必须鼓励竞争,但必须是在明确公平游戏规则下的"友好"性竞争,而不允许相互拆台、互相敌视性的竞争。团队竞争原则在大公司体制下和独立核算的单位下有新的变动,这就是独立合作体内的团队合作应当优先。这是符合利益原则和伦理原则的。

其次,团队精神要由相互间不拆台走向相互补台、相互支持,从而达到有机合作与自组织下的默契。团队追求的是一种协作所造成的生产力放大与新质生产力的产生。这种效应放大与新质生产力来自于协同后的组合力才能完成的,但在独立个体各自独立活动情况下却不可能完成的任务,诸如协同作用下的创意、思想与知识交流所带来的科技增量,来自于规模经济、领域经济与聚集经济效应所造成的种种新质和放大的生产力。由于这些效应产生本身的混合性之互动性质,团队精神便获得了伦理上的支持。换言之,团队内公正性问题由此而得到一定程度的解决。

再次,团队精神要明确反对占便宜、搭便车的懒汉心理与偷懒行为。虽然上述的团队内公正性问题由于协合性的新质生产力性质而大致得到解决,但团队中的新质生产力的存在本身并不能自动保证团队中的一些成员的鱼目混珠和坐享其成。团队精神价值被贯彻时,也必须发展出相应的原则与手段,以便对这种消极破坏团队精神进行必要的惩处。

团队精神还涉及必要的仁慈与关爱。团队对搭便车与偷懒行为进行惩处是团队公正原则的体现。其伦理基础之必要前提是团队中的每个行为个体都处在不存在显著困境与弱势情况下方能存在的。倘若团队里的一些人在个人身体健康、能力、家庭等方面面临暂时性的困难,则团队精神要求团队关怀,要求把公正升华到仁慈,要求团队成员主动承担和帮助友伴工作,使其渡过难关。

最后,团队精神要求团队不但成为绩效模范,而且成为道德与精神模范。团队精神之最高境界在于在伦理境界与业务作业上取得共同的最优境界。因此,团队精神鼓励对友队、友人的正当、积极的帮助,反对不择手

(3)安分守己

组织系统就是一台巨型机器。既然是一台机器,就是由各种不同的零部件所组成的。传统的管理理论强调等级链与系统指挥。这容易产生僵化与官僚主义作风。现代管理理论强调扁平网络组织系统,希望弱化等级链,强化平等、自主与交流,但只要是机器,就一定少不了螺丝钉的存在。螺丝钉虽小,但对整台机器之运行又是不可或缺的。极而端之,组织系统中的任何一个成员,都或多或少地在某种意义上充分扮演着螺丝钉的角色,这就引来了安分守己的价值要求。

安分守己就是守本分,对本职工作兢兢业业、踏踏实实,就是敬业与老黄牛精神。

首先,安分守己并非指无须宏观关注,不要战略目标把握。这涉及前述的拿破仑所谓"不想当元帅的士兵不是好士兵"的观点。安分守己指在坚守自己的岗位,完成自己的分内之事时,要绝对明白其对整个"战局"与"战略"的影响。这就好比打阻击战同打攻坚战的主力之区分一样。冲锋陷阵,打攻坚战的主力,成为战局的核心与主要决定力量,受到关注,影响巨大;而打阻击战的部队,任务艰巨,作用则是辅助的,但其对主力攻坚之赢得时间、赢得主动、牵制敌方增援等都是至关重要的。安分守己的人员只有明白这种战略价值,才能真正体会自身工作的意义,成为不可替代的有机组成部分。

其次,安分守己不意味着当事者必须一辈子处在同一个岗位,如搬一辈子道岔,打一辈子手旗,做一辈子勤务兵或哨兵。安分守己是指既"在其位",就要好好"谋其政",而不可因职位高低、岗位轻重而三心二意、马马虎虎。社会与组织永远不能保证完全之量才录用,保证千里马立刻被慧眼之伯乐相中,但社会与组织在各种错误性地配置了人力资源之后,会通过各种选拔与晋升机制,尽可能地发现并重用能人。因此,从不同的"低级"岗位或基层做起,对人的成长是正常的,甚至是必要的。若从天降大任之说法看,历练更要求一个人从平凡与普通中把握伟大,在逆境与痛苦中修炼真性。

再次,安分守己不意味着要必然地、明确地分清分内分外事宜。安分守己是指一个当事人必须首先认真、全面地完成自己的本职工作与分内事宜,但当有余力时,而且也必要时,也应具有团队精神,主动帮助完成分外之事。安分守己与团队精神是互补的,而非对立的。

(4)忠诚可靠

老实本分与忠诚可靠是人们交友、往来所希望获得的一种品格。组织系统更希望其成员具有这种对组织系统的忠诚,成为组织系统可信赖的依靠。在这一点上,东西方文化似有区别:西方文明是靠物质与其他诱因与纪律及其惩罚,来达到忠诚可靠的贯彻与推广的;东方则在归属、文化与荣誉上,造成了巨大的心理与精神自律,使属员行动忠实于组织系统,以便成为归属寻求的根本支持。

忠诚可靠不意味着主仆关系。忠诚不要求等级尊卑这种关系界定。忠诚指的是属员对组织系统核心利益、声望之忠诚,对核心机密、技术等资源的可靠使用,而非对组织系统的一切之无条件的忠诚,更非对组织领导的人身依附性的忠诚。忠诚不同于尊重,相互尊敬、关照是普遍的要求,但组织系统不允许利用组织资源与机会发展个人间的等级人际忠诚。这是组织帮派活动或宗派主义,是必须清除的。

忠诚可靠也不是不敢越雷池一步,仿佛一切只能按部就班,事事天然既定。忠诚于组织系统的事业,反倒要大胆开拓,但创新与推进为的是组织系统而非个人从中捞取不同的资本。当然,因事业有成而获得组织系统的奖励是正当与合理的。

组织系统有可能滥用忠诚可靠这一价值原则,要求属员无条件地对外保守组织系统中的一切秘密,包括可能的违法乱纪、损害其他组织的行径。属员没有责任和义务,更无道德约束承担这种过分的要求。

为了保全自身安全,尤其是自己的饭碗与家庭生计,多数人在这种伦理困境下选择了沉默与逃避。这是无法怪罪行为个体的。由于现代商业运作与社会建构,个人选择空间极为狭小,基本生活保障不能自主。故而,良心法则不应放在个人这边,而应强调社会制度与集团环境的改变。

(5)牺牲奉献

组织系统同属员在现代社会条件下,基本上处于一种公平与对等交换的关系,至少在形式等价交换意义上是要遵循的。若能在公有制基础上的主人公环境系统下加以发展,则可能使其向更高水平演进,但只要是以组织系统方式存在的,个人自由就会受到一定的限制与约束。在这个意义上,存在着组织系统对个人牺牲奉献的要求。

首先,组织目标与个人目标可能不一致。例如,组织要求集体指向技术潮流,甚至社会价值,这都可能出现不同于个人所追求与希望的。在这种情况下,组织要求个人在职期间服从组织目标。这就是个人的一种牺牲与奉献。

其次,组织可能处于特殊的危机与灾难时期,例如暂时遭受不可抗力的自然灾害之侵扰,在产品、投资、社会声望暂时处于低谷时,组织系统可以要求属员同甘共苦,例如按合宜比例减薪、必要的加班与额外贡献等,但这种牺牲与奉献不能是经常性的,更不允许是欺骗性的。若把一些事宜当借口,故意欺骗属员,骗取额外盈利与好处,这不但是不道德的,而且有违法律,甚至可能构成欺诈罪。

最后,组织无权要求属员改变价值信仰与个人伦理追求。组织系统在这方面只能是在宪法约束下行事,而且最好置身于信仰活动之外,保持"政教"分离的超然。当然,组织可以积极推荐与鼓励高尚的道德规范,要求属员按照美德行事。这有助于扭转商业伦理统治下的伦理沉默局面。

三、商业伦理

商品、货币十分古老。中国的货币起源甚至可以追溯到夏朝。苏美尔、巴比伦、亚述、波斯帝国、古印度、古希腊、古罗马都有货币。欧美金融专家乐意把10世纪查理大帝的货币活动作为欧洲货币史的源头来研究。而中国从公元前221年统一货币起,到了宋朝时期,已经开始首次发行纸币。由此可以说,商业、商品经济、市场是个古老现象,商业伦理本来古已有之,但彻底的市场经济与相应的商业伦理几近成为社会伦理的核心领域之一,却是近现代的现象。资本主义在工业革命以后,通过西方化的近代创造和计划经济新转型,使得商业伦理成为最为普遍、突出的伦理问题。

资本主义的最原始、最早冲动来自于中世纪的商业革命。商业革命最终未能冲破宗教价值约束,只能在有限的世俗价值下苟活。到了宗教改革、启蒙运动与文艺复兴时期,随着人本主义、理性运动和世俗化要求,商业伦理发生了重大的变化。不但利息观念,从而资本价值得到了广泛承认,而且重商主义一度上升为国民经济的发展战略与意识形态。这就彻底冲破了重本抑末、重农抑商、重德轻利、重灵轻物的社会伦理架构。商业变成了国民财富的整体运作机制,商业在市场之无形的手,经济人之理性计划、追逐和"造福社会",企业家之创新,经济学之"科学化"和精"包装"等之下,成了现代社会活动的主战场。科学家、工程师、技术员,同企业家一道,成了取代古代社会的骑士、将帅、武士、贵族等的"社会显贵"与主力,商业活动又因企业的迅速发展、壮大,成为企业生产经营活动的同义语。商业伦理的内容十分繁杂,本身就可以构成一部专著。这里只能就其相关的主要方面进行专门考察。

1. 洗脑、炒作、暗示:宣传与广告战

商业炒作充斥现代社会:五光十色的霓虹灯下,闪耀的是名牌与厂家徽记;马路两旁耸立起的巨幅广告是商家的形象大使在虚拟幻境下的浪漫与尽情享受。现代美国的儿童,甚至全球的儿童,只要有电视,就会在麦当劳快餐之夹馅面包与可口可乐的反复刺激下长大。

美国社会与大众近年来开始对烟草公司的商品直至广告采取相对敌视行为。自从癌症病患对现代社会生活构成持久性威胁,以及肥胖病造成了人们的普遍性烦恼以来,公众对产品应包含营养与保健方面的信息的要求越来越普遍。

香烟生产得越多,销售就会越多。那么,吸烟的人也就越多,相应的被动吸烟的人也就越多,从而肺癌患者也就会越多。但另一方面,国家获得了更多的税收,用于支援其他方面的建设,或资助贫困学生。那么,香烟生产,对社会究竟是好,还是坏呢?究竟是符合道德的还是相反?而宣传与广告战的伦理界定,远比香烟生产要复杂得多。

宣传与广告战在以美国为首的发达国家,几乎占用了国民收入3%以上的资源,这是以数千亿美元计算的巨大的产业群。人类有无必要把如此高昂的代价消耗在仅仅是劝说人们在本已相当丰裕的物质生活之上进一步的近乎疯狂的购买?而问题更让人难以置信的另一面,却是全世界一半以上的人口竟然依旧生活在贫困线下。更有相当比例的人口的生活水平是每天消费低于1美元。人本来就是欲海难填、欲念无穷的动物,其追求享乐、崇尚游戏、追逐快乐甚至快感的天然倾向与能力,是任何其他动物所远远无法比拟的。而且,自古以来就是"由俭入奢易,由奢入俭难"。也就是说,享受与尽情消费,几乎是无须他人教的。那么,人类为何要让如此巨大的资源投放到敦促人们消费更多上呢?国家、政府、社会的责任与良心是什么?企业、商家果真愿意投入巨资来促销吗?如果其本身也是被迫的,那么,是否有更有效的手段加以改变呢?

宣传与广告不但浪费了巨大的社会经济资源,而且更为重要的是,它直接造成了对消费者的洗脑与心理暗示。把许多垃圾食品、垃圾产品与服务,把恶劣的生活方式与价值观念,深深地置于消费者的心田,造成今日消费者的缺乏品味、缺乏价值判断、缺乏社会良知与环境意识;微观虚拟世界渲染的均是人类全球化调配与布局的能力无限,却没有告诉消费者资源压力、能源危机、环境污染、生态恶化的悲观现状和前景,尤其没有传递产品生产与原料产生、劳苦大众的辛勤付出和支付的环境恶化之代价。倘若发达国家的儿童与成人能真正看到其所用的铅笔之木材来自于加拿大大批上好森林的砍伐,尤其来自于中国与东南亚国家的工人之辛勤劳作,墨碳来自于南非或中国产地,橡皮来自于中国或墨西哥橡胶园,他们还会像今日这样,视铅笔为海水潮来之物,大批地消费而不心疼吗?广告与宣传用虚拟场景塑造了海滨度假、游乐场畅玩、世界奇山美景旅游、新潮流行款式竞比、豪华舒适住宅拥有、新款轿车驾驶等的消费主义与物质主义情趣,更通过或明或暗,或种种娱乐与直接的表说,把性游戏同物质享乐牢固地连在一起,如汽车、美酒、香烟、性感内衣、各种首饰等的尽情渲染。

宣传与广告战,几乎从根本上摧毁了艺术。同大众媒介或电视的两分钟原则相一致,宣传与广告战更是力求在最短的时间里给所有可能的消费者以显著的印象和刺激;宣传与广告在大众媒介的高收视率节目中,采取反复的强制性插播,造成人们无法拒绝,并在谣言重复千遍即成真理的情境下,使人们由不抵抗到麻木,由麻木到模糊,由模糊到渐渐接受。艺术品位与鉴赏力出现了全社会性的滑坡,艺术品在失去市场,艺术家群体在死亡。其中主要原因在于齐平化、功能即为美、大众美学盛行和艺术市场凋敝,造成了真正艺术家生存的障碍环境。

宣传与广告战中的无限夸张、欺骗在发达国家的社会环境中,已经不再成为主要问题,但在后起的工业化国家中,依然是商业诚实的重要伦理问题。尤其是大众化产品之广告,就更来不得虚假。因为,无条件退货早已成为商业惯例。但汽车专卖商、全国性广告等却未必对其承诺完全对应,时常会出现广播与电视上的广告宣传同当地专卖商的优惠不一样。这也是汽车专卖商在美国商业市场上口碑较差的原因之一。

宣传与广告战造成普遍性的艺术环境或人文环境污染。美丽、安详、宁静均遭到前所未有的破坏。各种各样的消费人物或形象,各种各样的非艺术把玩的产品宣传,造成了市面、社区的繁杂与喧闹,破坏了自然和谐,扰乱了天然宁静。

厂商是否有钱就可以购买到最显眼、醒目的地方呢?大众是否就该在节假日的聚集高峰,从视觉到听觉,都得接受商家的宣传扩散信息呢?

形象大使们常常由于其名人身份,早已拥有丰厚的收入与报酬,应否在一个广告短片中再度大笔进账?广告儿童、小天使们的存在究竟是好还是坏?他们是否过早地成了父母与厂家的摇钱树?

商业炒作冲击了真实,冲击了经典,冲击了优秀,造成了捧红与捧杀。使平庸者一夜成名,一夜走红走俏,而那些真正的大家、优秀与伟大的东西,却由于资源高度集中与倾斜于宣传炒作,而遭到冷落,甚至被扼杀。这是所谓信息时代与信息革命的悲哀,是现代文明的堕落。

2. 价格战和价格同盟

商家都愿意独此一家,别无分号,享受垄断价格与超额利润。垄断不但能够获得优厚的利润回报,而且由于垄断产量而无须承担大批量生产与运输所带来的一系列的辛苦与劳作,并且也可以免受广告消耗战之影响。那么,厂家缘何还要相互竞价、制造冤家对头呢?价格战之目的有几个:第一,先驱逐对手,占领更多的市场份额,待稳坐钓鱼台时,再行垄断价格战略;第二,在激烈的市场销售中,获得市场出清,扩大市场份额,从而早日回收资金,再扩大生产或转行;第三,在稳定的技术基础上的生产成本与交易成本降低基础之上,创造出更大的市场范围,或改变产业格局与技术领导规范;第四,挤垮或造成中小企业竞争对手的困境,试图改变市场与产业现状。在这四种价格战情势中,只有第二和第三种价格战无论在经济学上,还是在商业伦理上都是合宜的。

为什么这样分析呢?表象上看,只要是厂家、供给者削价,总是有利于增加消费者剩余的,能够使消费者留有更多的资金,以便增加其他方面的消费,从而提高消费者福利。因此,不论商家们的主观动机如何,价格战的客观效果对消费者而言总是好的,并且由于厂家、商家的主动竞相压价,而非来自消费者群体方面的外部压力,或者是政府或国际市场的压力,从社会道义上也不存在任何问题,但问题在于,短期的好处有可能被今后长期的、更大的损失抵消。像在第一种情形之下,通过短期的价格战,改变市场结构,最终造成垄断情形,则垄断产量与价格,都是消费者需要支付巨大代价的。像在第四种情形之下,其对产业和市场结构与状况的改变,同第一种情形并无实质性差别。当企业与厂家或商家,以价格竞争为手段,旨在最终搞垮同业竞争对手,改变产业与市场结构时,依靠的不是新型技术与管理,而是自身暂时的财力与规模等优势,则是违反竞争规则和不符合商业道德的。

同价格战相反的一种价格策略是价格同盟。价格同盟可能采取价格领袖、价格卡特尔或其他松散型价格协议。这是行业中的商家经常会进行的一种价格上的互相约定与支持,不能一般地、武断地评价价格同盟。

因为无论是领袖跟进式,还是"集体"协议式,都无法进行直接和简单的好与坏的评估。对价格同盟的评估,应当建立在价格同盟的动机与效果的评定之上。如果价格同盟造成了本行业利润超过平均利润,价格同盟保护了落后技术,从而抑制了产业创新;如果价格同盟阻碍了新厂家进入,则价格同盟就不但是违反市场竞争原则,而且是违反商业伦理的。

反过来,在市场疲软、通货紧缩或有可能出现价格雪崩的情况下,价格同盟不但可以维持厂家、商家与产业存在乃至存续,而且可以保持市场稳定。这在长期来看对消费者与市场都是有好处的。

无论是价格战,还是价格同盟,价格伦理的要害都是公平价格。在价格运作方面,不存在其他的伦理要求。自由企业与自由市场制度,不要求商业竞争在价格方面有超出正义的更深层的仁慈举动。公平价格的基本含义是:第一,在宏观资源配置上造成的产业、行业相对均衡条件下的对消费者利益的公平,即不获取超过平均利润以上的额外利润;第二,在产业内部的厂商竞争中,既不恃强凌弱,也不刻意保护落后和缺乏竞争力的产业,同时又不设置保护价格或中小厂家可承受的低价,但对弱势或幼稚产业或国家战略产业,出于国际公平竞争的考虑,支持与保护价格或其他的补贴性措施,那需作具体分析,另行进行判断。

3. 产销污染、污染转嫁:环保战

工业化造成的生产污染,包括化肥化、农药化等,已经成了现代环境公害。起初,人们以为这是进步过程中的问题,是发展的代价,是增长过程中的阶段性现象,但随着其对公众身心之大面积的损害,造成各种怪异急慢性现代环境病症,如造成伦敦四千余人死亡,日本的数千人死亡等恶性公共卫生事件,环保战逐步拉开了序幕。

生产污染被逐步追踪到污水、工业废水、废料造成的江、河、湖、海、城市、居住区、旅游区等的大面积污染,例如造船、造纸、印染、印刷、纺织、化工、拆船、钢铁冶炼等,也像噪音污染,像机器厂房里的声音污染和航空飞机噪声等。后者属于消费污染,但对于航空公司则属于生产污染。

先生产后治理是对那些已经工业化的、已经发展起来的地区与产业的事后补救，但这种思路与原则，已经被改变。在现代环保意识下，已不允许先生产后治理，而是要在设计预案中首先确定污染防范和应对技术与管理。

在早期传统古典经济学模型中，工业污染或广义的环境污染被作为外部不经济来处理。对于外部不经济，经典的处置手段就是庇古方式，即通过国家税收加以解决。而从以科斯为代表的新产权或社会成本学派产生以来，污染被"内部经济化"了，不再成为一个市场外的"无主"存在。在科斯社会成本学派看来，只要存在彻底的产权界定与产权交易市场，受益与受害方就可以通过合宜谈判与产权交易，自行解决污染问题。然而科斯要么是无知，要么是故意躲避，因为：第一，公众不可能形成一个有组织的集合谈判群体，其处于无主、分散状态，完全不同于其对手独立厂家；第二，产权无论如何明细，公共财产，甚至俱乐部或准俱乐部产品永远是存在的；第三，污染之外部经济现象，即使在两个私有当事者之间，也是极为难以确立的，而且举凡污染治理好的地区均非科斯的私有产权细化的地区，而是民间与政府处于强有力的掌控地位之地。

销售污染除上述的广告等心理污染外，主要造成了垃圾污染。废旧利用、回收循环已成为新的规范，若能形成彻底的制度化、系统化与产业化，则垃圾污染是可治的。企业、商家有义务参与这种环境治理，而非仅对生产污染负责。

随着全球化与跨国公司的全球经营，污染转嫁成了越来越明显的国际现象。发达国家不但富有，而且环境宜人、美丽；发展中国家不但贫穷，而且环境恶化、丑陋，但实际上，发展中国家原本的自然赐予并非如此。第二次世界大战以来的所谓发达国家的再工业化旨在，第一，占领更高的价值链与高技术产业；第二，将污染、低效、低度工业化技术与生产转移到地球上的远离发达国家的地区；第三，进一步加速发达国家的城市化与商业化。这是一种现代经济帝国主义与殖民主义的巧妙包装，其结果是可怕的。

发达国家的政府在这场全球化的博弈中，立场与态度是矛盾的：一方面，从整个环保趋向看，这些国家的政府无疑是愿意默认上述有利于自我的祸水他引的处理方式的;另一方面,其又面临着发达国家传统产业,尤其是机械制造业部门就业的巨大压力,甚至面临着工业空心化的战略性担忧乃至恐惧。与此相对应,发展中国家的政府对全球化的态度与立场也是矛盾的:一方面,其希望引进技术、资金与管理,以便迅速实现现代化与工业化;另一方面,其又担心环境与生态灾害、经济自主失控(受外资支配)、国家经济安全失控。

上述的新帝国主义与殖民主义显然是不道德的。从长远看,也不会使西方文明摆脱衰败的危机,只是将其暂时平息与转嫁出去而已。企业、厂家的环境意识尚未能从工业化以来的人类主人理性中解放出来,只有当厂家可以真正体会到尊重自然、尊重生命、尊重每一位自然人时,才能真正懂得环境伦理与土地伦理。这种伦理是对近代理性或启蒙运动的反动或至少是矫正,是从康德—黑格尔的人类或人之至高无上的进步与历史观中解放出来,走向全面和谐,而非征服与对抗的人伦礼序。

4. 做大的极限:兼并哲学

企业的界限在哪? 这既是经济学、社会学、政治学要回答的问题,也是伦理学要回答的问题。微观的无界限的扩张,自古以来就是如此。小到家族财富、财产的拥有,大到封建专制的皇权家天下,以及财阀、家族财团、豪门地主或地方军阀割据,始终是困扰社会的重大问题。中央集权、国家建制、中产阶级生成等都相应地使得这种少数豪强独大受到抑制,并且,混合所有的所有制形式无疑限制了少数巨富家族与个人,尤其是高额的遗产税等手段,更限制了这种个人财富过度集中的代际传递,但企业的界限依然是个难以解决的问题。

现代企业很少靠自身积累来完成自我扩张,而是通过各种兼并,迅速地完成整合与扩张。企业兼并有三种基本形式:纵向兼并、横向兼并和混合兼并。纵向兼并指的是企业试图使从原料来源到产品销售均实现内部化,从而不再受市场波动与不确定性影响,把经营的整个流程统统纳入到企业内部。横向兼并指的是企业的跨行业兼并与出击,旨在为企业造成多样化经营,从而避免由于产品、技术等生命周期所带来的由产业困境造成的企业不景气。混合兼并是指把纵向兼并与横向兼并结合起来,既要对核心主业之纵向一体化进行控制,又要求跨行业的混合经营。

但现代企业兼并的核心动力究竟在哪?现代巨型公司,除专门的金融公司或财团之外,多数都是托拉斯—康采恩形式,即由核心财务公司作为主要利润中心与内部金融支持,形成独立核算的企业集团形式。兼并的动力主要来自于资本运作的利润诱惑和更大规模的抗风险能力与名誉收益。

这种国家级的、跨地区的、跨国的巨无霸,在带来自身稳定性的同时,却一方面摧毁了无数可以吸纳众多就业的中小商号与企业,另一方面造成了产品品种单调、服务质量降低、人际关系松散。那么,这种狂热的兼并究竟是理性的还是非理性的,兼并的道德底线与伦理界限在哪里?

铁路是现代企业运作机制的最主要的推动者。美国早期的铁路建设与管理,基本上是按照50英里制而构造和完成的。其营运也是分散作业的,但市场整合与管理统一性要求现代企业打破这种单干包段制,形成统一指挥与运营的大企业。结果,随着铁路大型企业化与现代经理制的创新,现代巨型企业成为大企业范例。

首先,企业的技术与经营统筹要求企业整体战略规划和统一协调。无论从技术、资本、管理和服务与产品看,这都是合理的。其企业界线只能依照自然垄断边界来确定。只要企业兼并没有造成垄断市场与行业,从而带来垄断控制与瓜分市场,并控制技术发展,则兼并就是自证自明的,并且在商业道德上具有完全的合理性。

其次,企业以获取垄断利润或其他超级规模收益为目的的兼并与扩张,或者仅仅试图摆脱经营困难与成本危机,通过损害就业与转移产业而进行的兼并是不道德的。尤其是企业上层主管,为了满足个人野心,为谋求大股东与核心股东及其高级主管的私利而进行的资本运作,投机取巧,同样是不道德的。

再次,不同亚文化的企业兼并,不但导致兼并失败,而且给被兼并员工之身心带来极大的伤害。因此,合乎道义的兼并应当受到包括员工在内的全体职员的多数通过,而不应仅仅是几位最高层的战略运作高级官员的自我决定和董事会的决议。否则,这就是不公正,从而也是不道德的。

最后,企业以国际竞争为目标,以国家经济安全与利益为根本取舍,进行横、纵、混合兼并,只要能够达到上述目的,则无论是经济理性,还是伦理道德都是合理的。无论是被兼并的企业,还是受到损害的员工都应作必要的奉献与牺牲。但企业与政府却无权以国家名义与利益为借口,通过兼并方式而牺牲与损害被兼并企业与员工的利益,换言之,政府部门不允许借此寻租,兼并企业不得以此营私。

5. 社会责任:情报战、人才战与其他

现代企业越发意识到取之于民、用之于民,做个当地的好公民的伦理价值和商业价值。企业不是慈善机构,企业不能以不计成本、不讲利润来行善济贫、扶助苍生。但企业也非只是经济动物的集合,成为专门的经济机器。企业有相应的社会责任,而这种社会责任是除了其本职的提供优良产品与服务之外的社会责任。

战争期间间谍特务,除非受到外交豁免的特殊保护,视情节轻重是要受到一方的惩罚的,包括死刑。这表明,情报索取在战场上是不被双方共同认可的,而且惩罚措施十分严厉。那么在和平时期的非国家间的企业与经营体之间的情报战又是如何界定的?商家的道德底线在哪里?

企业也许可能在无商业秘密下运作。比如,一些企业其最具核心竞争力技术与管理手段均是公开的,而其对手与其他跟进商家却无论如何无法直接拷贝与加以实施。例如,沃尔玛的全球卫星仓储处理系统就是其他竞争商家明明知道而无法拷贝的。但大多数企业都是依赖于其核心技术过活的,比如巧克力配制秘方、各种名牌酒之调配秘方与经验等。

情报战与人才战是直接连在一起的。千军易得、一将难求,是个普适性的规律,可以适于任何行业。一个优秀的企业家、管理者,不但经常可以造成濒死企业的起死回生、转危为安,而且可能从零做起,开创一个新的市场与产业。相应的次级的管理阶层与关键的技术人员同样也是十分要紧的。这些人力资源同时就是技术、管理与情报资源。

商场如战场,商场上的情报战与人才战之伦理界定何在?可以直接移植战场规则吗？企业的社会责任在情报、人才资源占有与共享上应该如何界定？

为了搞清情报战的伦理底线，首先应区分好情报、信息、知识等。情报在广义上与信息可视为相当的东西，但在狭义上情报却不同于信息。情报涉及商业运作之核心秘密与技术，非一般性的信息，且情报本身既已包含保密意味。知识可分为系统知识与零散知识。制度经济学把知识区分为可进行编码的知识和只可意会不可言传的知识。技术诀窍等属于后者。若涉及后一类知识和情报，则除非获得懂行的人才，否则便不可能得到相应的情报。

在商家早期的竞争中，经营的秘密与诀窍经常成为彼此刺探、贿赂收买的对象，同时的商业运作多半取决于经营商机的捕捉。现代商家的情报收集已经有相当大的一部分通过直接诉诸于顾客而获得。一部分情报或信息收集与分析交给所谓市场分析公司来处理。这些专业与中介公司，通过问卷与电话调查，获得顾客偏好与选择信息，再经过统计与计量分析方法的处理，提交给企业、公司。问卷调查通常通过礼品、礼券或金钱、试验品等，对顾客的信息供给提供诱导与补偿。顾客的评品、试用、设想，成了商家开发的情报来源。这应是个两厢情愿的公平往来。只要不给顾客造成生活骚扰，引起顾客厌烦，应该是一种公平的方法。

人才战如今是愈演愈烈。通过猎头公司，企业、公司间的竞相挖掘人才变得正规化、系统化。这种人才战，造成了相对积极与流动的市场评估，给企业与雇主以必要的压力，提升了人力资源的价值。由于知识与情报的社会共享型，企业对人才没有绝对安全的拥有权。因此，人才战对社会总体说来是好的，但由此可否认为企业可以不择手段而撬走他人的顶梁柱呢？

必要的、公正的企业间的人才争夺是有积极意义的，但恶性竞争却会虚抬一部分人力价格，造成不必要的浪费，而且会培养和滋长走俏群体的投机取巧心理。必要的忠诚与稳定不但是企业、组织所需求的，而且是员工归属感所要求的。

采取相对开放与支持的鼓励政策，会促进信息共享和人才流动，从而放大了外部经济,企业因此承担了一定的社会责任。此外,企业还具有倡导社会文明主旋律、弘扬人类优秀精神与文明传承、积极帮助所在社区建设、推进地方慈善事业等社会责任。

现代社会不要求企业承担全方位的社会责任,不希望企业办社会,从而把企业拖垮,成就不了实业与经济核心任务,但依旧希望与要求企业以负责任的社区有能力的一员,参与积极的社区建设活动。

四、商业欺诈与齐平化伦理评估

企业、厂商必须对自己的全部商业活动负有完全的道德、法律与政治责任。过度的商业炒作乃至完全不符事实的商业欺诈是必须坚决摒弃的。

现代商业欺诈很少直接涉及金融诈骗,而是更多地涉及风险欺诈、功能欺诈、价格欺诈、运作欺诈。这些欺诈是隐含的、不易察觉的。许多风险欺诈只有在到相当的临界点后,方能引起社会公众的广泛注意。功能与价格欺诈同样不易察觉。其隐在月末结账的账单中,不断变动而且每次均是细微的变动,但最后导致显著性的变化。美国汽油与燃气在过去的两三年中上涨了一倍多。这种上涨都体现在消费者家用燃气账单上,公开的汽车油价却没有那么明显。

现代企业的金融欺诈业已变成了像安然公司那样的诈骗事件。普通股东与员工完全被蒙在鼓里,内部人翻手为云、覆手为雨,使得许多人耗尽了毕生之积蓄。

历史上通常是政府、强盗、国王、大公们通过税收、赋役、货币发行与贬值等聚敛民财、间接征税;现在是金融大鳄与巨型公司通过股市操作、金融风波而获巨利。这是现代社会最大的经济不公之一。各国政府与国际组织应该而且有能力阻止这种金融诈骗。

现代经济系统造成了历史上前所未有的物质丰裕,但在造成这种状况的同时,也通过机械制造的批量化、标准化、零部件化,通过全球配置、分工和规模生产与经营,通过"大众"美学与实用功能至上美学,通过量胜替代质优,造成了人类美学与艺术上的危机,造成了现代化五光十色背后的大美与真美或古典美的凋敝。

短平快、大量复制成了创作追求,谁还能静心于精品生成的漫长与孤独？商业的涌动、市场的诱惑造就了现代化的物质丰裕,扼杀了艺术珍品、绝世之作的生存空间与创作源泉。人们在齐平化的"大众口味"下,丧失了美的卓越追求,只剩下了对古迹的凭吊,以及对硕果仅存的历史"美迹"的走马观花。

古代征战是野蛮对文明和美的掠夺与摧残,是破坏、焚毁、抢劫造成的文明的劫难与美的葬送；而现代商业却是釜底抽薪：从创作源泉、创作理念、艺术家生存空间、艺术地位、社会鉴赏力和物质追求等,全方位地埋葬艺术天才,艺术成了科学的陪衬,科学成了资本的奴婢,经济学成了经院"哲学",财富成了新上帝。

五、教育伦理

识字率、扫盲率、十年教育普及率、大学生占同期学龄比例等成了教育现代化的基本指标体系。硬指标及其体系固然有积极作用,读书率、个人拥有藏书量、人均图书馆、人均教育等无疑都是有价值的指标,但普及义务教育就是完成教育了吗？一个受教育的良知丧尽者比一个天然良知的文盲,哪个更有益,哪个更有害呢？

古代教育追随古代教育伦理纲常与社会要求,旨在培养精英的那种贵族式教育,其从天子帝师之"圣王明主"教育到君王弄权治国－贵族经世致用教育,只是着意于上流社会、统治能力与学问及其技巧的培养。其中的德与礼,或风度品学都占有相当的地位,人格、人性、人品塑造占有相当的分量。中国这方面的教育开发是系统性的、规范性的,从帝师太学到科举制度的乡、省、全国三级选拔,从四书五经到才学技艺,文化与教育资源与体制相当完备而系统。当然,到了后来的八股文,就几乎走进了形式主义的死胡同。中国之外其他任何文明,古代教育均是凌乱的、不系统的、民间性的、自发的,而非来自君主、国家性的系统规划。其他文明中的教育系统与功能基本上是由宗教、教会、教皇系统掌握与实施的。内容与选拔以及资源也都控制在宗教系统手中。

现代教育则一反古代精英教育,实行彻底的大众教育。这种大众教育的基本教育目标如下:第一,培养具有相应的知识与技能及其国家、民族认同的公民意识与能力;第二,通过高等教育,尤其是研究生教育,培养高、精、尖的科研群体与学者群体,并通过专业科学家与教授阶层,形成独立的知识分子超前、批判与创造性意识与角色承担;第三,通过特殊少量的选拔、培养与施展机制,发现和造就少数天才与特异才能人士。

现代教育伦理首先涉及的是教育公正。这集中体现在受教育的权力上。系统教育是现代公民之安身立命的基础,是国家应予以提供的基本保障。政府、家庭、社会均有责任与义务,保证基本义务教育的全面普及。这是造就未来合格公民与人才的基础性文明与人力资源工程。在私有产权规范下,公立与私立学校之竞争是不可避免的。事实上,公立学校本身亦当采取必要的竞争以便提高效率、改进教学质量。但社会不应造成公立与私立之平民与贵族的二元等级性社会系统形象与事实。国家、政府与社会各界均不应过度强化私立学校之资源,骄纵、捧杀贵族式学校。这不但是不公平的,而且会埋下社会等级与彼此仇视的种子。而且,过度贵族化的舒适和揠苗助长式的教育,会导致学生真正竞争能力的降低,并由于生活的过度安逸而不思进取。此外,贵族式学校高薪聘请的教师,出于责任心,大规模地加压,造成学生心理负载过重,引发逆反心理。

教育伦理其次涉及教书育人。师道尊严是知识灌输早期的普遍性的倾向。儿童普遍地更倾向于信任老师、课堂、书本和同学们普遍的认识,而不会过度相信家长、家庭的传递。但师道尊严必须同为人师表和教学相长密切结合在一起。在西方,师道尊严正在经受教育投资主客体雇佣关系的干扰。学生与家长日益成为投资主人,而不愿意视受雇的教授为特殊职业。教授与教师有被"贬至"家庭教师的被动地位。这给教与学带来了不小的麻烦。此外,西方教育很少涉及德性与做人,完全是知识与技能的传授,而当学生不解做人道理、不明求学理想时,其学业与学问动力就会可想而知,充其量只会被出人头地、竞争、野心、财富、地位等吸引。幸运的研究生,在大师的耳提面命与谆谆教导下,成为潜在的未来大师;

普通学生则基本上只能靠自己探知人生德性。伦理道德启迪则基本上来自于教会的宗教教育。东方中国的以品学培养为主,以做人律己为正心,以才学修养为素质与能力,要求心性、人格、知识、才干的统筹是科学的,也是符合教育伦理的。但西方应避免过于放纵个性自由,东方应避免过于压抑个性才学,这些是各自应注意的负面影响。

教育伦理最后要解决的问题就是现代教育中的天才教育培养的基本失效。系统、正规学校与氛围不可能培养和造就出天才来。天才的独特的情怀与习性会被现代系统正规教育扼杀掉。读荣格的自传及心理学可以明白,这是东西方现代教育的普遍性难题。从小穆勒或更早期开始,西方就有了早慧儿童的系统开发,但读小穆勒传记的人都无法得出天才儿童的系统教育是必要的这一结论。因为美丽童年的丧失是否是公正的,人的良知很难回答。从天才儿童日后的社会追踪看,其平均获益高于一般人群,但其中产生的天才大家却与同期投入根本不成比例。伦理悖论来自于应否由社会与家长投入如此巨大的开发投资?早慧儿童应否丧失其美丽的童年?能否找出更好的、更有效的两全办法?

六、科技伦理

被誉为"当代毕昇"的北大教授、中国科学院院士王选走了,而其伟大的科学品格与完美的人格却常留人间。近代科学革命仅仅三四百年,却在如此短暂的时间里,从各种不同的文明、种族、国家、地区涌现出无数的人类优秀的典范。这不能不归于科学内在的追随真理之本质品格。科学应该是人类理性解放中最伟大的系统发现与创造。在人类文明长河中,从普及与广泛性传播及其普遍性开发角度来看,科学超过了哲学、宗教、艺术。科学同时依其抽象美、形式美、简洁美,又给了科学家莫大的审美满足。伟大的科学品格如同伟大的艺术风格,形成科学伦理定势,构成人世间的行为标尺,成为人类永恒的追求。

然而,同这种智慧化身、完美追求、勇于探索相对照的却是科学技术之日益同资本的联姻,成了资本利润追逐的强有力的理性工具与获利杠杆,就像历史上科技发明是权力的附庸一样。这就有个科学技术发明之价值归导问题。

科学就其理性系统倾向而言,具有追逐本质、探索本源的客观真理性品格。这种理性智慧品格同完美人格与智慧的结合,产生出伟大的科学品格,但科学体系本身是不包含价值判断与价值规范的。而且,无论是科学的归纳还是抽象的演绎思维,都不是完整的真理体系本身,而是独立的、分别的客体运动规律,无论是自然定律、定理,还是宇宙、生物规律,都不涉及人类价值与宇宙伦理的完备性结构思想。

科技伦理的第一问题在于科学家、技术人员之自发兴趣探索与社会、国家之科技需求之间的平衡。在现代社会,科技已经基本上不再采取单干式、独门独院的"经营",而成为社会庞大分工体系下的一种特殊职业。在这种情况下,科技人员的独创性要求被大大压缩,其已经成了已有的科技推进的延伸性拓展。但反过来说,系统的国家科技发展规划与私营经济部门的科技创新,依旧是由前沿科学家群体提出与制定的。除非是科学家与技术人员职业、事业以外的个人偏好与兴趣,凡属要动用大量的社会人力与物力资源的大规模、大兵团与深层科学探索,都包含着人类价值评估与效益问题。科学家与工程师无权仅仅依据个人之偏好、喜爱,进行战略性科学规划。并且,科技手段与发现会直接影响社会福利,甚至人类健康、尊严乃至存在,例如像克隆人及其他生物基因工程、核武器等带有根本摧毁性的人类科技活动,都具有重大的伦理问题,其并非由科技界本身就可决定的。科技创新之无禁区同人类伦理把握之间可能会形成冲突。

科技伦理的第二个问题在于科技创新之回报问题。杰出科学家之优秀品格经常不单表现在伟大的智慧、勇往直前的探索精神,也往往表现在他们在个人财富金钱上的崇高、慷慨与豁达。这些人只求工作,不计个人得失与报酬。爱因斯坦到美国就曾因索要工资过低而不得不由好友强迫其提出更高的工资要求;居里夫人主动捐献出其千辛万苦提取的镭;王选数次拒绝享受院士楼与高级住宅,把国家奖励的 500 万元奖金全部用于科研与教学,表现出了崇高的个人品格与风貌。然而,市场化的刺激、终端性的小发明与革新,却使许多人腰缠万贯。科技创造回报的公正性究竟应当界定在哪里？西方经济学显然用市场均衡的人力资源自行调整来解决这个问题，但这显然并非伦理学的答案。荣誉、自律、神圣都是社会可资利用的奖励。科技人员同样可从中获得巨大的满足，但必要的物质手段与基础又是保证科技投入与正常生活的基础，并且也是社会公众的具体体现。因此，社会必须在家庭原则、市场原则与社会原则中找到一种平衡，以便造成科技创新之最优状态，并使其保持可持续性。

科技伦理的第三个问题是由科技本身的自足性与目的性或价值功能进一步引申出来的。科学同诗词曲赋、绘画、戏剧、小说等一样，同哲学、历史等一样，本身具有自足性与自封闭型。换言之，科学本身无须外在承认与映照，就可以使其行为主体获得一定的肯定性与满足性。这同经济、政治甚至宗教活动不同。后者必须得到市场承认与社会承认，才获得了自身存在与价值。当然，自给自足的经济在开始时也具有这种性质。但与此同时，科学若仅仅作为科学家与科学爱好者的一种智能游戏与智力把玩，则科学价值将会大打折扣。科技的真正意义，即使从纯粹的智能欣赏与抽象美等角度，也依赖于科学的扩散。而扩散的极端世俗化就导致了工具理性和科学主义。这是一种丧失科学主体性的价值缺失。这又需要在自足性与外在目的性之间寻求平衡，偏向任何一方都会导致伦理失衡。

七、社区伦理

社区不同于部落、村落，也不是城镇、市区，而是一种现代社会的生存群落。社区有可能包含一些厂家、企业，但社区的主体是一家一户的居民户。这些居民户除了历史遗留下来的本姓村落外，现代的就只有国别小城区，例如希腊城、中国城、意大利城、法国城、德国城等。这些移民以祖籍文化传承为背景，形成一种商贸生活主导的文化生态居住群落。而多数社区则是几近随机分布的混杂，当然，收入或阶级身份起着重要作用。

现代国家就是以这种公民社会为基本存在方式的。公民社会的基本细胞是家庭。在此之上就是社区、组织机构（主要是商家），同时对应成为其提供强制性秩序保证的是国家机器。

社区既没有古代的血缘、族亲纽带，又没有超家庭的系统性组织利益驱动，在公私交错区域系统下存在，伦理基础何在呢？社会联结纽带何在呢？城市经济学、区域经济学可以解释单峰、多峰、聚集与分布，但如何解释公地悲剧在社区中的消失呢？美化环境多半属于外部经济，居民区的主人又如何都乐此不疲呢？面子与尊严背后依旧还是良心与深层道德自律。功利的换算与习性可以解释一部分行为，但无法解释全体集合行为。

社区伦理的前提是社区公德。这种公德多半在作为负责任的公民意识中早已种下种子。无论其移居何处，大抵会通过询问、观察、模仿等，在居家外在环境上形成社区一致的要求。这意味着时间、精力与资金的投入。中国传统社区的维护在纪律与道德滑落后一度几近崩溃。只扫自家门前雪，哪管他人瓦上霜，成了相当普遍现象。随着现代商品房区、城市小区的开发，优美、安逸的社区迅速推广。

社区不是市场，也非企业，社区可视为一种放大的家庭。由此，社区伦理的首要一点是自治与互助原则。自治是一种自组织、独立运作结构与方式，不受政府与外界强制性指令，相对独立运作；互助要求非直接交易性的邻里互爱，这种互助不可能像家庭那样全方位与持续不断地进行（例如父母对子女的养育至少到其成人），但不采取市场上的等价交换原则，而是一种礼尚往来，互敬互助。

自治与互助会直接引来另一个对立的抑制问题，即倘若一些邻居缺少相应的社区公德意识，倾向于始终搭便车，把自己、自家的应尽义务推给社区，在此情况下，社区自动的互助还是相反的公正公平要求更合理呢？显然是后者。社区的关爱应当是相互的，不应成为一些不道德的人投机取巧的地方。这就要求对等原则，即人人、户户尽其职责，只有那些老弱病残与懂得礼敬互让、礼尚往来的，才能得到互助互动。

东方讲究谦让睦邻，西方主张公平均衡。前者是内谦、自省、自律，以责任与关爱赢得安宁与互爱；后者以权力与利益获得动态平抑与均势。两者从成本到收益，从理念到路径，从社会管理实践到伦理道德境界均是不同的。若能以东方理念作为最终与宏观机制，在最基本的私域空间，从西方理念开始，形成东西方文明结合，可能会产生最优境界。

第十章

宏观伦理基础

　　微观伦理旨在界定和把握个体间的行为关系,中观伦理旨在界定和把握组织与产业的伦理规范,宏观伦理则是对社会、全局与国家乃至国际社会的道德伦理界定与处理。宏观伦理的一些方面会在法的精神与法制架构中得到体现,尤其是在国家宪法与社会根本制度中得到反映。事实上,微观、中观也都有各自对应的制度秩序与政策等,但由于系统的复杂性等原因和调节层次,制度秩序政策,尤其是统治,只能是宏观伦理的东西。微观则更多的是通过道德与品性等表现出来。因为,只有规模大到一定程度,结构复杂到一定程度,稳定的制度与秩序及其相应的伦理内容才是有意义的。

　　老庄、孔孟、墨子、柏拉图、亚里士多德等并非没有宏观伦理概念与意识,但他们,尤其是孔孟、柏拉图、亚里士多德等,基本上是把伦理学当做政治学的组成部分来对待。因此,其宏观伦理的含义与根本就是其思想学说中的礼治、王道、共和国与等级制度安排。他们均把一些当时的等级统治秩序作为合理、完美的天然规范加以接受并进行系统论证与展开。伦理学仅仅作为中观和微观,尤其是微观铺陈而已。

　　孔子的君君、臣臣、父父、子子当然不是上述的伦理体系,而是上下一贯、家伦比照的国家伦纲结构与系统,但孔子显然是以微观伦理结构为基础的,而以良知推移,直接比陈君臣,并借助于天地阴阳、自然尊卑等级,确定统治与被统治地位与关系,并在其中赋予了伦理情感与诉诸。这些古代智慧无疑都包含着明显的时代、学科与阶级局限性。

一、制度伦理

制度乃社会与国家之根本性的结构规定。其中的核心是统治意识与实现、主要利益生成与分配,以及与之相应的最基本的运作机制核心价值取向。制度不同于体制或机制,但制度规定了体制的选择方向与体制本身,至少是终极的价值追求。制度伦理可由众多的角度对其进行研究与考察,集中起来有制度确立与更替伦理、制度分配伦理、制度运作伦理、制度改革和演化伦理。

1. 制度确立与更替伦理

无论是替天行道、为民除害,还是民意所推、众望所归,抑或是历史洪流、世界大潮,表述的都是一种制度确立与更替的人类价值依据,或者确立与更替的根本标尺。君权神授、王权天授都是一种借助宗教、上天意志来确立制度存在的依据。近代国家开始了所谓政权合法性的宪政革命和共和伦理。这在西方是一种由社会契约论走向政治自由主义的制度确立与更替伦理形成;在东方是一种由人民民主制度走向社会主义的马克思列宁主义之政治伦理。民主与共和伦理采取了不同的形式,但其伦理核心价值却似乎受到现代的普遍接纳与肯定。

在人类历史的早期,制度确立与更替的基本依据是传统、习俗、公约和联盟等松散形式。部落联盟、国家联盟等都是一种十分脆弱的临时性结构。在这其中,力量竞雄、对比,尤其是直接的武力与强势起着十分重要的作用,但与此同时,正义,尤其是民意民情也在平抑着武力征服上占优的暴君与恶主,这些人鲜少可以如愿以偿,或即使得逞也极难得到善终。

秦始皇统一中国,靠的是武力征服,炎帝、黄帝等传说中的帝王实现统一,靠的同样也是武力,但缘何前者成为暴君恶主,后者成为三皇五帝之人文始祖、伟大典范?而且秦始皇统一中国武力之背后,具有超前伟大的、早熟的政治理性:文明在较大的国土疆域上获得统一规范、统一文字、统一货币、统一度量衡、统一道路,建立万里长城,更为重要的是确立起了中央郡县制国家政府与管理体制。而这种文官制度由国家行政管理建制的这种历史性的创新,并通过汉朝的进一步发展与完善,基本构成了以后影响中国两千余年的政治管理制度。秦始皇成为历史性悲剧人物固然同其好大喜功、统治暴虐、焚书坑儒等有关,更主要的是他未能获得一种系统化的儒、法、道伦理系统与士大夫意识形态的支持与称颂。

制度道义潜存于民心与社会之间,但道义系统化、道义舆论扩散、道义同制度形成与更替构成完美结合与互动却是另外一回事。这本身又是极人的政治艺术与社会运动艺术。

当然,炎帝、黄帝等的王权与仁德易于获得普遍、永久的称赞,而秦始皇无论对中华文明与中国国家建制如何有功,但毕竟在主观上打下的是一种家天下的封建家族皇权王朝。不过,反过来说,李世民开始的贞观之治和大唐盛世同样也是家天下的国家王朝,却也获得了后世赞美。看似双重标准的评判同样也应归结到以儒家传承为代表的中国士大夫阶层国家意识形态的伦理固化。因为,这种家天下已经悄悄地同真龙天子、江山社稷、国家命运、天下兴亡、安民乐业、和平繁盛、民族主权等巧妙地结合在一起。

李世民玄武门兵变,杀兄逼父,似乎私德并不怎么样,但其开启的大唐盛世,却赢得了万世景仰。然而,无论是汉高祖刘邦及其贤相萧何,还是汉武帝及唐太宗、唐明皇甚至武则天等,在中华政治制度确立与大文明一统江山业绩上,都不及秦始皇之伟业。这就是说制度伦理不是一种表象的情感或情绪问题,其背后应该是高度的政治智慧与理性。这当然不是为秦始皇,尤其是其子胡亥的胡作非为寻找任何的理论支持,而是要在历史经纬中寻找与构建政治制度确立更替的最深层的伦理基石。

中华政治文明的制度伦理高峰是禅让—革命更替转移。西方则从君权神授,经过理论上的社会契约,而迅速转向民主制这种所谓合法性政权组织与权力转移的近代政治哲学与伦理。

禅让制在本质上是一种精英礼让之政权转移,但仅有禅让无疑是不完整和无法得到保证的。因为没有社会力量与机制能够保证继任者具有相同的德性与才华。遇到荒淫无道,则革命就成为理所当然之事。政权与统治者或群体更替固然同制度变化并非一回事,但在贯彻、执行甚至更替制度时,政权与统治者的作用无疑是巨大的。中国有萧规曹随,有圣人祖制,有伟大传承和民间压力,有托孤辅政大臣,其都是为了保证制度的稳定性与连续性。罗马有元老院,其是一种贵族平衡,也是一种历史智慧的稳定性延续。

民主制对立的不是所谓的专制制度。绝对的独裁无论在民主还是非民主制度之下都可能产生。希特勒政权就是现代西方民主制下的产物。民主制所对应的是精英制与贵族制。精英制是一种开放社会的大众委托制,贵族制是封闭社会的身份等级自定制。现代民主制在本质上依然是一种代议制或委托制,只是其委托主体是政党集团的代表人物,而非开放社会下公开选拔的精英。当然,现代国家中的一些职能性、技术性部门,则已稳定地掌握在技术官僚精英手中,后者又鲜少是民主制所能管辖的,除非出现重大政治与社会灾难。

制度确立与更替是所有社会变革中最为保守和缓慢的。其动态变动的核心力量是社会公正。当然其运作时的推进,首要的是要服从统治阶级的最大利益与愿望。例如,美国作为如此年轻的共和国,却成为最后一个废奴制国家。美国历史上的对外扩张与门罗主义、霸权主义制度的形成,就是美国垄断资产阶级意识与利益的根本体现。其不可能因为国父们的一些超前意识而有所改变。然而无论统治阶级的意愿如何,社会公正依旧是不可阻挡的历史洪流。例如1929—1933年的大危机,导致了全部资本主义经济的运作弊端与社会灾难性后果暴露无遗,失业、穷困、分配不公、社会动荡等问题,使得混乱、低效的西方世界同有计划、按比例高速发展的苏联社会主义形成鲜明的对照。罗斯福新政的制度性改进获得了根本性的社会伦理认同。在第二次世界大战中,同日、德法西斯较量过程中所显示出来的社会正义与国家干预主义的高效,给了这种制度伦理以良好实践的时间。战后所有的发达资本主义国家,几乎都沿着这样一个制度的改革轨道,在福利与社会公正上进行了几近脱胎换骨的改革。

现代社会制度的确立与更替通过下述五种方式进行:(1)立宪及其宪

法修正,即法定权力多数通过甚至全体通过原则。后者鲜少可以实现,也多半无此必要。(2)政党、国家与立法机构之重大国策变动与出台。(3)重要社会机构、机制之根本性制度变化。其在出现与始发阶段从来不容许违反宪法,但当演化到一定程度,变成社会主体和强势力量后就会迫使宪法和其他制度规则作出与之相应的修正。(4)非常规的内部政变和国外干预与占领。占领与外部干预力量鲜少像历史上的帝国统治,而是采取有效操纵下的内部宪政与民主规程,完成制度变革。(5)局部与整体世界冲突后产生的国家重建和在占领下的重建,如战后独立的许多国家和德、日等国的重建。

现在西方社会制度确立与更替公正日益集中到程序公正和形式上民主的共和制度之上。制度确立与更替之实质性公正,被大量地淹没到程序化的细节与职业政客的运作之中。中产阶级与福利国家的社会现实尚未给社会大众主体造成难以为继的压力。国际经济体系给了西方国家以根本性的有力支持,从而制度公正之西方内部社会矛盾尚未有机会暴露出来。当亚洲重返历史相应地位、世界秩序逐渐趋向于真正的国际公平合理时,西方世界的制度确立与更替就随着对国际资本主义的质疑而被提上历史日程。

东方人,尤其是中国人也重视规则、程序系统化与公正,但其智慧主张和推崇的是可行、简化、有效程序规则而非相反的东西,并且,更重视实质与内容。因为在他们看来,国际合作与国内制度运作都有其根本性的目的所在。若舍弃目的而追逐程序,则无异缘木求鱼。这是东、西方公正及其智慧、伦理上的显著区别之一。

2. 制度分配伦理

制度分配的主要是机会。制度是对机会空间的秩序性结构的确定。这种机会空间实质上是一系列的权利与义务束。其中又可区分为经济权利与义务、政治权利与义务、文化权利与义务、社会权利与义务。宗教在历史上同政治更为紧密,在现代社会则同政治日益脱离,变成文化与精神领域或社会领域的一部分。

制度分配伦理并非一种自生、自在的历史源头与社会自在逻辑运动。它是制度确立与更替伦理结果的直接与当然体现。两者又都既从属于社会统治阶级核心与社会经济现实存在,又是文明传承与当代思潮的积极产物。制度形成后除了政权与组织结构紊乱,主要指向于控制资源与机会分配。历史上的制度分配包罗万象,包括荣誉、身份、地位,甚至礼仪、服饰、语言等。行为主体的个人几乎丧失了全部自由度。这就是所谓格列佛绳索效应。现代制度演进向着粗线条、核心层面集中,也就是从消极自由转向积极自由,从而在机会空间上尽量建立公正伦理。

处于制度分配现代核心地位的是生产资料所有权、支配权与使用权之归属。这一点是马克思或马克思、恩格斯的根本性理论贡献。历史远未像福山等人所预言的那样已经在所谓意识形态斗争中结束。因此,西方经济学的产权学派才会如此不遗余力要在全世界彻底推销其私有产权万能论。他们知道,自由也好,民主也罢;君主立宪也好,人民共和也罢,除非是彻底的私有产权,否则,自由企业、自由价格、自由劳动、自由金融等均非实质性的归属,其既可以服务于这种混合所有制市场经济甚至是全民所有制度,也可以服务于私营产权经济制度;既可以服务于这种文明,也可以服务于那种文明。如果追溯到马克思的个人所有制思想,有两点恐怕是重要的:第一,生产资料或至少是核心部分的公有制,是其根本体现与保障;第二,有关个人生活与发展部分,个人之直接拥有与支配,或私域,或个体自由域的所有空间不是要缩小而是要扩大,从而个体的自由意志在符合或至少不同社会意志与他人意愿相对立的情况下,应当得到最充分的保护、鼓励和发展。马克思、恩格斯的共产主义学说要消灭的是私有制,而不是市场;要消灭的是生产资料占有的私有制,而非所有的私有制。因此,制度分配永远不可能有普适的、统一的伦理。意识形态方面的斗争将会长期地进行下去。中华复兴的道路及其新迹象表明,人类文明的未来曙光及其广泛的公正性,不在西方制度分配这一边。随着西方文明的衰败,尤其是中产阶级这一短暂的历史阶层从历史舞台上的消失,西方文明制度分配伦理的根本性弊端将会彻底暴露出来。

这就直接引出制度分配的第二个核心方面,即资本分配与雇佣劳动获取。在相对论经济公正参照体系中，社会合宜的利息是资源资本投入的合理回报，这是应由市场公平价格决定的，但比例一定是相对小的。当资本成为利润本源、雇佣劳动成为商品时，社会经济分配就完全是人剥削人的制度。这在资本主义产权制度下是天经地义的，在高级社会形态下则是直接的剥削。只要社会是以私人资本下的雇佣劳动形式存在的，社会制度分配在本质上就必定是人剥削人的制度。人是社会存在的主体，人永远不应当等同于物。人不应该被降低为可在市场上任意出售的商品，但须强调下述区别：以私有制为核心的小型企业业主与家族完全投入全部的生产经营活动，并且不但承担全部经营风险，而且并不获取超出自家与个人全部劳动投入的应得外的更多收入，仅获取全部资本投入的合意的利息，这不但是合理的，而且是应当得到鼓励的。至于大型民营与个体资本，其利润所得无论如何不是高级社会伦理所能支持的，但若以下述方式存在与流转，却不但是符合伦理规范的，而且是有益于社会的：首先，那些有作为的企业家，把庞大有效的企业形式的资产，看做社会对自己特殊的人力资源与才能的信任与委托，从而在生命活力的前提下，尽力增大资产的滚动并增加就业，同时推进产业建设与发展；其次，这些企业家安排好退休乃至身后事宜，把个人庞大的资产不是作为子女用来任意挥霍的资本存在，而是反馈于社会。这就实现了个人与社会的基本伦理要求。

制度分配的第三个方面是政治权利与义务的分配。这是现代民主共和国的基本层面。社会构成的主体不再是臣民而是公民。公民社会构成了国家存在的前提与基础。因此，是人民决定统治存在—权力结构而非相反。然而，这方面的进展却远非像其形式上所宣示与展示的那样。西方社会的民主制根本摆脱不了富人游戏的现实，因此才有民众的选举热情远非像理论上所期待与预期的那样高。参与度与热情是呈下降趋势的。社会主义政治的官僚主义和新权贵现象，成为中央权力不得不反复竭力进行抵制与斗争的问题。政治权利与政治参与的程序化是必要的，但必须加进德序化；否则，只能是走过场与变形扭曲，而不会形成生动的政治参与、政治动员。正像列宁早已指出过的，西方政治的虚伪表现在法律精神上的林肯三民主义,但却在法律与条款细则上施加种种具体限制与规定,使得其权利并不可能真正运作。西方的政治权利与义务的核心是一种对权利,尤其是统治权的平衡、限制与反抗。这种权利监督与均衡的权利意识是重要的,但通常其既不解决实质性问题,也无法获得社会伦理升华,从而在本质上只能造成对豺狼的约束而不是人伦的提高。这就是我们看到的双重标准和宏观民主与微观独裁的根本原因。权利也好,义务也罢,统统都是手段而非人性、品格的约束与操守。说到底是一种竞争的游戏规则,从而是另一种战争武器与手段,而非战争正义确定的把握与战争当事方的理念与思想的发展与提高。政治权利和义务分配的核心是政治解放与人类平等。这包括种族平等、民族平等、国家平等、人人平等。这是打破阶级、种族、贵人压迫的一条根本上的政治分配伦理。这种政治机会分配如果同产权结合起来,可以激发出巨大的人力资源潜力和带来极大的人类幸福感。

制度分配的第四个方面是文化权利与义务的准备。这其中的核心是教育、科研、艺术创作与娱乐。现代社会在这方面的进步是异常显著的。但这并不意味着普及教育、职业教育、精英教育等方面的挑战已经结束。这是一个同贫困、发展紧密联系在一起的问题。资源与权利再度向社会精英倾斜的倾向再次显现。

制度分配的第五个方面是社会权利与义务的分配。这方面的制度创新与演化或许是现代化最成功的一个领域。至少在理念与形式上,世袭、贵族、特权、等级被消除了。至少在公共公开理念与形式上是如此。

文化上的保护个性而免遭大众化、齐平化的淹没和社会权利分配方面的消除事实上的社会阶层分离都是巨大的伦理考验。因为文化市场和产业中的规模经济效应远远大于领域经济效应。而身份经济同样会遇到巨大的数千年统治贯性和传统的抵制。

制度分配是一切分配的前提。制度分配远远大于市场分配。因为前者决定了市场分配的可能性空间与指向。这种分配通过国家强制和社会道德与舆论等非强制手段,对市场分配结果进行再分配。制度分配伦理的根本支撑是社会公正。这就要涉及公正理论中的一系列具体的方面。

这种分配公正框架与结构确立后,市场可以根据效率与公平兼顾原则进行运作,并根据运作结果,由社会再次进行事后公正评估与调整。制度公正不能完全无视效率,否则,走向极端会丧失公正存在的前提与基础。更准确地说,制度分配要以长远的、根本的、综合效益为基础,在社会公正基础上,寻找理想的平衡点。

3. 制度运作伦理

制度确立后,会通过制度运作来体现制度目的与制度分配,同时制度运作又会受到已确立的制度与制度分配结构的制约。制度运作主要指国家政府运作、市场经济运作、组织企业运作。至于个人活动与往来,则除非重要人物的重大事件,总是从属于上述三级体系中的一个或几个,否则,不会构成制度运作的组成部分。

国家政府层面的制度运作伦理的核心在于防止国家政府或政权及其他权力的异化,即这级行政系统运作的良序自主存在不得不让位于背离制度确立原则,并在分配领域违反与制度分配价值指向。行政、军事、法律、监狱、海关、边防等国家机器与政府存在,在本质上是一种制度架构的行政作业机器与系统,但由于国家主权、政权的独特的暴力性、强制性、神圣性、权威性,以及国家功能的权力性本身,容易造成权力主体的混淆与颠倒。这就会造成广泛的权力社会异化。就如同人们对既不能吃也不能喝的金银珠宝顶礼膜拜一样,人们对权力也采取这种颠倒主次的极度崇拜。权力当事人更不但以此获得不当的心理精神满足,更将权柄变成获取个人财富、资源与更大权力的手段。

普遍的规律是制度原则宽泛,实际运作权力规则细严;制度规则相对理想化,实际运作逐步走向衰落、腐败;制度原则在理论上是法治与德治,而实际运作却时常是人治,即所谓"县官不如现管"。这种运作过程中的权力的制度性背离,逐步地腐蚀并可能颠覆和葬送一个良好的制度。换言之,在这一层级的运作伦理的核心是统治者与被统治者之间伦理的界定问题。现代社会尽管尽量弱化统治角色、统治意识,而向领导与服务方向演进,但依旧无法从根本上防止统治回归与统治滑坡。这是权力自治制度性腐败的核心病症。

市场与经济运作伦理在相当的意义上被归结为商业伦理,而且这一领域极为混乱。多数的、流行的观点是认定市场经济伦理例外论,即市场经济在本质上,除了形式等价交换以外,无须遵循任何其他伦理原则。市场与经济就是以效益为准则,以利润为中心。商业经营的丛林法则是天经地义的,就如同借债还钱,杀人偿命一样无须解释。

然而,市场运作结果造成了现代社会的两极分化与日益对立的两个世界。这种富有与贫困的对立,都不但是社会现实困境,而且是每一位正直和严肃的社会人士经常不安和担忧的事宜。

事实上,除了商业行为、市场网络,经济还在多重场空间与网络中进行与展开。即便市场经济本身,除了公平价格与公平交易以外,诚实、信誉、互利等也起作用。外部经济几乎同内部经济一样重要,溢出效应是规模效益递增的重要环节,而这些多半不遵循等价交换原则,其也不是简单的公正所能解释的。除了功能之外,人类交往自身就是幸福的源泉。这或许是伦理学的本质与核心。

组织与企业运作能力主要涉及组织与企业遵守制度规定与遵循制度核心价值取向,还包括寻找制度漏洞,奉行有利于自我的机会主义发展与经营方式。组织与企业的创新不易把握。一些是会被证明并最终接纳为有益于社会发展和制度建设的,而另一些则会被加以纠正或被拒绝。这方面的挑战是大型企业,尤其是现代大型金融公司,利用全球化与跨国网络优势,操纵与诱导市场,向国际市场、国家外汇与金融市场发动攻击,借以套利与获利。这些金融家们在有意制造的金融风波与动荡中大发横财,给政治家带来了巨大的麻烦。而与此同时,其中的国际炒家又利用其手中所掌握的资金与非营利组织,不但买得善名,留下美谈,而且积极参与甚至干预国家、国际与他国制度变革。这是当前国际金融的主要危险之一。

组织与企业运作能力的核心问题是组织与企业微观目标与宏观目标的协调与处理。组织与企业在保障社会就业、社会安定、社会繁荣方面的权利与义务的平衡在哪里?企业或微观单位办社会经常被证明是不成功的,但若不承担必要的社会责任,一味地要求社会、国家、政府为自己的发展提供条件与机会,把就业、环保、社会安全、人力资源培养等,统统推给宏观机构与环境,甚至推给社会中的个体行为者,这无疑是不符合社会伦理道德的。

4. 制度改革和演进伦理

制度变革同制度更替在严格意义上是有区别的。这就导出体制或机制同制度的区别。体制与机制可以有不同的组织与选择,但制度却是一致的,只不过无论从理论和实践上都非常难以把握两者之间的区别。改革可以被认为是制度的自我完善,也可以被认为是制度本身的成长与创新。在某种意义上,这部分的伦理研究可以比照第一部分有关互动关系。这里不再展开。

二、秩序伦理

制度的现实力量体现为一种本质上的秩序规定。制度的等级性与非等级性,人类关怀还是资本财富关注等核心价值取向,决定着执行伦理的价值取向与秩序的结构性规定。继续通过结构规则、权力与体制来体现自己。秩序伦理也因此分解为其相应的部分。

1. 结构规则的合道性与合宜性

秩序首先表现为一种结构规则。说结构是因为规则是分级、分层、有系统的,并且结构规则具有相对的稳定性与基础性,即其他的临时性变动与控制性表现,尽管也多半表现出秩序、顺列,但却不是这里的秩序。这里的秩序表现为一种根本性的、稳定的结构系统框架,它规定与制约着各种具体的社会运行与流转。西方文明通常只主张合法性。只要合法,似乎一切都可以在大体上接受。然而,真正的问题却在于合道性。合道性不是简单地合乎规律与具有科学性,而是现实性、合理性、合法性的结合,甚至包括正义性。结构规则必须具有现实性。这本质上规定了其存在的合理性,但并非未来与永恒的合理性。现实性的要害在于立足于时代与现代,既不激进也不落后,既不左也不右。就是要在现实的境遇条件基础上形成规则系统建构与要求。这是一种现实的历史继承的政治生态分布与历史契机的现代反应,也是现代物质技术手段与时代潮流的集中体现。例如,现代思潮下,平等、民主、尊严、自由、计划性、市场性等,都具有现实意义。这有别于远古、中古、中世纪的英雄强势崇拜与精英统治。由于现代通信、大众传媒与交通手段的高度发达,现代社会的公共舆论与监督可以变得更加有效。此外,在规则结构中,保险或广泛的风险控制与防范起着重要的秩序保障作用。

结构规则必须具有合理性。依照黑格尔的名言,凡现实的都是合理的,凡合理的都是现实的。现实性无意间集中反映了现在存在的合理性,但作为动态运动与未来的合理性却同时规定了未来的现实性。合理性具有两方面的含义指向:一是指效率合理性,即技术角度的规则、规划、设计、运作上的冲突性、矛盾性等的减小,高效快速反应与整合水平的提升,事情完成的成功率等;二是指伦理道德合理性。后者要确保人类价值贯彻。

结构规则还须具有合法性。合理的、现实性的未必就是合法的。合法的不见得就是现实与合理的。法律系统与机制一旦确立,本身会形成自身的运动规律与历史传统。因此,结构规则必须通过一定的法律程序,并通过法治意识与执法反馈,方能成为完整意义上的合法秩序运行。

结构规则的合理性之第二个方面包含全部的核心伦理价值,即一切美德与善良价值都涵盖在其中,但其中对秩序结构而言,最关键的、起支撑作用的是其正义性。正义性的深层根源在于社会和国家的历史规律和现实民意。任何一个民族、社会与国家,其正义性并不是无传承的、从天而降的。即使美国这样一个移民国家,其正义性也是由于其祖辈移民从欧洲中世纪的压迫式反弹中产生出来的。而且其正义理念的背后,同时包含着殖民主义、白人责任等。否则,便无法解释其成为最后一个废奴国家和对北美印第安人的残酷无情。正义性的另一面来自于社会呼声。社会必须有足够多的沟通与压力疏通渠道,以便民情民意能够经常得到上通下达。

2. 权力之合道性与正义性

秩序可以通过习惯、传统、习俗、默契来形成,但多数情况下秩序离不开权力的直接干预、指挥与协调。权力在这里的核心地位与作用,使其成为重要的秩序伦理研究对象。

像结构一样,权力也必须具有合道性。权力来自于制度规定,更来自于直接的政治生态力量的分布状态。制度规定是一种综合的、长期缓慢的力量,而政治生态却是流动性的,会随着政治焦点与社会力量的变动而起伏不定。其中的代表人物会被相应地推到历史舞台和权力前台上。权力的现实性也会体现在权力实施和权威风格上。一个有国王、君主和帝王意识的历史人物,即使走上权力舞台,也不会成功。袁世凯在人们的唾骂声中做了83天的复辟皇帝后死去就是明证。

权力的合理性在现代社会结构中仍然具有社会契约性质,只不过这样的契约是多重转化契约。所谓多重转化,一是指宪法宪政制约,这是普遍性的,但通常仅仅制约选举制度与最高领导人;二是任期制之形成,通常是代理制与组阁制。无论是代议还是组阁都不是直接社会契约。当然,无论是宪政制还是任期制,在根本性的意义上都获得了社会政治合理性。

只要上述权力获得与权力执行遵守相应的法律程序与手段,其就获得了相应的合法性。

权力表面意义上的合理性、合法性都不能完全保障权力的道义性。在这一点上,西方文明仅仅懂得收买人心和"胡萝卜加大棒"政策。换言之,其仅仅意识到道义的伪装价值,并不真正了解道义的决定性价值。这就是强权即真理的道义观之核心所在。

3. 体制之合道性与正义性

在这里,体制是秩序的具体运作机制。秩序不是一种元原理、元机制的运行规则,或像算法一样的抽象的软件系统。秩序是在一定制度与体制背景下和实体中的规序与原则的展开序列。

体制的合道性同样要体现在其现实性、合理性与合法性上。体制的现实性比制度的现实性来得更加迫切。体制要直接对应于社会就业大军与消费大军的动态变化。人类与社会文化自然地说来是以代际为变动的。不同的代际有着明显的自身时代性特点与痕迹。体制尽管不能像风筝一样跟随风向流动，但体制必须在其中加入必要的、动态的代际变化。体制的合理性与合法性同结构规则、权力的合理性与合法性一样，都必须获得效率与道义的双重支持。这种两重性质的平衡来自于互约双轨原理的规定（关于互约双轨原理，可参见笔者的《超现代经济学》一书）。现代社会在完备、成熟态之上大多采取混合运作机制。西方资本主义在传统市场机制之上，引入了计划性与计划管理和规程，发展了国家与公营企业和部门，形成了强有力的宏观控制与调节，建立了相对完善的福利制度，严格对资本，主要是其腐败、过度进击（如垄断）等的管理，但其全部的体制改革与变动，均是在完善其现代资本主义制度而非相反。东方与其他地区的社会主义国家，其中的一些在西方华盛顿共识的精心策划下完全或近乎于完全走上了资本主义道路，而且实行的是早期野蛮的资本积累时期的资本主义体制，剩下的仅仅是历史记忆与文化中对昔日社会主义工业经济成就辉煌与社会平等之回顾；另外一些以中国为首的社会主义国家则坚定地走上了改革、创新、开放、发展之路，本意是要在改革过度僵化、高度集权的中央计划经济体制的过程中，充分利用与发挥市场资源配置与民营经济潜力。无论是就速度成就还是社会平等角度而言，社会主义实践与理论都具有不可比拟的优越性。然而，社会主义实践中的体制灵活方面的探索之历史性弯路和进程中的物质匮乏，却被西方文明与内部反对势力过度夸大。结果造成了西方在热战与冷战中均未获得的对社会主义阵营的极大伤害。然而，西方文明在20世纪90年代末的侥幸获胜很快就会过去。西方文明为此次卑鄙的偷袭一定要在道义、政治、经济乃至可能的军事上付出其未曾预计的代价。这是要比其在当年拓殖时代的代价还要大得多的代价。历史远非像福山等人所宣称的那样已经结束，而是刚刚开始，好戏还在后头。亚洲重新崛起与再度称雄，不但要引导亚、非、拉各洲甚至欧洲乃至世界性的重塑，而且会引导西方文明在其衰落中找到新的历史机缘。

三、政策伦理

宪法、制度伦理的价值规范是一回事;政策伦理价值规范是另一回事;秩序伦理、体制伦理是一回事,政策伦理是另一回事。这里不是说两者之间一定会对立与冲突,各行其道,而是说制度、秩序、体制还必须通过更加具体、灵活、详尽的政策乃至权力加以体现和指挥。

政策具有两种类型:一种类型属于秩序政策,另一种类型属于过程政策。秩序政策是秩序结构的具体展开与详尽规定,过程政策是对过程的掌控与调节。这些政策伦理的核心显然是要贯彻制度体制伦理的原则。国家政策需要在动态调节中,在不从根本上与继续政策产生冲突的情况下,进行必要的、灵活性的调整。秩序政策一旦确定,通常并不容许随意更改,但实施中的新现象与矛盾,却可以通过过程政策加以补偿与调整。

四、统治伦理

政治的核心至少在阶级与等级社会中是政权与统治。这其中涉及统治资格、统治基础、统治手段与统治秩序。马克思列宁主义认为国家作为阶级统治与压迫的机器,会随着人剥削人、人压迫人与社会主义制度的演进而最终消亡。换言之,当国家接近消亡时,统治也会消亡。事实上,现代社会统治在逐步弱化,领导、管理、服务在逐步加强。

1. 统治伦理的历史清理

如同现代社会中的商业伦理例外论一样,人类或世界历史上也曾经历过统治与战争伦理例外论。至少在马基雅维里与腓特列大帝的近代权力角逐与强权天然胜利合理的伦理依然占据主导地位,而历史上的思想家或思想流派多半把社会秩序等级与统治结构相等同,从各自不同的角度界定出统治伦理的"自然属性"、"神授属性"、"天然合理性"。

老子所持有的不是一些学者认定的所谓愚民政策的统治主张。老子的思想是一种自然道德的朴素、和谐、自主管理的思想。其中无疑包含了小户村落自然组合的伦理与管理。纵观老子的《道德经》全书,其是一种天然和谐、以道为大而后才是德的伦理哲学。老子的辨证思想无疑使其轻易地形成了由乱到治的秩序转变,但看不出老子有人为的经天下大乱达到天下大治的气魄与伦理意识。老子是从大秩序,即自然而然的客观不可改变的自然意志与规律,从大道与统治角度来构建社会的,而不大关注统治结构、统治资格,更不关心非道的统治术与技巧。帝王或统治者可以用老子思想来获得与治理江山,但老子的本意却不是要做帝王师,即要像孔孟,尤其是孟子那样,为统治者找出一种规律和可操作的东西来。

孔孟的统治思想与理论是不同的。前者是等级论,后者是民本论,但孟子并非是人民理论家。其实他是从统治稳定性角度,或从巧妙、高明的统治术的角度确立其民本论的。孔子从天上地下的自然事实出发,形成上尊下卑的天然比照,把父主子随发展成父慈子孝,继而比照并要求君臣父子、上下左右的相邻比照关系。孔子虽然通过界定应当角色之核心伦理要求,从而约束与规定了统治者的合意统治资格,但其天然的统治地位结构与身份结构,却是统治阶级伦理的刻意辩护。孟子主张民为本、君为轻、社稷为重,这虽然扶正了社会根本支撑与统治基础本位,但并不意味着统治阶级应当放弃统治。

从万物皆流,无物常驻,到宇宙充其量像胡乱堆放的垃圾,再到人不可能两次踏入同一条河流,可以处处看出赫拉克利特的价值相对主义。赫拉克利特亦如后来的柏拉图一样憎恶民主制:"群氓像牲畜一样地填饱肚皮……他们将游吟诗人和大众信奉为圭臬,而意识不到其中许多东西是坏的,只有很少东西是好的。"[1]由此推断,尽管我们不知道其统治伦理,但其上述这些思想倾向业已可以显示出其精英或贵族统治偏好与赞赏。

柏拉图从赫拉克利特上述价值相对主义走到了其形式或理念完美与

---

[1] 波普尔:《开放社会及其敌人》,第二章,电子版(//www.shuku.net:8080/novels/zatan/kepezpj/kfshjqdr/kfshoo.html),第1—2页。

至上的价值绝对主义。静止在理念上就是好的,变化就是恶的,运动就是走向腐朽,这同物质腐坏过程是一致的,结果只剩下原本最完美的形式与理念。而相应的所谓善就是能够保持完美的东西,恶就是使其远离完美的、变动的东西。阶级及其冲突无疑会造成社会运动,从而使其远离柏拉图理想国的形式完美与善。避免阶级斗争的方式就是等级制。柏拉图心目中的理想国就是斯巴达式的奴隶制国家:"这是一个等级制度的国度。避免阶级斗争的难题被解决了,但不是通过彻底废除阶级,而是通过赋予统治阶级一种不可能受到挑战的优越地位这种方式实现的。正如在斯巴达,只有统治阶级才被允许随身携带武器,只有它才拥有一切政治或其他权利,而且只有它才接受教育,也就是在统御其人羊或其众牲的艺术方面的一种专门化训练。"①

从病人看病需要找职业医生,打草鞋要有专门技术等职业分工和专业化角度,柏拉图提出统治专业化资格问题,即其哲学家王命题。这些都是苏格拉底与柏拉图共有的思想。这种统治素质资格要求同孔孟对君王的要求在本质上有相同的一面。只是孔孟是在非功利性的人性美德与君子之风、圣人之境的人类修养要求与社会角色德性意义上提出的,其境界、比照与要求范围均是有区别的。

波普尔才是一位学者,一位彻底的维护其信仰与追求真理的学者。他在做了各种理论与概念探讨铺陈后,把柏拉图的统治伦理推到其极权主义的正义论上去。这是西方学者中不多见的敢于"圣人头上动土"的严肃学问家。但波普尔看起来光明正大和善良的思想举动,在历史的长河中未见得如其感触得那样崇高。柏拉图对奴隶制等级的理论推崇就如同他对个人主义的自由推崇一样,都是时代性、阶级性之必然,既无伦理的高下,也无智慧的高低之分。在本质上都是自觉不自觉地维护了时代核心统治力量的自然表现。

---

① 波普尔:《开放社会及其敌人》,第三、四章,电子版(//www.shuku.net:8080/novels/zatan/kepezpj/kfshjqdr/kfshoo.html)。

2. 现代化与统治伦理

现代化在本质上是西方文明的冲动及其范例普化。现代化的东方版本已经在价值上发生了变化,即把技术现代化、人文理念现代化、社会管理工程现代化同非西方文明、非西方制度甚至体制的东西结合起来,从而逐步形成多元的工业化、城市化、全球化价值观。这种世界多样性格局为西方衰落的未来世界格局预作了准备。

现代化西方统治伦理并非自其被导入就如此,并且一成不变,而是经历了几个发展阶段后逐步演变成当今的形态:最后的西方现代化伦理萌芽于前现代化的12、13世纪的商业革命,也来自于后来的军事革命、文艺复兴、宗教改革与启蒙运动的共同冲击下的资本原始积累的统治伦理。这时的统治伦理,一方面否定了宗教至上,包括神权、教权乃至皇权至上,及它们的神圣不可侵犯,否定了世袭、身份与等级,为城市商业阶层向上流社会转变开辟了通道;另一方面为了国内统一市场与国际竞争的需要,又大大强化了以王权为基础的民族国家政权的力量。一方面在利息、物质享受方面打破了长期的禁欲主义,为资本家的广泛获利、占有物质财富开辟了思想精神通道;另一方面用韦伯的所谓新教伦理,代上帝理财,把财富急剧变成了一个积累存在本身的有价值追求(当然,资本家的奢华同一切统治阶级在事实上、本质上并没有完全不同),从而造成了资本无限循环的、不断扩大了的社会再生产推动。但在海外,西方文明则是赤裸裸的海盗与殖民掠夺,是种族主义基础上的奴隶制。这种奴隶制进而转入国内,出现了疯狂的"羊吃人"与农奴赎身运动。资本家阶级是以企业家与财富积累占有者走向统治地位的。这同阶级社会以来的靠家势与出身,单靠军功或战功而获得荣誉与权力有所不同。

完成资本原始积累后,西方现代化路径随即进入工业化阶段。这分为早期的英国工业革命及其相应的波及欧洲的第一次产业革命,而后是以德、美为首的第二次产业革命。这两次是全面的资本主义式的竞争统治。从海外扩张的领土确立、更改,到势力范围分赃不均导致的两次世界大战,到各资本主义国家的种种行业大王的诞生,资本家统治获得历史性的凯旋。这个时期与此相应的是自然进化主义的达尔文学说和社会达尔文主义的斯宾塞学说。达尔文并没有留下任何其公开支持社会丛林法则的人群优胜劣汰的说法,而大学者斯宾塞提供了系统而详尽的社会达尔文理论学说。黑格尔没有明确提出资产阶级统治,但其将拿破仑"马背上的世界精神"改造成其绝对精神运动下的德意志世界巅峰,却无疑为两次世界大战的挑起者之一的第二、第三帝国提供了足够的精神刺激(如果不是精神给养的话)。资本家或资本统治的这些对内、对外征服与占领及其凯旋,并没有多少值得庆幸的地方,很快就被1929—1933年大危机和第一次世界大战以来的苏联社会主义强劲的增长比照得灰头土脸。面对劲荡、不安与危机,资本主义西方世界不得不彻底放弃斯宾塞学说,开始寻求包括凯恩斯赤字财政学在内的一切拯救与规制性的理论与学说。

从罗斯福新政,尤其是德、日、意在第二次世界大战中为其提供的天赐良机,西方世界步入现代统治文明的基本构建阶段。这其实主要是在根本途径上,通过物质财富、文化与精神技能直到管理职位,全面创造出了一个相对庞大的产业体系,从而既辅助自身管理,尤其是技术统治,又扩大了社会购买力,从而大大扩大了垄断资本统治的社会基础,并一举扭转了其在资本原始积累和行业大王时代所带来的血淋淋的资本贪得无厌的痕迹,从而挽救了其平等、自由、博爱的道义伦理声誉。从表面上看,加尔布雷斯与丹尼尔都是对的,技术官僚阶层掌握了现代社会的管理与决策大权,职业支薪阶层成了台面上的管理新军,但这同中国历史上的朝廷命官和掌柜的角色没有实质性的区别。皇帝还是皇帝,东家还是东家。当然,当主要技术官僚本身同时变成了最大股东或大股东之一时,其所有者与管家的双重身份就不一样了。正是资本主义的这一阶段成了西方文明的人道主义的制高点。尽管贫困与无家可归及一系列社会罪恶仍有增无减,但其却几乎已被战后的中产阶级与广泛的物质丰裕淹没。

然而好景不长,随着社会主义阵营的压力在西方视野中的消失,随着冷战的结束和福利制国家的坐吃山空,垄断资本以现实效率与社会可持续理性为武器,再也不必顾及旁边的社会主义这一线的竞争力,于是又开始了以资本运作为手段、以放松规制与私有化为内容的新一轮圈钱运动。

金融大鳄、信用大王的资本统治真面目才真正体现出来。

现代化的西方文明,是把财富与权力(商业与政治),或把社会与国家像斯密所指出的那样进行某种区分。根据斯密这种两分法教条,政权只要确保资本财富所得,则核心资本家阶级情愿由任何行政代理人来代议行政权力。这同中世纪的君主制权财一体化统治有所不同,并且在一定意义上,文化资源的权利也发生相应的分离。只要基本文化体系与学说在维护这种资本制度运行,核心资本家阶级同样无意过多地浪费时间与生命于文化统治,情愿交给专家与学者加以运作。总统、首相可以成为头号推销商,专家、学者可以成为明星、诺贝尔奖得主,只要资本、财团、财源滚滚而来就行;否则,则院外活动、代理人选择、舆论操纵等会一齐上阵,以便符合资本利益的统治力量合法上台,或干脆就直接进行军事干预和其他银弹外交。

3. 从无产阶级专政到全心全意为人民服务

马克思没有机会对共产主义政权与统治作系统研究,其只是对巴黎公社历史经验作出了总结。《法兰西内战》成了他这方面的主要论著之一。巴黎公社无论在时间、空间与水平上,都无法提供完备的无产阶级政权的统治制度。但是,从对巴黎公社革命的历史经验的总结,马克思完成了无产阶级专政的基本理论提炼。无产阶级专政的核心经验之一来自于巴黎公社失败的血的教训,即当无产阶级通过暴力革命获得政权之后,必须打碎旧的国家机器,代之以新型的无产阶级的国家机器;否则,政权的得而复失几乎是不可避免的。为了防止新型领导人变成新的人民之统治者,巴黎公社在从工资到职位再到产生方式或罢免方式的各个方面,均提供了宝贵经验。

马克思的无产阶级专政在统治伦理理论上进行了一场深刻的思想革命。

首先,统治伦理基础或发展是在历史唯物主义与辩证唯物主义基础之上的社会物质运动,或其自身的合理性,即是在社会矛盾对立的动态解决过程中产生与确立的。换言之,其是生产力与生产关系矛盾运动确立的经济基础,并在由经济基础产生和决定的意识、法与政权的上层建筑的历史性运动实践中确立起来的,从而既非君权神授也非天道人意,更非人性或天然种族与阶级优越。社会发展亦如达尔文的进化论一样,是不以人的意志为转移的客观合理性的实现。

其次,无产阶级专政在人类阶级社会历史上,第一次实现了多数人统治。这是对以往一切少数人统治、少数人专政的根本性革命。这是真正意义上的民主社会基础。统治由少数人与阶层的特权与独享权,变为大多数人的社会活动意志与手段。统治资格来自于社会物质运动的发展及其自动培育。

再次,无产阶级由于其阶级性与历史使命,变成了通向人类全体解放与自由统治的过渡与根本途径。作为一无所有的无产阶级,在革命中失去的只是锁链。其阶级使命与本性,造成其只有解放全人类,才能最终解放自己。这是历史统治更替中的最无私、最革命、最伟大的统治人伦。

最后,无产阶级专政的这些根本伦理特征,决定着无产阶级专政的真诚性。无产阶级及其先锋队共产党从不隐瞒自己的观点。他们有阶段性的主张,更有终极性目标。他们决不会像资产阶级统治那样虚伪。不需要种种谎言、欺骗和伪装,而是坦诚、公正地诉诸于革命理想与道德情操。

列宁、斯大林发展了马克思、恩格斯的阶级统治伦理。列宁的贡献可以集中在下述三方面:

首先,列宁在俄国革命基础上,在其丰富的革命实践和理论基础上对阶级、政党、领袖的地位与作用,作出了科学的解释与总结。政党与领袖的作用获得了明确的统治制度伦理肯定。群众与阶级不可能自发产生其革命理论。马克思主义必须被灌输进去。这是一种无产阶级专政革命实践—认识论的重大发现。其同天生论等幼稚思想划清了界限。政党的先锋队作用与领袖导航作用,被系统地提炼出来。这就大大发展了马克思的国家机器革命学说和恩格斯的权威理论。

其次,列宁完成了工农政权的统治格局与政权组织系统论述。马克思、恩格斯的无产阶级专政,在本质上属于世界性革命,又是以产业工人为基础的;而列宁领导的十月革命及其后的政权建设,不但开辟了一国,甚至落后于资本主义国家的一国之革命成功的先例,而且完成了工农联盟的政权建设,这无疑扩大了无产阶级专政的阶级社会基础,开辟了更加灵活的政权和保障政权获得的道路。

最后,列宁根据社会发展的现实,确立了新经济政策,从而在阶级秩序与国家改造方面,开辟了社会主义时期的国家资本主义的新途径。

以毛泽东为首的中国共产党人及其艰苦卓绝的革命实践与理论探索,极大地丰富并发展了马克思列宁主义的无产阶级统治学说。

第一,无产阶级的统治颠覆与统治预备形式会在广大的革命根据地首先得到确立。这不但是长期武装夺取政权的需要,而且会为未来政权的确立提供各个方面的准备。

第二,从工农苏维埃发展到以工农联盟为基础的人民民主专政,这不但为半殖民地半封建的社会革命,而且为一切发展中国家的人民革命,提供了一种更为广泛的政权社会基础与广泛的革命统一战线。

第三,对组织、政权、政党、领袖的统治目的作出了明确彻底的回答与规定,即全心全意为人民服务。这是一种伟大的"统治"革命:首先,明确了统治的根本目的与制约是服务,是在人民意志与利益规导与要求下的领导,而不是统治者自身高高在上的天然统治;其次,阶级镇压机器、暴力手段与工具、强制性意识形态等都不给统治以特殊的权力,统治对人民内部来说,必须无条件地转变为服务和可信赖的领导,对敌对势力则只有对人民利益与社会构成根本损害与威胁时,方采取激烈的手段与方式。

第四,由于帝国主义、小资产阶级犹如汪洋大海,资产阶级在世界范围内存在以及长期的阶级统治历史传承,无产阶级专政的性质与发展不可能是一劳永逸的,复辟与反复辟的斗争会是长期的、曲折的、复杂的,有时会是很激烈的。苏东的剧变证明了这种理论的伟大预测性。

第五,敌我与人民内部两类不同性质的矛盾学说,极大地丰富了统治方式伦理。

第六,改革与科学发展观及其和谐社会理论创新,提供了防止教条、"左"倾与僵化的统治机制与官僚主义意识形态的新鲜经验。

五、增长之价值判断与规范

人类文明的大多历史时期,社会不以增长为衡量尺度,也未陷入增长之竞赛陷阱。在很长的历史阶段,整个人类社会,尤其中华文明为代表的东方文明更注重繁荣昌盛,讲究中性盛世,要求殷实富康,追求福寿康健。换言之,要求的是社会生活品质与社会生活内容,而不太在意发展和增长速度。增长在本质上来自于西方的均势思想与战略。其时时关注自身实力的变化与周边乃至世界他国的活力变化。西方文明内含的绝对优势与霸权欲望与冲动,使其因此而要求加速改变自身的位重与掌控能力。而重商主义的缓慢积累显然不符合这种爆发式的增长与壮大要求。于是在长期商业文明与海盗扩张的基础上出现了商业革命、重商主义和地理大发现的世界淘金运动、远洋贸易在荷兰的突发式的发展等社会变革,这一切培育了近代资本主义的主要组织与经营形式:股份公司、有限责任制、股票市场。这是一种集合财力,并分散风险,一些甚至可一夜暴富,又不被风险彻底摧垮与葬送的绝佳形式。

西方文明同样不是为增长而增长,而是一种为实现其生产经营与生活方式的手段与附属产物,是一种以白人责任制为核心的历史使命之下的对世界的重组与改造,是统治管理方式的对内与对外实现与输出。

重农主义、重商主义都是要增加一国的国民财富,而不是私人的财富积累,因此其背后的冲动是国家主义的。由国王和少数人组织、支持的海外掠夺与殖民经营,在完成了资本原始积累与领土扩张、殖民体系构建后,就让位于真正的国家水平的全社会财富冲动与扩张。于是《国富论》应运而生,分工与市场的奇妙结合,在工业革命、科技革命、管理革命的组合下,大肆彰显财富创造的奇迹。

在现代国民收入统计核算体系出现前,较系统的国民财富的统计性比较和相对系统的提及来自于马歇尔的《经济学原理》。其所核算的是一国财富总量,其中包括土地价值、房地产价值、动产价值和其他物品和主要产业价值。这显然是符合《国富论》以来的国民财富增长的价值倾向的,但用现代经济学术语来表述,此为存量概念而非流量概念。

结果,速度比较日益要求将关注截止到某一时刻的积累(存量关注)这一思路改变为在一定时段里的增减量的变化的关注(流量关注,如GDP统计),从而最终引出了现代国民总产值和国民收入的统计核算体系。

增长因此成了目标、指标、驱动与主要核算。这在本质上既符合资本运动,即量的追求,又是符合西方文明必然要求的。于是,内在的平和与稳定被打破,在物质追求的疯狂之下,人类社会陷入了空前的增长。增长本身成了一种恶性的自我扩张的东西:就业只能靠扩大的增长来维持,危机只有靠更强劲的增长加以摆脱,贫困要在更进一步增长中被消除,社会犯罪要靠更多的基于增长基础上的增加警力来解决,环境恶化、生态失衡、欠发达等更是要靠增长来对付。逻辑是先污染,再发展,有了资金与技术后再治理。

发展中国家由于在现代化轨道上的落伍,就更是要以加速度方式进行跟进与跨越式的发展。

增长与幸福指数原本不存在直接因果关系,就像金钱、财富本身并不就是效益、幸福一样。在合宜的情况下,零增长,甚至负增长不但有助于缓解资源与环境压力,而且有助于缓解人类自身的由于快节奏、高投入的现代化造成的紧张与压力,反倒可能在防止现代病、增进现代心理精神健康方面,有助于增进人类福利。

速度极限显然受到下述几方面的客观制约:一是生理极限制约,但这种限界可能被替代的机器打破。永动的机器体系与不眠的信息网络系统就在一定意义上突破了人之生理限制。二是消费与享受,或至少是恢复再生产的限制,增长若不能实现消费与享受,增长价值就等于零,甚至是负数。有人也许会对此有所争议,认为增长若能实现为未来积累,代际牺牲也是有价值的,但事实上这种牺牲应该是有条件的,应是对危机、灾难、历史性的落伍等的社会应对。一般说来,未来几代人在各个意义上都会继承较好的人类积累,没有必要过度为后代人藏富。三是现阶段的物质技术环境支持、资源与资本供给方面的限制。这种限制不来自于潜在、可能的数量,而取决于现时可资利用的数量与手段。有些可能变小,有些则会被放大。例如,在大规模金融革命与信用经济下,资本在种种衍生品下会被数十倍地放大、增长,自主扩张的不平衡运动应得到全面纠正。

首先,增长不应作为社会经济文化进步的统计核算的核心追求,而应该是对发展、和谐、幸福与繁荣的评估;发展不能用所谓现代化机械硬性指标体系来计量,而应包含文明质量与品位以及社会结构的演进方面的科学评估。这几方面应当融合成一个有机的统计体系,形成国民富有与幸福安康的核算指标体系。富有要远远大于财富拥有,应当吸收文化－心理－精神状态与水平。幸福安康应当作为社会福利的主要衡量。

其次,资本－利润主导下的增长日益造成了国家、地区、阶层的不均衡,甚至两极化社会发展。这是无限盲目增长的核心与根源。发展中国家的跟进的跨越式发展,是国际竞争的被迫要求。世界原发性的多样化文明原本是可以自主调整、取长补短、互惠互利的。现代化浪潮把这种平衡彻底打破,变成了冷、热战阴影下的全球性的持续扩张的大比武。这种增长不但会迅速耗尽地球的不可再生资源,危及环境与生态,而且会引发最终的国际冲突,带来巨大的战争隐患。

再次,增长本身既不自动代表最先进的生产力,也不能自动导致先进的生产关系与上层建筑;相反,无助的增长在市场机制下不但造成了永远无法解决的巨大的产能过剩和每每的经济危机及其一浪高过一浪的新一轮增长冲动,而且带来了国民体质下降,以及由现代化而生的所谓"富贵病"的大规模爆发。增长也好,发展也罢,都是手段,目的是获得和平、幸福,得到国民高品质的生活。这就要求把增长与发展纳入到合宜的、有尊严的、富有的、幸福的社会经济文化秩序轨道之下。关于增长之主要价值规范,从人类价值与代际伦理角度提出下述三大问题:

第一,增长与毁灭。人类社会,主要是超级核大国最早意识到核武器、核战争对人类及其家人的可能性的毁灭性作用,但除了发达国家表面上的所谓公共舆论之外,基本上尚未形成真正意义上的人类或国际社会的共识,即增长的不节制与非平衡发展同样可能毁灭人类及其地球家园。

人类经济活动短时间的集合,在规模上已经完全可能造成对大气、海洋、土壤、资源的全面污染与耗尽。以一代或数代的生存来毁灭人类及其家园是极不道德的,可以说是对人类最大的犯罪。

第二,增长之长期成本。即使增长并不立时毁灭地球与人类,其也会有长期制约效应。这种长期效应在很大意义上会反过来构成人类未来发展的长期成本。经济发展的基础设施在很大程度上决定着产业组织与经济效率。其是外在经济的重要来源之一。除物质技术基础设施之外,还存在着文明基础设施,更存在着环境与生态基础设施。其受控于人类新的发明与产业边疆的限制。倘若这些基础设施遭到大规模破坏,尤其是后者,则未来发展的长期成本就可能高昂得人类难以支付。除非在人类是今天末日还是未来末日的境遇之下,否则,伦理不容许增长步入这样的轨道。

第三,增长与机会成本、机会收益空间。机会成本同机会收益是一个事物的两个方面。经济学把机会成本与机会收益作为既定存在的假设,而且仅仅局限在最低的固定收入的金融或银行选项上。这无疑是极为狭隘的。机会成本、机会收益空间实际上远比此要大得多。机会成本、机会收益空间的存在依赖于良好、有序的资源、环境与产业网络。倘若这期间出现了瓶颈与链条断裂,则选项空间就会大大缩小。增长无疑有可能以今日的急功近利,毁掉未来的可能性发展空间甚至仅仅是回旋余地。

六、分配伦理

事实上,在很大的程度上,分配构成全部经济与金融活动的前提。在《超现代化经济学》一书中,笔者业已建立起了文明分配、制度分配、市场分配、权力分配等几种分配机制新理论。这里,从伦理学角度考察分配的价值判断问题。这些研究既是对上述分配新理论的深入与细化,也是对其的进一步补充,更是提供伦理学研究的内容。

1. 资源、环境空间分配与再分配

资源、环境空间分配与再分配历来是民族与国家，从而国民之存在、发展的最基本给定前提。古印度文明、古希腊与古罗马文明（包括米诺斯文明）和古埃及文明以及所谓肥沃新月的两河文明，即古巴比伦文明，之所以早已消亡殆尽，除直接的、具体的经济、政治、军事和文化政策失误外，主要就是因其资源环境空间之支撑、宏观天然屏障、属地广阔程度、各种要素组合富裕程度等，造成了文明体本身的力不从心，无法保障其可持续性，以及文明优化程度的非多元重合之杂交优势支持等竞争优势的匮乏。中华文明以黄河、辽河、淮河、长江、珠江等巨大、多重、复杂的水网、水系，以东部的太平洋、南部的喜马拉雅山脉、西部和北部的沙漠所形成的巨大的腹地天然屏障，以自然存在的 56 个民族的巨大的天然民族文明遗传基因宝库，以多样化的地域、少有的雨热同季的季风气候等，为中华民族带来了得天独厚的大文明共建与保存的资源、环境、人文空间支撑。当天然的空间支持同系统完备的人类文明形成精神－物质国家体系后，其就会成为永续与不可征服的文明载体。岛国如米诺斯、英国、日本等，无论其一时间如何强盛威武，其腹地及其孕育的文明气度，甚至是种群数量，都不足以赢得其持久的存在。古印度由于没有中国的天然屏障及合宜的气候条件，一来长期遭受外部、外敌入侵与占领，二来文明自身因气候造成的宗教"惰性"，导致了长期的一盘散沙。

资源、环境空间分配是以文明，尤其是国家形式完成的。从原始群落到氏族，从氏族到部落，从部落到部落联盟，一步步最终形成国家形态。这是人类政治智慧与文明的结晶。其中，文明、种族、文化、宗教通过领土、主权的统一性与独立完整性，获得了相对稳定的区分与划定。这种分配同样不是天定神授的。首先，无论原始人群的空间最初如何分配，民族大迁徙在历史上数次发生过；其次，在特定环境空间的择取与条件的优越，并不天然保障文明国家具有可持续性。例如，玛雅文明的毁灭就在其自身而非外力。其他古文明，除古印度外，都先后形成帝国式扩张。这是文明内敛不足、自不量力的必然结果，从而也只能导致自身文明的失传。

此外，文明内部的国家统一是政治与文明之大智慧。中华文明在春秋战国时期就已完成国家统一，而世界上的其他文明则迟至近代方开始有明确、清醒的认识。美国的形成和欧盟进程，在某种意义上可视作西方的春秋战国的结果，但美国对土著人与邻国的领土获得不完全等同于国家统一。这是一个十分复杂的文明伦理大问题。

从人均资源空间占有上看，分配十分不均匀，并在历史上引起无数次战争。古代为奴隶和财富，近现代为争夺所谓的生存空间，从汉谟拉比的古巴比伦到居流士、大流士的波斯帝国，从迦太基到亚历山大的斯巴达古希腊帝国，从古希腊到恺撒、奥古斯都的罗马帝国，从印度的孔雀王朝、莫卧儿王朝到沙菲帝国、奥斯曼帝国，从葡萄牙、西班牙近代殖民到"海上马车夫"的荷兰，再到大英帝国，直到美帝国与第二次世界大战中的第三帝国和日本帝国，种族与民族压迫的帝国主义殖民势力扩张是一致的。

以中华和印度为代表的正宗、典型的东方文明，基本上是呈内敛型的。其在对外方向上，不但不执行扩张，反而反对对外扩张。现代西方文明是沿着冲突与扩张之路，从历史上走过来的。其近代崛起就更是源于好斗与扩张。其在资源、环境空间上追求的是霸权，即统治操控与绝对优势，否则其会不惜以任何手段来重新洗牌。

现行的国际经贸、金融体系，通过全球化而变更了经济与文化帝国主义渠道与途径，但从世界的东西与南北问题上看，根本无法解决资源、环境占有的不公平、不合理问题。国际法、国际合作机器与系统仅仅只能维持现状，甚至无法对全球公害与危机防范处理提供有效的解决途径。深入考察这方面的内容，将涉及国际关系。其将远远超出本书的范围；故不再展开。

2. 经济价值、财富分配与再分配

在宏观之资源、环境空间确定后，分配的中心会转移到经济价值、财富分配及其再分配上。这种分配并非亘古不变；相反，其会随着人类历史的发展而相应演化。在《超现代经济学》一书中，笔者提出了原始赠予共享、强势经济、交换经济和高级赠予共享经济之经济发展阶段新阶段论。

与此阶段相对应的分配伦理是不同的。

原始赠予共享发展阶段，人类文明刚刚由旧石器时代进入新石器时代，不过人类业已完成了一次伟大的革命，即农业革命，从而把采集狩猎逐步转化为农耕—家居饲养。这是人类文明，包括语言、文字、交流、生活群落与居住（定居与家居、乡村与城镇）等得以展开的必要前提。劳动生产力一下子被放大很多，单位土地支撑的人口这种土地生产力被放大了5 000倍。尽管如此，人类的物质生产与生活水平仍是原始的、十分低下的；人均占有量是极其可怜的；剩余，主要是农业剩余量是有限的。在这种情况下，人类的存在风险时刻受到大自然与外敌的威胁，受到饥饿、减员的威胁，因此，为保障社会完整性而实行的平均分配，就成了最高的分配伦理。这个时候也会通过禁忌与"法规"，对老、弱、病、残、怪等实行灭绝的直接处理，从而借以保障种群的人口质量。为了尽可能繁衍更多的后代并尽可能地优生，性与美色不采取任何有序的社会分配，而是采取近乎随机的开放式的"两情"相悦的临时互动。由于各人之能力与贡献有显著不同（主要是指那些杰出的人物），其智慧、胆识与工具均具有极大的个人色彩。故而，使用工具方面的分配已经出现不同。能人通常有自己的工具，并可随葬，但基本的生产供给大型设施、土地等，均共同所有。结果共享，相互来往采取赠予而非交换形式。

这个阶段是公有公平分配。其由于公有制及其必然导致的公有观念同私有公平是不同的，追求的是集体的、公共的合理性。人们追求和平、健康、安宁与荣誉，对财富则集中在其使用意义或价值上，而非价值的积累上。

随着农业生产剩余的稳定的出现，社会开始分化，阶级随之产生。而同时，私有制逐步代替了瓦解了的公有制。由于私有制与阶级产生最初就是能力的差别与机会的差别和把握，因此，阶级与私有制就会进一步肯定并强化这种差别的合理性与公正性。结果导致强势与强权经济阶段的出现，并逐步代替原始赠予共有经济。

强势与强权经济阶段的分配伦理发生了根本性的变化：公有公平为私有公平所取代；私有公平的确立与更替基础建立在强势之上。这是战场和丛林法则的赤裸裸的应用。以势力与实力的分配为基础。因此,从国家间的战争到社会平民间的豪强做大,遵循的是同样的掠夺与征服原则。分配的结果使社会财富向强势方集中。强势经济对应于奴隶制与封建社会。

无论强势何等强盛,依旧需要广大的弱势群体作为社会存在,尤其是社会再生产的基础。因为人力资源是这个时期全部生产经营活动的最基础劳动与能源来源,也是全部的技巧或技能来源。而人口的再生产依赖于社会人口和稳定的增长与发展。因此,在灾害年或大危机,赈灾与救险就成了强制性的再分配。无论是分配还是其他的社会管理,人道主义基本上是在这个意义上实行的。人力在强势方的眼里同畜力没有什么两样。人的尊严是不包括下民的。民心只是在可能造反的意义上被规测和赎买。

随着近代资本主义的出现,交换经济逐步取代了强势经济。交换经济完成了形式合理化,即在分配领域把货币选票与资本选票作为统一的一律规则,在形式等价交换基础上,完成和统一所有的分配与交换。分配在最核心方面遵循资本原则：一股一票,多股多票,大股大票,从而决定了雇佣劳动力制度的存在。劳动不是一般的由供求决定的等价交换,而是一种特殊商品的等价交换。就像良心、名誉、权力、美丽或情感,不是也不可能是一般的等价物的商品交换。资本在同劳动的交换过程中处于优势地位。因为资本不但掌握生产与经营的可能性与现实性,甚至决定着劳动者的生机与生存。除了资本及其交易对象外,其他市场,只要不是战略性的和垄断性的,则供求充分竞争决定着分配的进行与实现。西方经济学把工会认定成经济垄断的一种力量,这在经济学上是站不住脚的。工会不是一种经济组织实体,而是一种政治力量与结构。工会的市场谈判力量是有限的。工人罢工等均不同于资本运作,在市场上没有直接的对应机制,在政治与法律上,甚至在理论与道义上均受到极大的限制。

不但工资与利润两种形式的分配表现出明显的不对称性,而且利息、租金等也各有不同,甚至资产的同一形态如金融资产,由于其具体的形式不同,因流动性空间不同,也会取得不同的收益。不是由简单的风险补偿所能完全解释这些差别的。

交换经济至少在分配形式的等价性上获得了公平。这种公平又是人身依附解除的进一步发展。市场的这种相对公平解除了封建特权束缚分配的谈判力量，自然也就不再是农奴同领主的根本不对称的结构较量，而同时又增加了市场波动因素和自由流动的力量。

不过，交换经济的分配原则，不是真正的等利等害交换，而是形式价值相等的等利等害交换。这是一般伦理学著作中的误区。

随着社会生产力的进一步发展和社会制度的改进，交换经济最后会让位于高级赠予共享经济。在这种形态下，生产资料基本上实现了公有，劳动成为一种自由创造的崭新形式，而不再是谋生手段。日常生活品还会实行个人所有形式，以便保证充分的自主性、独立性与个性发挥，但分配会更加自由、自觉与自主。真实又富有道德的需要构成分配的基础。靠财富与金钱获得社会荣耀与地位的时代会一去不复返。财富会重新回归其工具物品使用性的本来面目，不再具有闪光的金色诱惑。

3. 机会分配

古典自由主义与近代自由主义尽管都追求平等与自由，但追求的主要目标却有所不同。古典的追求现在被认为是一种消极的自由主义，而现代自由主义被认为是积极的自由主义。所谓消极的，就是一种防范与免除，是要求不干预与结果的平等，而积极自由主义则要求参与的自由。由于这种公正与平等观念的转变，机会均等作为重要要求被提到日程。

机会分配在历史上就是机会剥夺。政治、文化、精神、社会等人之机会基本上只属于上流社会。社会上的广大下层则只有做苦力，即当牛做马的机会。劳心者占尽一切机会，用尽一切机会，劳力者被剥夺了一切机会，丧失了一切机会成了分配的基本格局。文学与文化仅仅掌握在不到1%的人的手中。教育、思想、宗教、政治游戏、社会财富则统统向上流阶层敞开大门。奴隶是戴着铁链的牲口，农奴是会说话的工具。这种截然相反的二元机会分配世界是社会不公正的根本表现之一。

近现代社会在解决上述不公时采取两种不同的模式：一种是自由资

本主义模式,并发展成垄断资本主义模式;另一种是计划社会主义模式,并进而改革成计划市场社会主义模式。前一种在发达资本主义国家基本上变为以福利国家为标志的国家干预资本主义;后者是社会主义阶段的国家资本主义。两种模式都依旧在演进之中,不过前一种已呈颓势,后一种正孕育着新的更大的突破。

机会分配决定了社会角色选项的可能性空间。由于系统教育与资格认证,现代社会角色,尤其是职位、岗位或一般意义上的就业,均将其视作进入社会的基本资格凭证。因此,由中小学教育直到最终的高等教育,甚至学校品牌,包括是否出国留学,是否为名校校友,是否为名家弟子等,均成了特殊的身份证。有了这些凭证,就有了人力资源和特殊资本的社会评级优势,就可以大大优化社会角色选项的可能性空间。

机会分配可以采取政治分配、经济分配、社会分配等具体分配形式。通常政治分配总是具有较强的强制性与阶级压迫性。经济与社会分配在本质上从属于核心政治分配,但形式上会更缓和并给当事人以相对的自主性与平等性,但并非所有的经济性分配都是天然合理的。而且市场分配结果会导致更加公平。例如,高等教育结果被较为普遍地界定为人力资本,从而高等教育本身变成一种产业化行为。甚至由于公共学校环境、师资、设备与教学质量的比较劣势,私人学校变得日渐普遍,这种经济性教育机会分配显然并不天然合理:从货币选票与消费者主权看,私立教育投资是人们自主的权利。有钱人上好学校就如同有钱人住豪宅、开好车一样天经地义。但若从国家人才力量、国家人力资源储备和教育的公益性与公共品性看,则公立学校的公平与合理性更具天然基础。这种机会分配的社会制度性悖论只能在制度发展的动态演进中逐步解决,并不可能一劳永逸或者即刻得到解决。

历史上,社会角色价值与人的价值追求是多元的。现代社会尽管从职业、岗位选项看,纷繁复杂、千奇百怪,但所有这一切都被纳入到财富与经济创业成功之上:艺术家、作家、教授、工程师、专家、专业人员、职员等,都是以经济上的成功为衡量标准的。金钱成了尊严、成就与荣誉的自动凭证。从而,经济运作机会成了所有其他机会成本的本质要求。这是现代社会价值迷失、道德滑坡的根本原因之一。

4. 权力分配

权力是社会结构的派生物,权力是社会结构存在的必然产物。权力原本如同货币,本是一种媒介、一种契合的手段,但权力确立与完善后,就会日趋异化,成为一种外在的强制性,成为一种统治、管理、决策的特定功能。

权力分为主权、特权、分权、私权等。通常的人权、民权、妇权乃至父权和家长监督权等,均属于私权范畴。主权一般指国家主权。其是不可分割的、绝对的、神圣不可侵犯的。消费者主权并没有国家主权同等的地位,只是经济学家的一些幻觉而已;而生产者主权,尤其是资本经营主权却是相当真实的。

就像货币是经济交易之分配产物一样,权力是政治交易之分配产物,但经济交易在市场经济条件下是以程序化的形式等价交换的。因此,可预测性得以提高,但政治交易却是流动性的和难以预测的。政治并不遵循市场原则。政治是艺术,是创造,其根本性的分配取决于制度建制,而这通常是百年不遇的历史大机遇和特定的政治生态分布的产物。这种制度性的权力分配通常是统治阶级的特权占有,是阶级专政与压迫的集中体现。执政权、参政权、议政权等成为这种权力的基本构成。在这个时候,阶级伦理与统一战线伦理,或者政治平衡妥协伦理占据核心地位。

权力分配的平等化趋势是人类解放的重要标志之一。权力的民主性、民间性、非正式组织性代表着政治进步的基本方向,但这种潮流并不能从根本上解决阶级专政与阶级压迫。

随着物质丰裕到一定程度,权力与荣誉分配将变得日益重要。这种重要既来于其日益的稀缺性,又来自于人之价值追求的变动。对意志的三种基本层级,即生存意志、助人意志与救世意志而言,权力都是至关重要的。尤其对最后两种,权力就更是杠杆中的杠杆,具有战略工具作用。